Lutz Langhoff

Die Kunst des Feuermachens

Lutz Langhoff

Die Kunst des Feuermachens

Motiviert leben
Unternehmerisch denken
Tatkräftig handeln

DISG®, MBTI®, Coca-Cola®, Fritz-Cola® und Pepsi® sind eingetragene Marken.
Aus Gründen der besseren Lesbarkeit haben wir im Text auf Markenzeichen verzichtet.

Bibliografische Information der Deutschen Nationalbibliothek

Die Deutsche Nationalbibliothek verzeichnet diese Publikation
in der Deutschen Nationalbibliografie; detaillierte bibliografische Daten
sind im Internet über http://dnb.d-nb.de abrufbar.

ISBN 978-3-86936-553-4

Programmleitung: Ute Flockenhaus, GABAL Verlag
Lektorat: Susanne von Ahn, Hasloh
Redaktionelle Unterstützung: text-ur text- und relations agentur Dr. Gierke | www.text-ur.de
Umschlaggestaltung: Martin Zech Design, Bremen | www.martinzech.de
Satz und Layout: Das Herstellungsbüro, Hamburg | www.buch-herstellungsbuero.de
Druck und Bindung: Salzland Druck, Staßfurt

www.gabal-verlag.de
www.twitter.com/gabalbuecher
www.facebook.com/Gabalbuecher

Inhalt

Einleitung: Let Your Fire Burn!

 Unternehmerisches Feuer ist die Stärke, das Richtige zu tun. Es ist das Standing, es durchzuziehen. Es ist eine ansteckende Leidenschaft. Unternehmerisches Feuer hat den langfristigen Blick und führt uns in die Zukunft.

Dieses Buch ist für alle, die vor einer großen Herausforderung stehen, die »ihr Ding« machen und die etwas in dieser Welt bewegen wollen. Es ist für alle, die vorhaben, ihre Ideen zu verwirklichen und die eigene Zukunft aktiv zu gestalten. Und es ist für alle, die sich dabei gleichzeitig die bohrende Frage stellen: »Schaffe ich das? Kann ich das? Bin ich die oder der Richtige?« In diesem Buch erfahren Sie, wie Sie Ihr Vorhaben, Ihr Projekt, Ihre Träume und Visionen in die Tat umsetzen. Ihr wichtigstes Instrument dabei ist Ihr unternehmerisches Feuer oder – um es etwas sachlicher zu formulieren – Ihr unternehmerischer Mut.

Es geht um Ihre Haltung zu Ihren Plänen und Vorhaben

Ich führe als Businesscoach und Start-up-Berater jede Woche Gespräche mit Menschen, die Großes vorhaben und zugleich an sich selbst zweifeln, und damit auch an ihren Projekten. Menschen, die gut ausgebildet sind, viele Ideen und Potenziale haben und sich dennoch fragen: »Ist das das Richtige?« Denn es fehlt uns meistens nicht an Wissen und an Fähigkeiten. Es fehlt uns oft an Mut. Mut bedeutet für mich:

- **M**otiviert leben
- **U**nternehmerisch denken
- **T**atkräftig handeln

Aus den erwähnten Gesprächen heraus hat sich über die Jahre dieses Buch entwickelt. Denn ich möchte den meisten zurufen: »Ja, das klappt – Ihr Feuer wird sich entwickeln!« Sie brauchen dieses Feuer, ganz gleich, ob Sie nun

- ein auf Gewinn ausgerichtetes Unternehmen gründen oder
- ein Non-Profit-Unternehmen, einen gemeinnützigen Verein oder eine sonstige Organisation ins Leben rufen oder
- als Unternehmer im Unternehmen (Intrapreneur) ein großes Projekt in Ihrem Verantwortungsbereich – etwa in Ihrer Abteilung oder an Ihrem Arbeitsplatz – verwirklichen oder
- die nächste Sprosse auf der Karriereleiter erklimmen möchten.

Ich habe drei berufliche Wurzeln. Ich war zwölf Jahre Straßenkünstler und Varietéartist, bin Diplomsoziologe und Start-up-Berater. Meine Beispiele entstammen also größtenteils diesen Welten, oft kommen sie aus dem Bereich der Unternehmensgründung. Es ist aber egal, wo Sie diesen Mut einsetzen wollen – denn immer und überall benötigen Sie Feuer, um sich eigeninitiativ und selbstverantwortlich Ihrer Aufgabe zu widmen. Verstehen Sie den »unternehmerischen Mut« also bitte vor allem als eine bestimmte Haltung zum Leben, zu den Mitmenschen, zu dem, was Sie planen, wagen, umsetzen.

 **Jeder Mensch braucht unternehmerischen Mut, aber nicht jeder, der über unternehmerischen Mut verfügt, will sich automatisch selbstständig machen: Er setzt diesen unternehmerischen Mut ein, um etwas Neues zu wagen.**

Zum Aufbau dieses Buches

Wie Sie dieses unternehmerische Feuer entwickeln, erfahren Sie in den vier Teilen dieses Buches. Der erste Teil »Ja, ich kann – meine Möglichkeiten« zeigt Ihnen Ihre Chancen, dieses Feuer zu entfachen. Hier geht es vor allem um Ihre enormen Potenziale. Im zweiten Teil »Ja, ich will – meine Entscheidung« geht es um die Grundlagen für unternehmerischen Mut in Ihrem Leben – alle Ressourcen, auf denen Sie aufbauen können, um Entscheidungen zu treffen und Verantwortung zu übernehmen. Es geht aber auch um die Blockaden, die verhindern, dass sich Ihr unternehmerisches Feuer entfachen lässt. Dazu zählen Ihre Sorgen und Ängste – wobei »Angst« wiederum als eine Haltung verstanden werden soll, eine Haltung, die dazu führt, dass Sie vor Ihren Vorhaben und Projekten ängstlich zurückschrecken. Der dritte Teil »Ja, ich springe – mein Entwicklungsprozess« umschreibt die Reise, den Prozess zum intensiv brennenden inneren Feuer, zu Ihrem unternehmerischen Mut. Bis – und das ist der vierte Teil – Ihr unternehmerisches Feuer kraftvoll leuchtet.

Bevor es nun losgeht, noch zwei Anmerkungen: Sie haben bereits in dieser Einleitung zwei »Flammende Thesen« gelesen. Solche Einschübe begegnen Ihnen bei der Lektüre immer wieder:

Die Einschübe sind als Denkanstöße zu verstehen – sie mögen Sie anregen, eigenständige Ideen zu kreieren, Umsetzungsaktivitäten zu entwickeln und über das Gelesene nachzudenken und es auf Ihre Situation zu beziehen.

Schließlich möchte ich noch allen Menschen danken, die bei der Entstehung dieses Buches mitgeholfen haben. Vor allem meiner Familie – klasse, dass ihr mir den Rücken freigehalten habt. Mein größter Dank geht an Käte Gutzmann. Du hast vor über 20 Jahren meinen glimmenden Docht zu einem großen Feuer entfacht. Ohne dich hätte es dieses Buch nie gegeben.

Let your fire burn!

Ihr *Lutz Langhoff*

TEIL I

JA, ICH KANN –
MEINE MÖGLICHKEITEN

1 Flamme oder Asche – Mut-Bürger oder Wut-Bürger?

»Die Zukunft hat viele Namen. Für die Schwachen ist sie
das Unerreichbare. Für die Furchtsamen ist sie das Unbekannte.
Für die Mutigen ist sie die Chance.«
Victor Hugo, französischer Schriftsteller

Was Sie in diesem Kapitel erfahren

- Sie lernen den Unterschied zwischen dem Wut-Bürger und dem Mut-Bürger kennen.

- Mut-Bürger sind Menschen, die das Heft ihres Lebens selbstbewusst in die Hand nehmen.

- Um unternehmerischen Mut zu entwickeln, ist es notwendig, die inneren Ressourcen zu nutzen und Lebensziele zu fokussieren.

- Sie tragen alle dafür nötigen Eigenschaften als Saat in sich – hier erfahren Sie, wie Sie diese Saat zum Keimen bringen.

Kennen Sie Jón Gnarr? Seinen Namen sollten Sie sich merken. Er ist ein Vorbild für Menschen, die zeigen, dass »es« geht. Bis zum 15. Juni 2010 kannten ihn die wenigsten, nur in Island war sein Name ein Begriff. Er war einer der bekanntesten Komiker und Musiker des Landes – dann ist er Politiker geworden. Aber vielleicht wollen Sie die ganze Geschichte hören.

Was macht den Mut-Bürger aus?

Nach der Bankenkrise in Island ist eine aus dem Ruder gelaufene Protestwahl in Reykjavik zu seinen Gunsten ausgefallen. Seitdem regiert ein Clown die Stadt: Jón Gnarr ist Bürgermeister in Reykjavik. Sein Wahlprogramm war eigentlich ein satirisches Statement zur Politikverdrossenheit. Darin ging es um offene statt verdeckte Korruption, um bequeme Versorgungsposten für Freunde, um Eisbären für Islands Zoos und um Gratis-Handtücher für alle Bäder.

Ach ja – Jón Gnarr versprach, alle diese Wahlversprechen zu brechen. Seine Partei nennt sich »beste Partei« und besteht aus Schauspielern, Musikern und einem Komiker. Ein Mitstreiter war zum Beispiel gemeinsam mit der isländischen Sängerin Björk Gründungsmitglied der Band Sugarcubes. Die Partei bekam 34,7 Prozent und eroberte acht von 15 Parlamentssitzen. Der wahre Witz an dieser scheinbaren Realsatire wurde aber erst einige Zeit nach der Wahl deutlich: Jón Gnarr und seine Künstlertruppe machten ihren Job richtig gut – und das bis heute, also zumindest bis zum Erscheinungstermin dieses Buches. Sie haben es geschafft, das rettungslos überschuldete Stadtbudget zu sanieren. Die defizitäre städtische Energiegesellschaft schreibt schwarze Zahlen, nachdem der bisherige Vorstand vor die Tür gesetzt wurde. Von den üblichen politischen Zwängen befreit, konnten notwendige Veränderungen endlich angepackt werden. Die Politikverdrossenheit der Bürger von Reykjavik erreichte einen Tiefststand. Die vielen kleinen sozialen Veränderungen will ich gar nicht erst ansprechen. Und selbst wenn Jón Gnarr langfristig scheitern sollte: Die ersten Jahre sind eine reine Antithese zum üblichen Politikalltag und geben Anlass zur Hoffnung. Jón Gnarr und seine Bande von (politischen) Greenhorns sind pure Mut-Bürger. Sie zeigen, was möglich ist – wenn wir uns denn auf den Weg machen, wenn wir den Mut finden und fassen, unseren Traum zu leben. Auch wenn das Betätigungsfeld auf einmal ein ganz anderes ist.

Ermutigende Geschichten wie die von Jón Gnarr entstehen aber nicht aus dem Nichts. Die Wurzeln für den Erfolg sind vorher über Jahre gewachsen. Gnarrs Parteikollegen haben zuvor allesamt ein selbstbestimmtes Leben geführt, sind für ihre Ziele eingetreten und haben sich nicht verbiegen lassen. Sie hatten vorher beruflichen Erfolg, mit allen Höhen und Tiefen. Ohne diese Erfahrungen hätte auch Jón Gnarr den Posten des Bürgermeisters nicht ausfüllen können. Allein für den Rauswurf des Vorstandes der städtischen Energiegesellschaft brauchte er Rückgrat, das er sich in den Jahren vor dem schweren Amt erarbeitet hat.

Die Unzuständigkeit des Wut-Bürgers

Den Wut-Bürger und den Mut-Bürger unterscheidet zwar nur ein umgedrehter Buchstabe, doch in Wahrheit ist alles beim Wut-Bürger verdreht. Als lebe er in einem anderem Universum. Der Wut-Bürger hat seit Anfang des Jahrtausends einen Siegeszug in Behörden und Ämtern, in der Politik und in der Presse wie auch in den Fernsehnachrichten angetreten.

Er ist fokussiert auf seinen Frust und eigentlich nur noch empört. Er fühlt sich unentwegt abgezockt, betrogen, beleidigt, erniedrigt, gedemütigt und unterdrückt. Er fühlt sich vom Leben, der Politik und dem Glück übergangen und neidet anderen gerne Reichtum, Schönheit, Erfolg und vor allem ihren vermeintlich leichten Weg nach oben. Mit diesem latenten Gefühl der Deprivation nutzt er so häufig wie schlecht gelaunt die Kommentarfunktion von Internet-Blogs und Online-Zeitungen, um möglichst viele andere an seinem Frust teilhaben zu lassen, antwortet stets verärgert und hat seiner Meinung nach: immer recht. Nur eben das Gefühl, dass er genau das nicht bekommt.

 **Ist der Wut-Bürger die Konsequenz eines auf Sicherheit bedachten Lebens im Rückzugsgefecht?**

Selbst zuständig für Veränderungen ist der Wut-Bürger natürlich nicht. Er sieht immer und überall eine einzige finstere Verschwörung. Er glaubt, jeder wolle ihn über den Tisch ziehen. Die Armen würden immer ärmer, die Reichen immer reicher. Jeden Abend wird bei Jauch, Will und Maischberger das Hohelied der eigenen Unzuständigkeit gesungen. Der Wut-Bürger hat diese Unzuständigkeit zur Lebensmaxime erhoben. Faszinierend am Wut-Bürger ist die Tatsache, dass er mittlerweile auch aus dem konservativen Lager der Mittelschicht kommt. Der Wut-Bürger ist übrigens keine deutsche Erfindung. Die Gattung des gemeinen teutonischen Wut-Bürgers hat in diesem Land eine spezielle Ausprägung, wir finden ihn aber in allen westlichen Kulturen als »angry white male«.

> ◢ **Weitergedacht: Sind Sie ein Mut-Bürger?**
>
> Wenn Sie die beiden Welten betrachten: Sind Sie ein Mut-Bürger? Es geht hier nicht darum, Sie in eine Schublade zu stecken. Es geht um Ihre Sehnsucht. Denn fast jeder kann sich zum Mut-Bürger entwickeln. Die richtige Frage heißt: »Wollen Sie einer sein?«

Mut beginnt bei uns selbst

Es gibt aber auch andere Menschen in diesem Land: Menschen mit der großen und unbändigen Sehnsucht, aktiv etwas Sinnvolles in ihrem Leben aufzubauen. Diese Menschen – das sind die Mut-Bürger. Mutige Menschen haben verstanden, dass der wichtigste Mensch auf der Welt, den sie ändern können, sie selbst sind. Ja, auch wenn dringende Systemänderungen notwendig sind und die Ungerechtigkeit der Welt uns täglich unverschämt angrinst.

Wir sind unseres Glückes Schmied. Wir bauen an der Zukunft, die uns vorschwebt: Sei es als Gründer einer eigenen Firma oder als Freiberufler, sei es ein Social Business, eine Non-Profit-Organisation, sei es, dass wir uns innerhalb des Unternehmens verändern möchten, also an unserem Arbeitsplatz.

Natürlich weiß auch der Mut-Bürger nicht, was die Zukunft bringt. Aber er hat eine Idee, eine Vision, eine Vorstellung, wie die Zukunft aussehen kann. Er weiß: Zukunft lässt sich erschaffen. Denken Sie einmal an die vielen neuen Ideen, Produkte und Initiativen, die in diesem jungen Jahrtausend entstanden sind. Unser Leben ist voll davon. Ich meine damit nicht einmal die großen bahnbrechenden Errungenschaften, sondern die vielen »kleinen« Ideen, die sich zu wunderbaren Möglichkeiten entwickelt haben. Beispiele dafür gibt es viele: Welche Cola oder Brause trinken wir auf Partys und Feiern? Wo kaufen wir unsere Klamotten und welche Labels sind angesagt? Welche Dienstleistungen nehmen wir in Anspruch? Welche Spiele spielen wir? Für welche Initiativen spenden wir? Welche Aktivisten sind in den Medien präsent? Ihnen fallen garantiert viele kleinere aufblühende Organisationen und Unternehmen ein. Wenn nicht, achten Sie bitte einmal darauf. In gewisser Weise kann man behaupten:

Die Welt ist im Aufbruch wie nie zuvor. Es gibt so viele Chancen. Die Möglichkeiten, etwas aufzubauen, sind schier unendlich.

»Durch Deutschland muss ein Ruck gehen«

In diesem Zusammenhang erinnern Sie sich vielleicht an die erste Berliner Rede Roman Herzogs, »Durch Deutschland muss ein Ruck gehen«. Die Rede hat sich in das kollektive Gedächtnis der Republik eingebrannt. Der Vortrag des damaligen Bundespräsidenten stammt aus dem Jahr 1997 und könnte heute ohne Änderung tagesaktuell vorgetragen werden. In meinen Vorträgen frage ich die Zuhörer zuweilen, ob sie das Zitat kennen und wann die Rede gehalten wurde. Die meisten ordnen die Rede in die ersten fünf Jahre des neuen Jahrtausends ein. Allein daran erkennen Sie, wie aktuell das Thema ist, wie nah es uns auch heute noch ist. Roman Herzog hat damals uns alle angesprochen, uns alle aufgefordert, uns zusammenzureißen, Opfer zu bringen und lieb gewonnene Besitzstände aufzugeben. Für mich lautet der Kern seiner Botschaft allerdings: Wir brauchen unternehmerischen Mut!

Mut kann nicht befohlen werden. Wir dürfen nicht darauf warten, verändert zu werden, der Ruck kann nicht von außen kommen. Wir sind es, die sich verändern müssen – dass der Ruck passiert, liegt in unserer Verantwortung.

Doch so treffend die Rede auch sein mag, sie hinterlässt vor allem dieses unbehagliche: Wie? Wie kann ein solcher Ruck aussehen? Wie können sich Menschen so verändern, dass sie Verantwortung, Leidenschaft und Zuversicht entwickeln, um Zukunft zu gestalten? Meine Antwort lautet: Wir alle müssen uns das aneignen, was der Mut-Bürger besitzt: nämlich unternehmerischen Mut. Und um dahin zu gelangen, müssen wir bei uns selbst anfangen. Mut beginnt immer bei mir selbst.

Weitergedacht: Tragen Sie den Mut-Bürger in sich?

Sie spüren den Anspruch und die Konsequenz, die diese Frage mit sich bringt. Die Reaktionen sind sehr unterschiedlich. Es gibt aber nur eine richtige Antwort für fast alle Menschen. Es ist ein simples »Ja« – ein »Ja« mit Ausrufezeichen: »Ja!«

Der Mut-Bürger und seine Ressourcen

Welche Eigenschaften hat nun der unternehmerische Mut? Und wie können wir diese Eigenschaften entwickeln? Haben Sie schon einmal in einem fremden Land eine Reise organisiert? Keine Pauschalreise, bei der alles geregelt ist, sondern eine, bei der Sie sich selbst um die Wegstrecke, die Transportmittel, die vielen einzelnen Tickets, die Hotelbuchungen, die Reservierungen, das Sightseeing-Programm und die optimale Ressourcen-, Strecken- und Zeitplanung gekümmert haben?

Jetzt mal im Ernst: Ihren Urlaub können Sie doch selbst organisieren, oder?

Wenn Sie diese Frage mit »Ja« beantworten können, tragen Sie alle nötigen Ressourcen für unternehmerischen Mut in sich. Das ist natürlich nur ein Beispiel. Und damit wir uns nicht falsch verstehen: Wenn Sie einen Individualurlaub zusammenstellen können, sind Sie noch kein Mut-Bürger. Sie verfügen aber über alle Voraussetzungen, einer zu werden.

Was heißt das konkret? In der betriebswirtschaftlichen Forschung an Universitäten gibt es das Forschungsfeld »Unternehmerischer Mut« nur am Rande. Das Thema wird als Teilaspekt des unternehmerischen

Denkens und Handelns verstanden. International spricht die Forschung vom »Entrepreneurial Spirit«. Entrepreneurial Spirit ist kein fest definierter wissenschaftlicher Begriff. Es gibt über 70 verschiedene Definitionen von Wissenschaftlern. Das Kompetenzmodell von Heinz Mandl[1] hat den Vorteil, dass man mit ihm sehr praktisch arbeiten kann. Zum unternehmerischen Denken und Handeln gehören für ihn vier Bereiche: die kognitiven, motivationsbezogenen, sozialen und organisationalen Kompetenzen.

Kognitive Kompetenzen	Motivations-bezogene Kompetenzen	Soziale Kompetenzen	Organisatio-nale Kompetenzen
■ Allgemeine Denk- und Problemlöse-fähigkeit ■ Kreativität ■ Lernfähigkeit ■ Fachkompe-tenzen ■ Lese- und Schreib-kompetenz	■ Eigeninitiative ■ Zielorientier-tes Handeln ■ Strategien der Stress-bewältigung ■ Risikobereit-schaft	■ Kommuni-kations- und Kooperations-kompetenz ■ Führungs- und Durchset-zungsfähigkeit ■ Verantwor-tungsbereit-schaft	Strategien der ■ Zielanalyse ■ Arbeits-, Zeit- und Budget-planung ■ Projekt-überwachung ■ Projekt-steuerung

Wenn Sie auf eigene Faust eine Reise auf fremdes Territorium organisieren, brauchen Sie möglichst viele der genannten Kompetenzen. Sonst werden Sie irgendwann »in the middle of nowhere« stehen, abgebrannt, kofferlos, planlos, unglücklich. Wenn Sie sich – wieder nur als Beispiel – an Ihre letzte große Reise erinnern: Wie sind Sie vorgegangen? Wenn Sie alles alleine organisiert haben und bei der USA-Rundreise nicht mitten im Death Valley ohne Wasser gestrandet sind, nicht auf der Hälfte der Alpenwanderung wegen schlechtem Schuhwerk umkehren mussten und bei der Fahrradtour nicht ohne Übernachtung oder Zelt dagestanden sind, haben Sie mit Sicherheit festgestellt, dass Sie eine Menge an Kompetenzen in sich tragen und entwickelt haben, die für eine solch anspruchsvolle Unternehmung notwendig sind. Sie entwickeln dabei Eigeninitiative und zielorientiertes Handeln. Mögliche Schwierigkeiten analysieren Sie, Probleme lösen Sie kreativ. Sie schaffen es, mit anderen Menschen zu kommunizieren, wenn Sie etwa mit einer größeren Gruppe reisen. Sie haben im In- und Ausland mit verschiedenen Dienstleistern zu kämpfen, dabei kommt dann auch schon einmal Stress auf, wenn Deadlines nicht eingehalten werden. Letztendlich benötigt die Urlaubsplanung sogar ein Projektmanagement, eine Projektsteuerung. Vielleicht hapert es noch mit der Budgetplanung und der Urlaub ist deutlich teurer geworden. Aber keine Sorge: Das bekommen selbst hoch bezahlte Manager manchmal nicht hin.

Wir müssen nicht alle Fähigkeiten von Anfang an beherrschen. Es geht darum, ob sie sich entwickeln können. Dies ist bei den meisten Menschen möglich. Ein anderes Beispiel aus dem täglichen Leben: Haben Sie schon einmal eine Party für mehr als acht Personen organisiert? Sollte dies geklappt haben, besitzen Sie garantiert alles, um unternehmerischen Mut in Ihrem Leben groß werden zu lassen. Das Ganze ist kein Hexenwerk und nicht nur einigen »großen Visionären« gegeben – auch Sie tragen (womöglich) schon alles in sich, was Sie zu einem erfolgreichen Unternehmer, einem effektiven Aktivisten oder einem mitreißenden Gestalter macht! Schauen Sie sich die Tabelle von Professor Mandl nochmals an und fragen Sie sich bei jeder der Kompetenzen: »Wenn ich morgen meine Geburtstagsfeier für 30 Personen organisieren wollte: Verfüge ich über diese Kompetenz?« Vielleicht wundern Sie sich über die einfachen Urlaubs- und Party-Beispiele. Sie belegen ganz simpel:

 **Jeder Mensch ist ein Unternehmer.**

Denn er unternimmt schon sein Leben. Und das sein Leben lang. Jeder Mensch kann auch ein fähiger Unternehmer im Wirtschaftsleben sein, jeder verfügt über die dazu notwendige Grundausstattung. Wir alle tragen die Fähigkeit in uns, unternehmerischen Mut wachsen zu lassen. Wie groß er wird und welche Richtung wir ihm geben, das ist eine ganz andere Frage. Joseph Beuys hat etwas ganz Ähnliches für den Bereich der Kunst zum Ausdruck gebracht: »Jeder Mensch ist ein Künstler« ist einer seiner berühmtesten Aussprüche.

Unternehmerischer Mut ist also eine Grundhaltung, bei der die Ausgangslage für alle gleich ist. Es geht darum:

- eine Vorstellung von einer lebenswerten Zukunft zu entwickeln,
- die Gewissheit zu finden, dass den eigenen Taten Erfolge folgen,
- die Kraft zu haben, aufzustehen und zu handeln,
- ein inneres Ja zur eigenen Zukunft auszusprechen und
- die eigene Freiheit zu leben.

Bitte bedenken Sie bei diesen starken Aussagen immer: Es geht nicht um eine maximale Ausprägung der einzelnen Fähigkeiten. Es geht um die Möglichkeit, dass sie stark werden. Wir tragen all diese Fähigkeiten als Saat in uns. Sie muss nur aufgehen.

Unternehmerisches Feuer ist spielend leicht

Ich werde – mit meiner »Zusatzqualifikation« als früherer Straßenkünstler – häufig von Unternehmen, Verbänden oder Kongressveranstaltern für Business-Varietéshows gebucht. Mit einer Bühnenillusion veranschauliche ich in der Show die Kraft, die sich entfaltet, wenn diese Saat in uns aufgeht. Und diese Nummer geht so: Ich halte einen Karton in der Hand. Er hat die Größe einer guten Espressomaschine. Ich sage, dass er für unseren unternehmerischen Mut steht. Danach stelle ich ihn ab. Ein Freiwilliger aus dem Publikum bekommt die Aufgabe, diesen Karton hochzuheben. Ich suche mir dafür immer Männer aus, denen man etwas Stolz über ihre körperliche Stärke ansieht. Dem Teilnehmer aus dem Publikum gelingt das aber nicht. Auch nach mehreren Versuchen – die Aufgabe ist einfach zu schwer. Dahinter steckt ein Zaubertrick, den ich hier nicht verraten möchte. Denn es kann ja sein, dass Sie doch bald einmal Gast einer meiner Business-Varietéshows sind.

Auf der Suche nach den Ursachen finden wir »schwere« Pflastersteine im Karton – in Wirklichkeit sind sie aus Styropor. Auf den Steinen stehen Begriffe, aufgemalt in schwarzen dicken Buchstaben. Sie bezeichnen die Zerstörer für unternehmerischen Mut, wie zum Beispiel Geldsorgen, den berühmt-berüchtigten inneren Schweinehund oder Ignoranz. Diese Pflastersteine werden dann gegen kleine »Schätze« ausgetauscht. Damit sind Treibsätze gemeint, die dafür sorgen, dass sich unternehmerischer Mut entfalten kann. In großen Buchstaben sind auf diesen Schätzen Begriffe wie Ziele, Werte, Ausbildung, Haltung und Beziehungen verzeichnet. Nachdem er diese Schätze genutzt hat, gelingt es dem Freiwilligen kinderleicht, den Karton hochzuheben und sogar damit zu spielen. Denn in einem bildlichen Sinn nutzt er die ihm innewohnenden Ressourcen. Auf der Bühne aber ist es: »reine Magie«.

Diese Bühnenillusion zeigt sehr anschaulich, wie unterschiedlich Menschen ihre Zukunft angehen. Einige packen sie spielend leicht an. Sie haben gelernt, das Leben zu leben, ihren Mut einzusetzen und etwas zu erschaffen. Den Zauderern hingegen stellt sich die Aufgabe, die dazu notwendigen Ressourcen zu heben und zu nutzen. Fast jeder von uns verfügt über diese Ressourcen, nicht jeder aber kann sie heben und dafür sorgen, dass diese Saat in unserem Leben aufgeht und uns den Mut und die Kraft gibt, unser Leben in die eigene Hand zu nehmen. Das »Fast jeder« bezieht sich auf die Tatsache, dass es Menschen gibt, die die Ressourcen nicht oder nicht mehr haben. Wenn Sie dieses Buch lesen, gehören Sie nicht dazu. Es geht vor allem um demente oder geistig beeinträchtigte Mitmenschen. Also: Wir müssen dem uns innewohnenden unternehmerischen Mut die Chance geben, zu wachsen und zu gedeihen.

Brandbeschleuniger für innere Ressourcen

 *»Brandbeschleuniger werden leicht brennbare chemische Stoffe (meistens Flüssigkeiten) genannt, die dazu verwendet werden, wenig brennbare Sachen in Flammen zu setzen.«*
Quelle: Wikipedia

Wenn Sie Ihre inneren Ressourcen stärken und unternehmerischen Mut entwickeln wollen, nutzen Sie sechs Brandbeschleuniger, sechs Brand-Sätze, die Ihnen dauerhaft weiterhelfen:

1. Sie müssen sich entscheiden.
2. Sie brauchen Durchhaltevermögen – Ihr Prozess braucht Zeit.
3. Sie haben einen intuitiven Zugang zu Ihrem Mut, eine innere Vorstellung davon.
4. Sie brauchen unterstützende Wegbegleiter.
5. Sie wissen, dass Rückschläge dazugehören und stark machen.
6. Sie brauchen und setzen Ziele.

Diese sechs Brandbeschleuniger mögen auf den ersten Blick recht banal aussehen. Weil wir gewohnt sind, über solche Gedanken hinwegzulesen. Sie sind aber nicht banal, sie sind basal! Sie bilden die Basis für erfolgreiches, mutiges Handeln. In der Umsetzung begeben wir uns in schweres Wetter. Oder vielmehr: auf brenzliges Gelände. Denn sie konfrontieren uns mit entscheidenden Fragen unseres Lebens. Es geht um Verantwortung und Leidenschaft, um Geduld und Ausdauer. Wie steht es um unsere Ziele, Werte, Beziehungen und Möglichkeiten? Die Frage ist: Dürfen wir scheitern?

Brandbeschleuniger 1: Die grundlegende Entscheidung

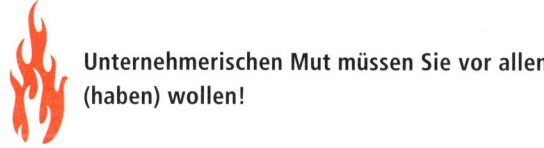

Unternehmerischen Mut müssen Sie vor allem (haben) wollen!

Ich bin immer wieder überrascht, wie viele Menschen auf Geschäftsführerebene nicht unternehmerisch denken und handeln wollen. Ja, wollen! »Sonst wäre ich ja Unternehmer geworden«, dieser Satz wird hinter verschlossenen Türen oft gesagt. Nach außen wird sicherlich etwas anderes vertreten.

Dazu fällt mir ein Beispiel aus der jüngsten Vergangenheit ein: Fünf Minuten, bevor ich bei einem Dax-Konzern mit meinem Vortrag »Unternehmerischer Mut« auf die Bühne ging, sprach mich ein sehr gepflegt aussehender 50-jähriger Mann an: »Ich war beim Betriebsrat und habe mich erkundigt, ob Sie diesen Vortrag überhaupt halten dürfen. Ich bin angestellt und will nicht das Risiko eingehen. Ich mache nur, was man mir sagt.« Eine sehr klare und reflektierte Ansage, oder? Solche Sätze überraschen mich mittlerweile kaum noch. Sie können sich kaum vorstellen, mit wie viel Mutlosigkeit ich in deutschen Unternehmen schon konfrontiert worden bin, sobald dieses Thema aktiv angegangen wird. In diesem Fall habe ich nach dem Vortrag allerdings schon gestaunt. Denn besagter Herr wurde mir als Standortleiter mit einer dreistelligen Mitarbeiterzahl vorgestellt. Das hatte schon besondere Qualität. Aber nicht die beste. Was meiner Meinung nach evident ist: Der Standortleiter hatte eine Position inne, die er eigentlich nicht ausfüllen wollte. Er identifizierte sich nicht mit seiner Rolle, er war für diese Position und seine Aufgabe denkbar ungeeignet. Denn ohne die innere Bereitschaft sind Ausbildung, Wissen und Können nichts wert. Egal, wie qualifiziert jemand sein mag.

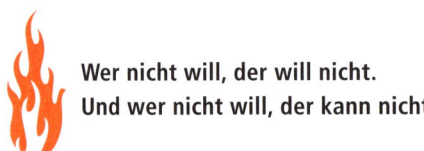 **Wer nicht will, der will nicht.**
Und wer nicht will, der kann nicht.

≫ **Weitergedacht: Wollen Sie unternehmerischen Mut?**

Wenn Ihnen jetzt auf die Frage »Wollen Sie unternehmerischen Mut in Ihrem Leben leben?« kein Ja! von den Lippen kommt und Sie sich nicht sicher sind: Dann heißt das einfach, Ihr Prozess braucht Zeit.

Das ganze erste Kapitel setzt sich mit der Möglichkeit »Ja, ich kann« auseinander. Ihr Wille wird sich beim Lesen in diese Richtung entwickeln.

Vielleicht müssen Sie erst verstehen, wie sehr unternehmerischer Mut für Sie möglich ist! Vielleicht brauchen Sie Zeit – und die innere Erlaubnis. Geben Sie sich diese Erlaubnis. Sie sind dafür geboren, alles zu erreichen, was Sie als Unternehmer können. Unter-Nehmer sind nicht Unter-Lasser. Aber sie sind auch keine Unter-Denker.

Der Prozess, Unternehmer zu sein, Mut zu sammeln, braucht Zeit.

Und Sie sollen nicht nur Mut sammeln, sondern auch Ideen, eine Vision.

Mut ohne Ideen, ohne eine Vision und auch ohne eine Risikoabschätzung ist Übermut. Und Übermut tut selten gut – das alte Sprichwort stimmt. Aber Mut tut gut!

Brandbeschleuniger 2:
Unternehmerischer Mut braucht Zeit zur Entwicklung

 »Die erste Million ist die schwerste.« Bei diesem Zitat geht es nicht um das Geld, sondern um die Fähigkeiten, die sich auf dem Weg dahin entwickeln.

Ein Kunde von mir, ich nenne ihn hier Dimitri Rachnow, erlebte nach dem Studium den beruflichen Supergau. Er fand über zwei Jahre hinweg keine Arbeit. Migrant zweiter Generation, ein Politikstudium mit dem Schwerpunkt Neomarxismus und 17 Semester an der Hochschule sind auch nicht die besten Zutaten für eine Karriere. Dann gründete er ein Unternehmen – aus der Not der fehlgeschlagenen Arbeitssuche heraus. Heute, nach über sechs Jahren, hat er sich zu einem profitablen Werbemittelproduzenten mit acht Angestellten und eigener Produktion entwickelt. Und plant jetzt, »so richtig loszulegen«, wie er es selbst ausdrückt.

Die ersten drei Jahre nach der Gründung sind alles andere als erfolgreich verlaufen. Dimitri Rachnow war zu Beginn so weit vom unternehmerischen Denken und Handeln entfernt, wie sein Lebensweg es erahnen lässt. Intellektuell hat er alle Herausforderungen schnell verstanden. Er konnte sie nur nicht richtig einsortieren, Handlungen ableiten und mutig nach vorne gehen. Er hat sich wie ein Welpe verhalten, der das Gehen erlernen muss. Süß und tapsig. Aber er ist drangeblieben. Er hat schnell verstanden, dass er Zeit braucht.

Unternehmer-Mut: ein oftmals unerforschter Kontinent

Unternehmerischer Mut ist wie ein komplett anderer Kontinent. Stellen Sie sich einen Asylbewerber vor, der sich in Deutschland zurechtfinden muss. Es dauert Jahre, um in der Tiefe zu verstehen, wie dieses Land tickt. Übertragen Sie das auf die Arbeitswelt: Egal, was Sie erreicht haben, bevor Sie den Schritt in ein unternehmerisches Wagnis schaffen: Sie müssen eine komplett andere Kultur verstehen und leben lernen. Nehmen Sie sich die Zeit dafür. Sie müssen oft eine harte Prüfungszeit einkalkulieren – denn allem Mut zum Trotz läuft nicht alles unproblematisch: Vor einigen Jahren sind bei einem Weltmarktführer für Spezialkrane fünf der leitenden Ingenieure zu dem Entschluss gekommen: »Das können wir auch selbst, das schaffen wir auch ohne die anderen!« Ein Risikokapitalgeber und eine Bank waren schnell gefunden und haben eine achtstellige Summe zugeschossen. Nur: Was gut in einem Kontext funktioniert – nämlich in einer großen Organisation –, muss noch längst nicht in einer eigenen Firma klappen. Die Ingenieure haben zu viel Zeit für den Aufbau der Firma verbraucht. Ihre Produkte waren besser und billiger, sie konnten nur nicht liefern. Es tauchte ein Engpass nach dem anderen auf und am Ende waren sie finanziell ausgetrocknet. Auch unternehmerische Mut-Bürger dürfen die harte Anfangszeit nie unterschätzen.

Weitergedacht: Braucht unternehmerischer Mut nicht immer ein gewisses Tempo?

Sie werden in diesem Buch immer wieder lesen, dass unternehmerischer Mut Geschwindigkeit braucht. Ohne ein ordentliches Grundtempo gibt es keine »Abfluggeschwindigkeit«. Der »Flieger« würde nie den Boden verlassen. Aber am Anfang gilt: Gut Ding will Weile haben. Schnell in eine Bruchlandung zu starten bringt nichts!

Brandbeschleuniger 3: Einfach und klar

»Die Seele denkt nie ohne ein Bild.«
Aristoteles

Das ist eines meiner Lieblingszitate. Was heißt das für uns? Wir können nur etwas anpacken, wenn wir wissen, worum es geht. Wenn wir in uns dieses Mosaik von Zuversicht, Hoffnung, Kompetenz und Zähigkeit tragen und uns eine erfolgreiche Zukunft vorstellen können. Die Voraussetzung, die wir mit diesem Brandbeschleuniger diskutieren, heißt: »einfach und klar«. Dies bezieht sich auf die Tatsache, dass wir intuitiv verstehen müssen, worum es geht. Was hilft uns ein wunderbares theoretisches Wissen, das in den Hirnwindungen einiger Intellektueller vielleicht sogar sinnvoll ist? Ich habe meine schriftlichen Abschlussprüfungen als Soziologe über »Selbstreferentielle autopoietische Systeme« sowie »lernende Organisationen« mit der Note »Sehr gut« abgeschlossen. Aber wie ein Unternehmer tickt, habe ich eher während meines Schülerjobs bei einem Fleischermeister gelernt. Der hatte eine neue Filiale eröffnet, die leider erst einmal gar nicht gut lief. Der tägliche Kampf um Kunden, Qualität und Rentabilität war für mich, live erlebt, spannender als jeder Kinofilm, obwohl ich noch sehr jung war … und damals sehr oft ins Kino gegangen bin.

Natürlich sind das – es wird nichts Neues für Sie sein – zwei verschiedene Bereiche: auf der einen Seite das Wissen, auf der anderen Seite der Wille und die Tat:

- Nur ist all unser Wissen und Können nichts ohne Mut!
- Wenn aber das Herz will, wird das Wissen folgen.
- Wissen und Können bauen auf unserem Mut auf.
- Wissen im unternehmerischen Kontext ist immer handlungsorientiert.
- Kraft entfaltet es nur, wenn es unmittelbar und klar verstanden wird.

 **Grimms Märchen mit der darin enthaltenen Bauernschläue haben einen höheren Nährwert für unternehmerischen Mut als jedes betriebswirtschaftliche Lehrbuch an der Universität.**

Jeder unternehmerische Zugewinn an Wissen und Erkenntnis muss von Ihnen im Kern als Prinzip so einfach und klar wie möglich abgespeichert werden. Dazu möchte ich Ihnen ein Beispiel geben. Es geht um einen bundesligaerfahrenen Sportprofi, hier Boris Petersen genannt, der eine bahnbrechende Innovation entwickelt hat. Sein verbessertes Sportgerät wird für jeden Sportler individuell auf die körperlichen Voraussetzungen hin angepasst. Dazu sind mehrere Arbeitsgänge nötig. Das ist ein aus meiner Sicht recht einfacher Kernprozess.

Für Boris Petersen, den ich beraten habe, waren aber alle Schritte eine echte Herausforderung, vom ersten Kundenkontakt bis zur Auslieferung und dem Wunsch einiger Kunden, ihre Rechnungen in Raten zu bezahlen. Was für ein Durcheinander! Was für eine Komplexität, die fast alle Neugründer trifft! Aber ein Durcheinander, das mit unternehmerischem Mut leicht zu beherrschen ist!

Wir haben dazu ein Flowchart angefertigt und alle entscheidenden Schritte im Kernprozess definiert und auf ein Flipchart gepackt. So wurde die Komplexität reduziert und bildlich wiedergegeben. Herr Petersen hängte das Flowchart in seinem Büro auf und strahlte beim nächsten Treffen: »Sie haben recht, es ist einfach.« Er hatte nun ein Bild vor Augen und konnte es »begreifen«.

> ### ⚞ Weitergedacht: Wie werden Leistungen selbstverständlich?
>
> »Wie können Sie das nur? Das würde ich nie hinkriegen!«
> In meiner Zeit als Jongleur habe ich Sätze wie diese oft gehört. Dabei habe ich für sieben Bälle nur ein paar Jahre geübt und deswegen ist mir das Vorführen immer leicht gefallen.
>
> Darum geht es: Wenn Sie beim unternehmerischen Denken und Handeln dranbleiben, werden die Dinge in Ihnen selbstverständlich. Es wird Ihnen einfach und klar.

Brandbeschleuniger 4: Unterstützende Wegbegleiter finden

Ein Blick zurück: »Lutz, vor welcher Sache hast du Angst, die du vor 20 Jahren noch nicht gekannt hast?« Eine einfache Frage eines wunderbaren Coachs und Freundes. Die Frage kommt genau zur richtigen Zeit. Ich kämpfe mit einer unternehmerischen Grundsatzentscheidung. In welche Richtung soll mein Lebensweg weitergehen? Nach einer Insolvenz und dem Verbrennen eines Großteils meines Kapitals sehe ich nur noch »schwierige Wege« vor mir. Ohne Freunde, Mentoren und vor allem ohne meine Ehefrau hätte ich nie den Mut gehabt, wieder richtig zu träumen und die Schritte in die richtige Richtung zu lenken. Wichtig sind weniger die Worte der anderen, entscheidend ist vielmehr die Haltung, die dahintersteht. Eine Haltung, die Vertrauen und Zuversicht ausdrückt. Wir dürfen nie unterschätzen, wie sehr wir unterstützende Beziehungen brauchen. Gerade in den ersten Monaten als neue Führungsperson, den ersten Jahren einer selbstständigen Existenz muss unser inneres Feuer auch mithilfe von fördernden Chefs, Mentoren oder Freunden am Lodern gehalten werden. Wir sind zutiefst auf bejahende Beziehungen angewiesen.

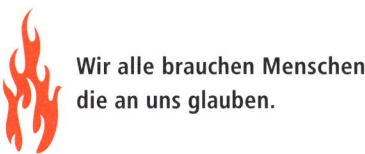

Wir alle brauchen Menschen, die an uns glauben.

Letztes Jahr bekam ich einen Anruf von einer Unternehmerin, die zwei Redneragenturen für Hochzeiten und Beerdigungen aufgebaut hat. Zwei nach außen hin völlig getrennte Firmen, obwohl die Redner dieselben Menschen sind. Sie wollte sich bei mir bedanken. Sie ist fünf Jahre vorher mit einer anderen Idee in ein Beratungsgespräch mit mir gegangen und hatte den Entschluss gefasst: »Wenn der Experte das gutheißt, dann mache ich das.« Ihre ursprüngliche Idee war wirklich schlecht. Ich konnte kein tragfähiges Geschäftsmodell entdecken und habe ihr dringend abgeraten. Mein letzter Satz lautete aber: »Wenn Sie mit Ihrer Power und Freude etwas anderes aufbauen wollen und Sie ein schlüssiges Businessmodell haben, bin ich mir sicher, dass Sie das dann schaffen.« Dieses »Da glaubt jemand an mich« hat ihr die Hoffnung gegeben, sich nochmals hinzusetzen und die Idee grundsätzlich zu überdenken – mit Erfolg.

> **≈ Weitergedacht: Verfügen Sie über solide Beziehungen für unternehmerischen Mut?**
>
> Wenn Sie zu den wenigen Menschen gehören, die von positiven, bejahenden und starken Menschen umgeben sind: Respekt. Und Glückwunsch!
>
> Denn es ist eher davon auszugehen, dass Sie an solchen Beziehungen arbeiten müssen. Die Erfahrung zeigt leider, dass Sie in Ihrem Umfeld entweder Menschen haben, die Sie demotivieren, die Ängste streuen und die am Status quo fest-
>
> →

halten wollen – oder Menschen, die Sie über die Maßen loben, obwohl Ihre Idee keine Chance am Markt hat, die Sie zwar emotional unterstützen, aber rational im Stich lassen.

Suchen Sie sich Menschen, die Ihnen wirklich – und das heißt auch: realistisch! – helfen wollen, Ihren unternehmerischen Mut zu entfalten und zu nutzen.

Mein Tipp: Es gibt in diesem Zusammenhang viele Profis mit dem Wunsch, ihr Wissen weiterzugeben. Sie wollen dann aber auch sehen und wissen, dass Sie an den Dingen arbeiten. Auf Beschäftigungstherapie hat niemand Lust.

Brandbeschleuniger 5: Produktiver Umgang mit Rückschlägen

 **Wir lernen nicht aus Fehlern anderer.
Wir müssen sie selbst machen.**

Ich habe bis heute – mit gemischten Gefühlen – den Satz eines Stars der Motivationstrainerbranche im Ohr: »Sie müssen nur einmal mehr aufstehen, als Sie hinfallen.« Der Satz stimmt und ist gleichzeitig unmenschlich und dumm. Besonders das »nur« liegt mir im Magen. Denn es gibt auch »Profis«, die 30 Jahre lang immer wieder aufstehen und immer wieder den gleichen Fehler machen. Einfach aufstehen und weitermachen ist nicht immer die richtige Lösung!

Bevor wir die Möglichkeiten, mit Rückschlägen produktiv umzugehen, vertiefen, eine grundlegende Frage: »Leiden Sie an Fallsucht?« Diese Frage ist wichtig: Denn es gibt Menschen, die suchen Rückschläge wie Motten das Licht. Sie suhlen sich im Elend, und da Not Gemeinschaft sucht, haben sie Freunde, die sie genau dabei unterstützen. Die bei jeder irren Idee sagen: Hey, super, leg mal los, klappt bestimmt! Die eigentlich keine (Markt-)Ahnung haben, aber ihren Freund ins Verderben laufen lassen, weil er eigentlich keine funktionierende Idee hat und dabei im Elend verhaftet bleiben wird. Aber die Freunde sind ja so lieb. Und dann gibt es im Gegenzug die Menschen, die etwas gewagt haben, einen Rückschlag hingenommen haben – und deren Umfeld klar erkennt, was falsch lief und was besser laufen kann. Die aus Rück-schlägen etwas lernen! Etwas über Strategie. Oder über den Markt. Oder über das Produkt. Oder das Marketing. Oder die Resilienz und die Kraft, erstens zu lernen, zweitens zu ändern, drittens mit dem geänderten, optimierten Konzept weiterzumachen. Ins Laufen zu kommen.

Kennen Ihre Freunde Sie nur leidend, weil nichts so richtig klappen will in Ihrem Leben? Unternehmerischer Mut heißt, ins Laufen zu kommen. Dass Sie ein Ziel vor Augen haben und sich darauf zubewegen. Dann können Rückschläge sehr produktiv sein. Für Wut-Bürger gilt das nicht. Sie hängen in ihrer Empörungsdauerschleife fest und grüßen jeden Tag das Murmeltier.

 **Wer hinfällt, muss keine Bodenanalyse betreiben.**

Haben Sie schon einmal überlegt, dass es sinnvoll ist, sich bei Ihren Rückschlägen zu bedanken? Denn der produktive Umgang mit Rückschlägen gibt Kraft. Auch hier fängt es mit einem Entschluss an. Dem Entschluss, sich den unbequemen Fragen der Rückschläge zu stellen. Die Fragen sind hart, aber simpel:

- Worum geht es *eigen*tlich? Hier sind wir beim *Eigenen* und beim Kern.
- Wie ist es dazu gekommen?
- Was ist Ihr Anteil daran?
- Was können Sie daraus lernen?
- Wollen Sie die Konsequenz daraus umsetzen?

Ich gebe Ihnen ein persönliches Beispiel: Mein Job bringt lange Autofahrten mit sich. Einmal habe ich mir auf dem Weg von Ulm nach Hamburg eine Liste mit den Top Ten meiner größten beruflichen Niederlagen erstellt. Dinge, an denen ich richtig zu knabbern hatte. Eine Insolvenz, Kündigung direkt im Urlaub, vergeigte Aufträge, missbrauchtes Vertrauen und Ähnliches. Als ich nach Stunden zu Hause angekommen war, war ich richtig glücklich und zufrieden. Glücklich zu sehen, dass langfristig gesehen alle Rückschläge mich stark gemacht haben. Dass mir dies alles zum Besten diente und dient. Ich gehe sogar noch einen Schritt weiter: Es musste so sein. Es hat mich zufrieden gemacht, denn ich habe aus jedem einzelnen Rückschlag, aus jedem Fehler gelernt.

Können Sie das zulassen? Fehler tun weh. Rückschläge fühlen sich vielleicht wie eine Blamage an. Aber das ist Quatsch. Es sind Lektionen, die uns besser machen!

Alle Menschen erleben das – aber nur wenige lernen daraus. Die meisten lassen sich einschüchtern: »Ich kann das halt nicht richtig.« Aber was?! Sie können es schon ein ganzes Stück weit – und der Rückschlag zeigt, wo noch Verbesserungspotenzial ist. Lernen Sie daraus.

Glauben Sie mir, eine Insolvenz macht einen richtig fit im Unternehmensrecht, im Cashflow- und Krisenmanagement. Vor allem gibt es einen großen Schub in Ihrer Entwicklung zum Unternehmer. Wenn Sie richtig daraus lernen! Sie müssen sich Ihren Rückschlägen stellen und die wichtigen Fragen, die Herausforderungen, die Sie meistern müssen, an sich heranlassen und sie beantworten. Scheitern ist nur dann eine Chance, wenn Sie die individuellen Faktoren hinterfragen und »hinterrechnen« und daraus lernen. Es ist nicht die Schuld des Marktes oder der Zeit oder des Produkts oder der Geschäftspartner oder der wirtschaftlichen Gesamtentwicklung – irgendwo haben Sie einen Denk- oder einen Rechenfehler gemacht, der einen Rückschlag herbeigeführt hat. Wenn Sie den gefunden haben, dann können Sie sich bei Ihren Rückschlägen bedanken, weil sie Ihnen die Chance gegeben haben, sich weiterzuentwickeln. Und mit dem »Danke« kommt die Kraft.

> **⇒ Weitergedacht: Sind aus Ihren Erfahrungen mit Rückschlägen Ressourcen geworden?**
>
> Ernst gemeint: Treffen Sie sich mit einem guten Freund oder einer guten Freundin, nehmen Sie eine Flasche Wein mit und feiern Sie Ihre Rückschläge. Wenn wir uns darüber freuen können, entwickelt sich Stärke. Die brauchen wir auf dem Weg zu unseren Zielen.

»Wir sind Helden«: Der Mut-Bürger und seine Lebensziele

Sie als aufmerksame Leser vermissen jetzt vielleicht meine Ausführungen zum sechsten Brandbeschleuniger, zu unseren Zielen. Doch dieser Brandbeschleuniger ist so wichtig für die Entflammung Ihres unternehmerischen Mutes, dass ich mich nun damit ausführlicher in einem eigenen Kapitel beschäftigen will.

Also: Der größte Brandbeschleuniger sind unsere Lebensziele. Ihre eigene Ausprägung vom unternehmerischen Mut in Ihrem Leben definieren Sie am besten über Ihre Ziele. Erfolg bedeutet, diese Ziele zu erreichen. Allerdings: Erfolg ist etwas extrem Subjektives. Was Sie als Erfolg betrachten, hängt individuell von Ihnen ab. Das »große Geld«, das der eine als Erfolg betrachtet, ist dem, der seinen Erfolg in Gerechtigkeit oder Liebe findet, nichts wert. Einigen wir uns daher auf die folgende knackige Definition von »Erfolg«:

Sie sind erfolgreich, wenn Sie Ihre selbst gesteckten Ziele erreichen.

Welche Ziele dies sind, bestimmen nur Sie selbst. Wer soll es auch sonst machen? Eltern, Kinder, Chef, Ehepartner oder Angela Merkel?

Von äußeren Erfolgen und innerem Scheitern

Ich habe es in meiner Beraterlaufbahn erlebt: Es gibt erfolgreiche Gründer von großen sozialen Werken mit Zehntausenden von Mitarbeitern, die sich selbst als Versager sehen. Es gibt Geschäftsführer, die nach außen hin den großen Siegertypen geben, aber innerlich zu zerbrechen drohen. Es gibt Politiker, deren verkrampftes Grinsen das innere Scheitern erkennen lässt. Und dann gibt es die Kindergartenleiterin, den Projektleiter oder den Fensterreiniger, die mehr als zufrieden ihr Unternehmen mit vier bis zehn Mitarbeitern aufbauen. Sie haben ihren Traumjob gefunden. Es müssen nicht immer ganz große Ziele sein. Aber es müssen unsere Ziele sein, es müssen Ihre Ziele sein. Es müssen Ziele sein, die Sie innerlich begeistern. Dann bringen Sie die

Kraft zu ihrer Erfüllung mit sich. Und natürlich wäre es auch nicht von Nachteil, wenn Ihre Ziele ein paar weitere Kriterien erfüllen. Die besprechen wir im Folgenden.

Ziele nicht zu niedrig hängen: Erwarten Sie mehr von sich

 *»Erste oder zweite Bundesliga könnt ihr alle spielen, wenn ihr wollt und hart arbeitet. Nationalmannschaft ist ein anderes Ding.«*
Mein Jugendtrainer

Ich beobachte oft, dass sich Menschen eher zu niedrige als zu ambitionierte Ziele setzen. Ziele, die sie bequem und ohne größeren Aufwand erreichen können, ohne dass sie den inneren Schweinehund besiegen müssten. Das hat natürlich Vorteile: Die Zielerreichung führt zur Selbstbestätigung. Aber sie greift zu kurz! Denn die Erreichung solch kleiner Ziele führt selten zur inneren Zufriedenheit. Weil die Vision nicht groß

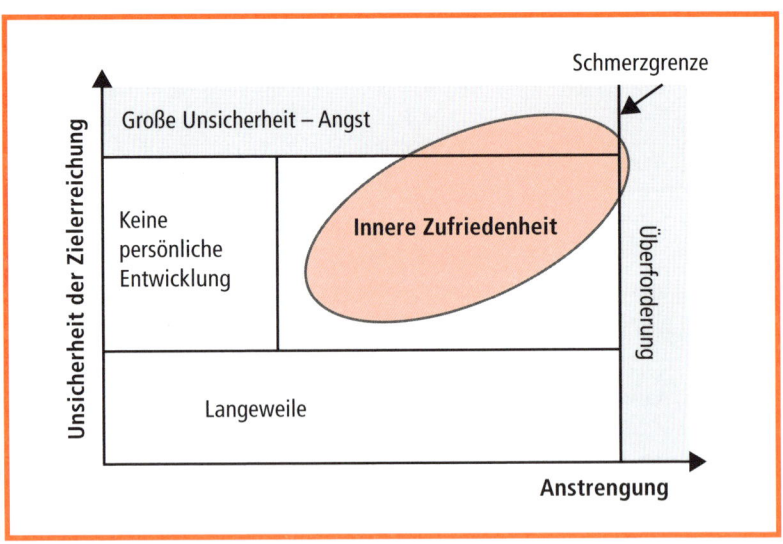

Abbildung 1

genug ist, die dahintersteht. Die Vision, die uns glühen lässt und die die Kraft gibt, Hindernisse zu überwinden, weil wir dann fokussiert sind. Zu kleine Ziele fordern uns nicht oder kaum, sie verlangen von uns nicht, mit unseren Aufgaben zu wachsen, an die Schmerzgrenze zu gehen – und darüber hinaus – und Frustphasen auszuhalten. Wir brauchen Ziele, die eine Anstrengung von uns erfordern und eine mittlere Unsicherheit in der Zielerreichung mit sich bringen. Denn wir können unsere Potenziale nur entfalten, wenn unsere Leitsterne hoch gehängte Ziele sind. Nur, wenn wir uns strecken müssen, wachsen wir auch.

Große Ziele erreichen

Machen Sie den Test: Reden Sie über Ihre Ziele mit Partnern oder guten Freunden. Meistens trauen uns nahestehende Personen deutlich mehr zu als wir uns selbst. Das zeigt uns: Wir können unsere Ziele höher stecken! Ja, dann ist es auch normal, dass wir nach der ersten Euphorie des Anpackens eine Durststrecke bewältigen müssen. David Kelley, Gründer einer der bekanntesten Designfirmen der Welt (IDEO), beschreibt dies sehr deutlich. Er geht sogar davon aus, dass wirklich kreative Durchbrüche und Erfolge immer mit längeren Durststrecken verknüpft sind.[2] Gut zu wissen, dass dies dazugehört. Langfristiger Erfolg heißt, Hunderte solcher Kurven und Durststrecken zu erleben und durchzustehen.

Ziele wachsen und entwickeln sich weiter

Lebensziele verändern sich manchmal in kürzester Zeit. In einem Interview hat Heiko Hubertz, der Gründer und ehemalige Geschäftsführer des Branchenprimus für Browsergames, »Big Point Media«, von seinen ersten Zielen berichtet.[3] Er wollte einfach nur tolle Browsergames programmieren und möglichst viele Menschen damit begeistern. Als sich der Erfolg schließlich einstellte, kam die Lust auf den Aufbau eines Unternehmens hinzu. »Ich hätte nach dem ersten Erfolg ein Millionenangebot annehmen können und einfach das Leben genießen. Das wollte ich aber nicht. Ich wollte mich beweisen. Ich hatte einfach Lust darauf.« »Appetit entsteht beim Essen.« So drückt es der Seriengründer Matthias Hunecke aus. Sein bekanntestes Unternehmen ist Brille24.de. Er erlebt immer wieder, dass die Ziele größer werden, wenn aus kleinen Start-ups erfolgreiche Firmen werden. Das hat eine innere Motorik. Gehen Sie davon aus, dass Ihre Lebensziele und Ihre beruflichen Ziele wachsen und sich ändern werden. Das ist das Normalste der Welt.

Werteorientiertes Leben: im Einklang mit unseren Zielen

 **Auf den Punkt gebracht:**
Im Sinn ist die Zielführung enthalten.

Unsere Ziele sollten mit unseren inneren Werten und unserem Lebenssinn korrelieren. Für einige Menschen sind sogar die Werte das Ziel. Dort liegen die entscheidenden Kraftquellen für unsere Motivation. Ethische Werte und Sinn: Unternehmerischer Mut ist direkt damit gekoppelt. Sinn ist die am meisten Glück stiftende Ressource – das gilt nach aktuellen Studien übrigens nicht nur für Unternehmer, sondern auch für die Zufriedenheit als Mitarbeiter am Arbeitsplatz. »Hat das einen Sinn, was ich da tue?«, »Trage ich dazu bei, dass etwas besser oder leichter wird?«, »Tue ich etwas, auf das ich stolz sein kann?«, »Trage ich damit positiv zu einem großen Ganzen bei?« – diese Fragen stellen sich eigentlich alle Menschen, wenn es um ihre Arbeit geht. Und die junge Generation, die sogenannte »Generation Y« ganz besonders. Heißt die Antwort »Ja«, stiftet die Arbeit also Sinn, sind Burnout und Boreout kein so großes Problem mehr. Wer Sinn in dem findet, was er tut, brennt – aber er brennt nicht aus!

Vielleicht auch deshalb sind seit einiger Zeit Social Entrepreneurs wieder »in«: Es handelt sich dabei um sogenannte Sozialunternehmer. Früher hat man soziale Werke aufgebaut, die von Spenden oder staatlichen Geldern lebten. Heute liegt der Schwerpunkt eher darauf, dass sich solch eine Unternehmung durch das Produkt oder die exzellente Dienstleistung bezahlbar macht und selbst trägt. Natürlich müssen Sie mit Ihrem unternehmerischen Mut nicht in jedem Fall ein Social Business gründen – aber es ist wichtig, dass Sie über die reine Gelderwerbsidee hinausdenken: Welchen Sinn stiftet Ihr Unternehmen? Was tragen Ihre Produkte oder Dienstleistungen positiv zur Gesellschaft bei? Wenn Sie diesen Sinn kennen, folgt der Erfolg – nicht von alleine, aber – mit mehr Leichtigkeit. Denn das erzeugt einen Sog für die potenziellen Kunden wie für die künftigen oder bereits vorhandenen Mitarbeiter.

 **Eine Karriere, die nur den Profit in den Mittelpunkt rückt, offenbart einen armseligen Charakter.**

In meinen Businesscoachings erlebe ich es oft auf positive Weise: Es geht meinen Kunden darum, mit ihrer unternehmerischen Idee die eigenen Werte und Prinzipien zu verwirklichen. In der unternehmerischen Arbeit soll sich auch ihr Selbstverständnis spiegeln. Nicht nur – denn Idee und Sinn alleine reichen nicht –, aber auch. Lebensziele und Unternehmensidee harmonieren miteinander. Das sind die besten Voraussetzungen für die erfolgreiche Umsetzung!

 Weitergedacht: Fragen Sie wie in der Sesamstraße?

»Wer, wie, was, wieso, weshalb, warum, wer nicht fragt, bleibt *mutlos*!« Stellen Sie sich diese Fragen? Haben Sie Ihre Antworten darauf gefunden? In den Antworten liegt ein Großteil Ihres eigenen Feuers verborgen.

FAZIT: Sie sind ein Mut-Bürger!

- Fast jeder Mensch trägt das Potenzial zum Mut-Bürger in sich.

- Unternehmerischer Mut erfordert keine Superhelden-Fähigkeiten, sondern Kompetenzen, die wir uns erarbeiten und aneignen können.

- Es liegt in Ihrer Verantwortung, Ihren unternehmerischen Mut wachsen zu lassen.

- Nutzen Sie die Mut-Brandbeschleuniger:
  - Ihre Entscheidung
  - Ihre Zeit
  - Ihre Klarheit
  - Ihre unterstützenden Wegbegleiter
  - Ihr Durchhaltevermögen

- Der größte Brandbeschleuniger sind Ihre groß gedachten Ziele, wenn sie mit Ihren Werten in Übereinstimmung stehen.

2 Mut-Bürger – Is Your Fire Born or Made?

»Wir hätten auch eine Münze werfen können.«
Hajo Winkler, Start-up-Experte und
Inhaber von Businessinkubatoren

Was Sie in diesem Kapitel erfahren

- Am Beispiel des Themas »Selbstständigkeit und Gründung« erfahren Sie, dass der Erfolg – also die Verwirklichung der eigenen Ziele – niemandem in die Wiege gelegt wird.

- Sie erhalten eine Antwort auf die Frage, ob man zum Unternehmer – bzw. zum Mut-Bürger – geboren oder zum Menschen mit Feuer aufgrund äußerer Einflüsse gemacht wird oder ob Unternehmertum nicht vielmehr Ergebnis eines Entwicklungsprozesses ist.

- Sie lernen die Grundzüge des Prozesses kennen, der zur Entfaltung Ihres unternehmerischen Mutes führt.

- Es gibt zahlreiche Vorbehalte gegen das Unternehmertum und gegenüber Menschen, die das Neue und Ungewohnte wagen wollen – darum scheuen sich viele Menschen, an eine selbstständige Existenz oder die Realisierung ihres großen Traums überhaupt nur zu denken. Überwinden Sie diese Vorbehalte.

Ist es einem Menschen angeboren, dass er dazu imstande ist, etwas Neues aufzubauen und Grenzen zu überschreiten? Liegt es dem einen Menschen im Blut, den Traum einer Karriere oder eines Start-ups zu verwirklichen, während der andere sein Leben lang ein unbefriedigendes monotones Angestellten-Dasein fristet? Gibt es also so etwas wie ein Gen, das der Führungskraft gar nichts anderes übrig lässt, als immer aufwärts zu streben, eine Stufe nach der anderen auf der Karriereleiter zu erklimmen oder mit feuriger Begeisterung ein Großprojekt nach dem anderen zu realisieren? Während der Kollege dazu verdammt ist, am unteren Ende der Karriereleiter zu verharren und »die da oben« bewundernd zu bestaunen: »Ach, hätte ich doch auch nur das innere Feuer, mich zu einer Höchstleistung aufzuschwingen!« Ich kann die Frage auch wie folgt stellen: Befindet sich der Wut-Bürger in einer Sackgasse, in der er auf immer und ewig feststecken muss? Und kommt der Mut-Bürger schon als solcher zur Welt?

Ich möchte diese Fragen in diesem zweiten Kapitel und im dritten Kapitel vor allem am Beispiel des Unternehmers diskutieren: Gibt es also jenes den Lebenslauf festlegende Gründer-Gen, das Sie zum geborenen Unternehmer macht – bzw. zu einem Menschen, der dazu prädestiniert ist, seine Ziele und Visionen eigenbestimmt und mit unternehmerischem Feuer zu erreichen? Da Unternehmer als mutige Personen schlechthin gelten:

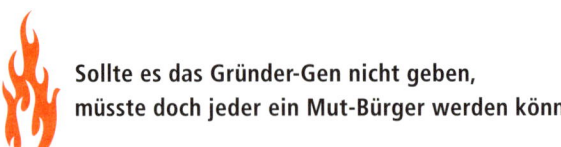

**Sollte es das Gründer-Gen nicht geben,
müsste doch jeder ein Mut-Bürger werden können.**

Der geborene Unternehmer – gibt es das Gründer-Gen?

Hajo Winkler, Inhaber und Gründer eines der größten Start-up-Center Deutschlands, darf sich durchaus als Experte bezeichnen, wenn es um die Frage geht, ob und inwiefern die Charaktereigenschaften eines Start-up-Unternehmers für den Erfolg eine Rolle spielen. Seine Firma hat in mehr als zehn bundesdeutschen Städten im ersten Jahrzehnt des neuen Jahrtausends sogenannte Businessinkubatoren betrieben, also »Brutkästen für Gründer«. Hier wurden Tausende von Start-ups über einen Zeitraum zwischen sechs Monaten und zwei Jahren begleitet. Durch etliche Millionen aus Brüssel wie aus der Wirtschaft unterstützt, konnten sich vor allem Erfolg versprechende junge Menschen um einen »Brutplatz« bewerben. Sie durchliefen ein eintägiges Auswahlverfahren in einem Assessment-Center. Dabei wurde nach den üblichen Kriterien für »erfolgreiche Unternehmer« eine Auswahl getroffen. Diese üblichen Kriterien sind auf jeder Handelskammer-Homepage nachzulesen und spiegeln das »Wünsch dir was« des erfolgreichen Unternehmers wider. Es wird idealtypisch beschrieben, welche Kompetenzen und auch Charaktereigenschaften ein »guter« Unternehmer haben sollte.

Folgendes Gedankenmuster läuft dabei ab: Wie sehen erfolgreiche Unternehmer aus, welche Eigenschaften haben diese? Aus der Analyse wird meistens eine Liste mit fünf bis zwölf Punkten gebildet und behauptet: Bei wem diese Eigenschaften stark ausgeprägt sind, der könne auch unternehmerisch tätig sein. Zu diesen Eigenschaften gehören vor allem visionäres Denken, Durchsetzungsfähigkeit, Zielorientierung, Motivation, Netzwerken, Risikobereitschaft, positives Denken, Handlungsorientierung, Flexibilität, Wille und Begeisterungsfähigkeit. Im wissenschaftlichen Kontext klingen die Vokabeln dann zwar etwas anders – internale Kontrollüberzeugung, Extraversion oder interpersonelle Reaktivität –, besagen jedoch dasselbe. Wer diese Eigenschaften nicht hat, sollte es sich sehr gut überlegen, ob es zum Unternehmertum reicht, und überhaupt – sie sind schwer erlernbar. Auf den Punkt gebracht: Entweder man kann es – oder man kann es nicht. Entscheidend sind mithin die Gene, die frühkindliche Erziehung oder besondere Charaktereigenschaften.

Nun ist über die Jahre die Arbeit der Businessinkubatoren wissenschaftlich begleitet worden. Dafür wurden die unternehmerischen Lebenswege aller Teilnehmer untersucht. Das Ergebnis der universitären Analyse lautet: Die Resultate des charakterbasierenden Ansatzes *(Traits-Ansatz)* liegen weit hinter den Erwartungen. Eine Vorhersage des unternehmerischen Erfolgs anhand dieser Merkmale war nicht möglich. *Der charakterbasierte Ansatz ist ein prekärer Indikator (»poor predictor«) für Erfolg.*[1] Eine harte Wahrheit, die uns grübeln lässt. Denn sie macht die einfache Rechnung kaputt: Wenn du ein »Gründer-Gen« hast, also über diese und jene Charaktereigenschaften verfügst, dann wird deine Karriere, dein Start-up ein Erfolg.

Als Reaktion auf diese Untersuchungen zu Start-ups kam es übrigens zu dem Bonmot von Hajo Winkler, das Sie am Anfang dieses Kapitels finden: »Wir hätten auch eine Münze werfen können.«

Es zeigt aber umgekehrt – und das ist eine schöne, wichtige Erkenntnis: Es braucht (und gibt) überhaupt kein Gründer-Gen, keinen »geborenen Gründer« – in vielen von uns schlummert das erfolgreiche unternehmerische Feuer, wenn wir nur den Mut entzünden, zu springen und zu starten! Nebenbei bemerkt: Die Beratung in den Businessinkubatoren ist dennoch sinnvoll. Unternehmer, die die Businessinkubatoren durchlaufen haben, machen im Schnitt 30 Prozent mehr Umsatz.

 **Der verbreitete Gedanke, unternehmerischer Mut liege in den Genen, ist weit entfernt von der Realität.**

Gibt es die erfolgreiche Unternehmerpersönlichkeit?

Ein Denkfehler jener oben beschriebenen Erfolgsphilosophie liegt wohl darin, dass man Klassen von »Unternehmertypen« aufstellen möchte. Beim Sport würde das niemandem passieren. Fußballer ticken anders als Sportschützen, Schachspieler oder Turmspringer. Ja selbst unter Fußballern gibt es große Unterschiede hinsichtlich der Charaktere und der Art des Spiels. Der erfolgreiche Sportler zeichnet sich meistens durch seine Individualität aus, durch seine Einmaligkeit – das gilt sogar für die Mannschaftssportarten. Der erfolgreiche Sportler ist »unvergleichbar«. Warum also sollten wir bei den Unternehmern Generalisierungen vornehmen? Warum wollen wir hier Schubladen öffnen und Menschen kategorisieren? Auch im Unternehmertum sind die Möglichkeiten zur Betätigung so breit gestreut, dass es kein charakterliches Anforderungsprofil an sich gibt. Das lässt den Wirtschaftswissenschaftler William Gartner[2] behaupten:

 *»Who is an Entrepreneur? is the wrong Question.«*
William Gartner,
US-amerikanischer Wirtschaftsprofessor

Gartner ist der Meinung, dass es keinen kausalen Zusammenhang zwischen bestimmten angeborenen Charaktereigenschaften und Erfolg gibt. Dem ist zuzustimmen. Und aus diesem Grund scheitern neben dem charakterbasierten Ansatz auch alle Ansätze, dem »idealen Unternehmer« mithilfe von Persönlichkeitstests wie DISG, Big Five, MBTI oder dem F-DUP auf die Spur zu kommen – weswegen Sie all diese Begriffe und Tests auch nicht unbedingt nachschlagen müssen.

Hohes Risiko bringt immer Supererfolgreiche, aber auch viele Verlierer

Der zweite Denkfehler liegt in der Auswahl der »Erfolgreichen«. Wie gesehen, gehört es zu den Standardmethoden, sehr erfolgreiche Unternehmer festzulegen, dann deren spezielle Eigenschaften herauszustellen und schließlich zu behaupten: »Das müssen Sie draufhaben, dann kommt der Erfolg wie von selbst.« Genauso sinnvoll wäre es, auf einer Pferderennbahn die Wettkönige der letzten Jahre zu analysieren. Die wird es immer geben – Spieler, die alles auf ein Pferd oder eine Kombination setzen, mit hohen Einsätzen spielen, den richtigen Riecher haben, gute Beziehungen pflegen. Das Problem ist, dass auf die größten Verlierer dieselbe Beschreibung zutrifft. Auch diese haben hohe Einsätze, volles Risiko, Beziehungen und den richtigen Riecher. Nur diesmal »hatten sie kein Glück und es kam Pech dazu«, wie es der Fußballer Jürgen Wegmann einmal eloquent definiert hat. Und darum gehören sie heute zu den Verlierern und morgen zu den großen Siegern – und umgekehrt: Die Wettkönige bezahlen eine Woche später kräftig Lehrgeld. Eine wichtige, aber scheinbar banale Tatsache: Ihre grundsätzliche Ausprägung bleibt währenddessen konstant. Und unter Spielern wird es immer Sieger geben. Durch eine solche Herangehensweise kommen manchmal sehr skurrile Situationen zustande. Es gibt zum Beispiel den Preis »Entrepreneur des Jahres«. 2007 hat die verleihende Unternehmensberatung den Sieger wenige Tage nach der Preisverleihung wieder von der Homepage genommen. Es ist auch der Jury klar geworden, dass Conergy – ein Anbieter von Photovoltaik-Systemlösungen und -Services – zu diesem Zeitpunkt nur wenig mehr als ein aufgeblasener Ballon war. Die Aktienkurse des Solarunternehmens brachen nach kurzer Zeit auf ein Prozent des Wertes ein. Aber bis zu diesem Zeitpunkt ist der Gründer als Held gefeiert worden. Falls Sie die

Geschichte nicht kennen, bei Wikipedia steht sie unter dem Stichwort »Conergy« gut recherchiert.

Jede Eigenschaft kann sich erfolgsunterstützend oder zerstörerisch auswirken

Vor mir liegt ein Haufen Blätter voller Listen mit Eigenschaften für erfolgreiche Unternehmer. Die haben sich während der Vorbereitung für dieses Buch angesammelt. Diese Merkmale erfolgreicher Unternehmer sind allesamt von Wissenschaftlern erarbeitet worden. Über 50 Eigenschaften sind dabei aufgelistet, frei nach dem Motto: »Man findet, was man sucht.« Natürlich wünscht sich wohl jeder von uns, über diese Eigenschaften zu verfügen. Aber muss man sie wirklich allesamt besitzen? Wie stark müssen die einzelnen Bereiche überhaupt ausgeprägt sein? Falls Sie sich einmal richtig demotivieren wollen:

Googeln Sie den Begriff »Erfolgreiche Unternehmerpersönlichkeit«. Sie werden in den Suchresultaten mit so vielen Anforderungen konfrontiert, dass es Ihnen leichter fallen wird, die zehn Gebote einzuhalten, als sich auch nur einen Bruchteil der hier erwähnten Eigenschaften anzueignen.

Warum eigentlich stehen auf solchen Listen keine nicht wünschenswerten Eigenschaften? Renzo Rosso, Gründer der Modemarke Diesel, hat in der aktuellen Werbekampagne sowie in seinem neusten Buch eine wunderbare These mit einem zunächst negativ besetzten Begriff für ein erfolgreiches Leben untergebracht: »Be Stupid.« Am besten übersetzt mit: »Mach etwas Verrücktes, aber mach es.« Kommt das der Realität nicht näher? Bei der Behauptung, unveränderbare Kerneigenschaften seien eine Voraussetzung für erfolgreiches Unternehmertum oder das Topmanagement, beschleicht mich immer ein ungutes Gefühl. Denn so werden Menschen abgeschreckt und entmutigt, eine selbst gewählte Karriere überhaupt in Betracht zu ziehen. Und ich erinnere daran: Es gibt bis heute keine einheitliche Definition unter Wissenschaftlern, welche Eigenschaften es denn nun tatsächlich sein sollen, die den erfolgreichen Unternehmer auszeichnen. Und das gilt auch für erfolgreiche Menschen und für Personen allgemein, denen es gelungen ist, Grenzen zu überschreiten und »ihr Ding« konsequent durchzuziehen.

Die Diskussion über den »idealen Unternehmer« wird noch unglaubwürdiger, wenn Giganten des Unternehmertums nach einem Jahrzehnt reinsten Wachstums (als Beispiel sei der CEO Percy Barnevik von ABB in den 1990er-Jahren genannt) auf einmal einbrechen und bei der Bewertung dieser Entwicklung dieselben Eigenschaften, die für den Erfolg verantwortlich gemacht worden sind, jetzt als Begründung für den Untergang herhalten müssen. Dann wird Führungsstärke urplötzlich zu Halsstarrigkeit, visionäres Denken zu Leichtsinn und geschicktes Taktieren zur Spielsucht umgedichtet. Ein Grund für diese unglaubwürdige Neubewertung liegt darin, dass der Erfolg erst im Nachhinein und bezogen auf eine konkrete Situation und Entwicklung gemessen wird. So werden aus den persönlichen Eigenschaften erst in der Retrospektive Erfolgsfaktoren oder eben Gründe für das Scheitern. Manchmal reicht schon eine Gesetzesänderung – wie etwa bei Windkraft oder Solarenergie – und aus dem genialen Unternehmer wird ein Pleitekandidat. Reinhard Schulte, Professor für Existenzgründung an der Leuphana Universität Lüneburg, konstatiert daher: »Bisher ist eine überzeugende theoretische Verknüpfung von Persönlichkeit und Entwicklung neuer Unternehmen also nicht gelungen.«[3]

> **Weitergedacht: Was verstehen Sie unter einer erfolgreichen Unternehmerpersönlichkeit und einem erfolgreichen Menschen?**
>
> Haben Sie schon einmal darüber nachgedacht, was eine Unternehmerpersönlichkeit in Ihren Augen ausmacht? Warum sind Unternehmer in Ihrem Bekanntenkreis erfolgreich? Worauf führen Sie das zurück? Und was genau macht den Erfolg derjenigen Menschen in Ihrem Bekanntenkreis aus, denen es gelingt, ihre Träume zu leben?

Die Marshmallow-Studie und die Fragwürdigkeit des charakterbasierten Ansatzes

»Aber was ist mit der Marshmallow-Studie?« Dieser Einwand kommt an dieser Stelle oft. Bei der bekannten Marshmallow-Studie aus den 1960er-Jahren wurde vierjährigen Kindern ein Marshmallow vorgesetzt und sie wurden vor die Wahl gestellt, den Marshmallow entweder gleich zu essen oder einen zweiten wenige Minuten später zu bekommen – aber nur, wenn sie den ersten Marshmallow nicht antasten würden. So wird die Impulskontrolle getestet, welche bei Vierjährigen größtenteils genetisch bedingt ist. Für Kinder eine gemeine Situation – und viele griffen denn auch recht schnell zu. Das Spannende an dieser Untersuchung: In einer Langzeitstudie konnte nachgewiesen werden, dass die Kinder mit großer Impulskontrolle im späteren Leben erfolgreicher waren. Sogar signifikant erfolgreicher. Auf den zweiten Blick bleibt aber festzuhalten, dass sich dieses Ergebnis auf akademische Karrieren bezieht. Und dort ist die Fähigkeit zum Gratifikationsaufschub auch dringend geboten. Sonst überlebt man lange Lernzeiten erst gar nicht.

Gilt das aber auch für Entrepreneure und Mut-Bürger? Ich jedenfalls kenne viele erfolgreiche Unternehmer und Aktivisten, die als Vierjährige den ersten Marshmallow genommen und dann einen ordentlichen Terror veranstaltet hätten, bis Mama oder Papa endlich doch noch eine ganze Packung für sie gekauft hätte. Eine deutlich unbewusste, aber effektive Strategie. Freilich – empirisch belegen kann ich diese Behauptung nicht. Aber auch nicht widerlegen.

Gemachtes Nest – werden bestimmte Gruppen bevorzugt?

»Der ist ja mit dem goldenen Löffel geboren«, »Kein Wunder bei den Eltern«: Vielleicht sind auch Ihnen solche Sätze schon einmal durch den Kopf geschossen, wenn Sie sich mit dem Erfolg anderer beschäftigt haben. Diese Neiddebatte ist wiederum von einem Ansatz hinterlegt: Unternehmerischer Mut wird weniger als individuelles Verdienst denn als stammbaumabhängig angesehen. Was ist davon zu halten?

 **Demografische Daten zeigen, dass weder Herkunft, Alter, Geschlecht, Bildung noch Intelligenz jemanden signifikant bevorzugen und zum Unternehmer vorherbestimmen.**

Schauen wir uns einige der genannten Faktoren genauer an – denn hier müssen wir auch unsere eigenen Vorurteile hinterfragen. Bis vor einigen Jahren galt: Ein erfolgreicher Firmengründer muss mindestens Mitte bis Ende 20 sein. Betrachtet man etliche Internet-Start-ups, so ist klar: Diese Altersgrenze ist definitiv als antiquiert anzusehen. Die Gruppe der Nerds symbolisiert übrigens genau einen Typ Mensch, dem bis vor Kurzem kaum einer zugetraut hätte, dass er oft und erfolgreich unternehmerisch tätig wird. So gibt es T-Shirts, die genau das hervorheben: »Be nice to nerds – chances are you'll be working for one.« Bei Gründern, die 58 Jahre oder älter sind, kommt es relativ häufig zu Pleiten. Das hat aber eher etwas mit der halbherzigen Herangehensweise und dem möglichen Rentenbezug dieser Personen zu tun. Etliche unterschätzen den Kraftakt und ziehen sich dann lieber zurück.

Einige Forscher sehen die Gründe für den Erfolg als Entrepreneur in der Entwicklung eines Menschen (demographic characteristics). Ein dabei auftauchender Gedanke ist, dass eine frühe Überwindung schwerer Schicksalsschläge jemanden stark macht. So verwundert es nicht, dass als Ursachen für Erfolg manchmal gelten: sozial schwierige Verhältnisse, emotionale Vernachlässigung, Migrationshintergrund, überkontrollierende Mütter, frühe schwere Krankheiten und neurotischer Erziehungsstil. Aber auch Unternehmer als Verwandte, frühe Übernahme von Verantwortung, Erstgeborener oder eben gerade nicht Erstgeborener, wohlhabende Eltern, frühkindliche Förderung usw. können die Entwicklung beeinflussen. Was auffällt: Etliche Faktoren widersprechen sich und stehen im direkten Gegensatz zueinander. Zudem sind die harten Ausgangsbedingungen für viele auch ein lebenslanges Minuszeichen in der Biografie, ein Malus, den sie nie wieder loswerden. Zu diesen Forschungen kann man schlussendlich dasselbe sagen wie zum Thema Gründer-Gen. In dem einen Fall sind wir fremdbestimmt durch die Gene, im anderen durch soziale Faktoren. Beides greift zu kurz. Das heißt: Die Antwort auf die Frage, ob man als Unternehmer und Mut-Bürger geboren oder dazu gemacht wird, lautet: Weder noch![4]

Weder Gene noch soziale Faktoren bestimmen über das unternehmerische Feuer

Die Theorien des Gründer-Gens und des demografischen Ansatzes verneinen einen Kerngedanken – oder lassen ihn zumindest unberücksichtigt –, der in unserem Kulturkreis für die Entfaltung unternehmerischen Mutes von elementarer Bedeutung ist. Wir sind unseres Glückes Schmied und haben es meistens in der eigenen Hand, unseren Entwicklungsgang zu beeinflussen und zu bestimmen. Die Idee des selbstbestimmten und selbstverantwortlichen Individuums – dieser Gedanke bildet die Grundlage, um das unternehmerische Feuer in sich zu entfachen. Unternehmerischer Mut und das konsequente Verfolgen der eigenen Ziele und Visionen sind nur denkbar, wenn wir die Verantwortung für unser Leben übernehmen. Dann fängt die Reise erst an.

»Alle Menschen sind geborene Unternehmer.
Jeder hat die Anlagen dazu mitbekommen.«
Muhammad Yunus, bangladeschischer Wirtschaftswissenschaftler
und Nobelpreisträger

〰️ Weitergedacht: Wie lässt sich das unternehmerische Potenzial heben?

Wenn die üblichen Indikatoren wie »Gründer-Gene« oder frühkindliche Erfahrungen nicht greifen, müsste die These stimmen, die Sie im ersten Kapitel kennengelernt haben: »Jeder Mensch ist ein Unternehmer.« Dass wir das nicht alle leben, ist klar. Es bleibt die Frage, wie jeder von uns sein unternehmerisches Potenzial wecken und nutzen kann und wie eine solche Entwicklung aussieht.

Das entwickelte unternehmerische Feuer – das Bismarck-Paradoxon

Vor mehr als 100 Jahren hat Otto von Bismarck gesagt: »Die erste Generation baut auf, die zweite verwaltet, die dritte studiert Kunstgeschichte, und die vierte verkommt.« Intuitiv hat Bismarck geahnt, was heute wissenschaftlich bestätigt ist: Unternehmerisches Denken und Handeln muss erarbeitet werden. Es verhält sich wie bei einem Handwerk, das Lehrjahre, Wanderschaft und Meisterzeit umfasst. Das darf und muss jede Generation und jede Person für sich immer wieder aufs Neue entdecken.

 **Unternehmerischer Mut ist ein Handwerk mit Lehrjahren, Wanderschaft und Meisterzeit.**

Wer sich den Lehrjahren nicht stellt, wird sich nicht zum Mut-Bürger entwickeln können. Einfach in einen Posten, eine Familie oder Position hineingeboren zu werden, bringt nur selten erfolgreichen unternehmerischen Mut hervor. Das können Sie an der Geschichte der Fuggers, Krupps und Schickedanzens dieser Welt ablesen. Nur wenigen Familien gelingt es über mehrere Generationen hinweg, erfolgreiche Unternehmer hervorzubringen – was wiederum eindeutig gegen die »genetische These« spricht.

Beispiele für den zaghaften Mut der zweiten oder dritten Generation gibt es auch in unserem Umfeld. Vielleicht kennen Sie einen Nachfolger oder eine Nachfolgerin, die es »einfach nicht so bringt« wie der »Alte« (es waren früher ja fast immer Männer, die ein Unternehmen gegründet und gelenkt haben). Aus meiner Sicht sind es meistens die fehlenden Entwicklungsprozesse, die verhindern, dass zum Beispiel ein Nachfolger fachlich und vom Reifegrad her überhaupt in der Lage ist, eine Firma zu lenken. Oft ist der Nachfolger zu früh »ins kalte Wasser geworfen« worden – es wäre besser gewesen, wenn er in Ruhe die für die Unternehmensführung notwendigen Kompetenzen hätte aufbauen können. Auch nach dem Zerfall des Ostblocks ist dieses Problem aufgetreten. Viele Kolchosen und Sowchosen wurden ehemaligen Apparatschiks übergeben, die viel von Macht verstanden, aber sehr wenig vom unternehmerischen Denken und Handeln. So erwirtschafteten in den 1990er-Jahren in der Ukraine Kleinbauern auf ihrem Eigentum, das 14 Prozent des bebaubaren Bodens des Landes ausmachte, über 95 Prozent der nationalen Kartoffelernte. Die »Großen« schafften nicht mal 5 Prozent auf 86 Prozent des Bodens.[5] Solche extremen Zahlen sind keine statistischen Ausreißer, sie finden sich überall, wo unternehmerisches Denken und Handeln sich nicht organisch und langfristig entwickeln kann. Die politische Dimension dieser Begebenheit: Sie spaltet das linke vom liberalen Lager.

Von der Pike auf lernen und Zeit zum Reifen haben

 **Unternehmerischer Mut muss von der Pike auf gelernt werden.**

Das »von der Pike auf lernen« sollte nie unterschätzt werden. Dieser Begriff kommt aus dem Militärischen und beschreibt die Situation neuer Soldaten, die erst einmal mit der Pike – einem Spieß – in der Hand an die vorderste Front gestellt wurden. Viele dieser Soldaten waren vorher Bauern und mussten besonders im Dreißigjährigen Krieg noch im mittleren Alter »umschulen«. Neulich habe ich auf einem Event einen Türken Mitte 50 getroffen: Er kam vor 30 Jahren ohne Schulabschluss nach Deutschland und hat als Hilfsarbeiter angefangen. Er malochte in einem Werk in der Herstellung für industrielle Ketten. Er erzählte mir, wie er im ersten Jahr einen Entschluss gefasst hatte: »In zehn Jahren stelle ich diese Ketten selbst her.« Das Ganze hat dann 15 Jahre gedauert, angefangen mit einem sehr kleinen Werk als Dreimannbetrieb. »Aber heute stelle ich die Deutschen an, die für mich arbeiten«, sagt er mit einem freundlichen und herzhaften Lächeln. Dieser Mann ist mit der genau richtigen Einstellung rangegangen: »Ich werde das lernen!«

Die »Reise zum unternehmerischen Feuer«:
Was brauchen Sie wirklich?

Es ist durchaus sinnvoll, wenn Sie Ihre Reise zum unternehmerisch denkenden und handelnden Menschen in mehrere Etappen einteilen. Die zeitliche Länge dieser Etappen variiert enorm von Mensch zu Mensch. Einige von uns kreieren mit der ersten unternehmerischen Idee einen echten Hit und verkürzen die Lehrjahre auf wenige Monate. Aber bis zur Meisterzeit dauert es auch da Jahrzehnte. Das lässt sich in jeder Unternehmerbiografie nachlesen. Für die Anfangszeit gilt es, Grundlagen zu legen. Die besten Ausgangsvoraussetzungen, die Ihre Erfolgschancen deutlich erhöhen, sind recht banal.

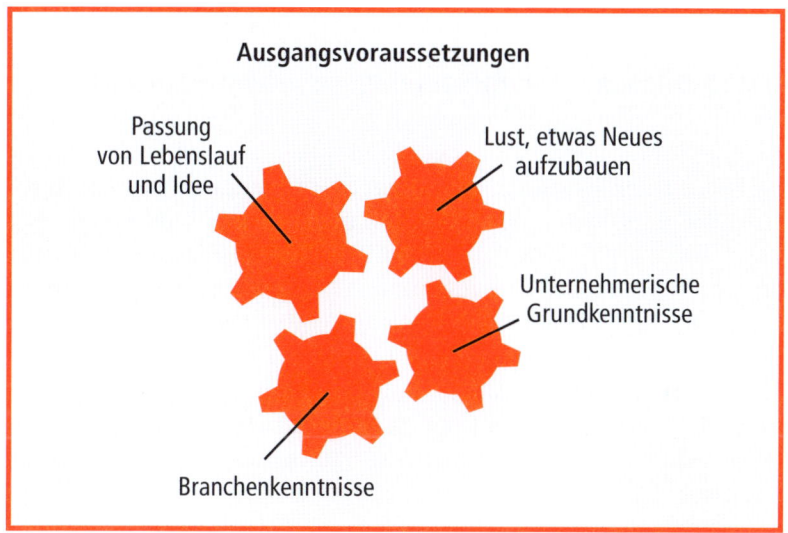

Abbildung 2

In allen vier Bereichen können Sie Ihre Erfolgschancen signifikant erhöhen. Denn Studien zeigen, dass es dabei nicht auf perfektes Wissen und Können ankommt, sondern auf die Grundkenntnisse. Es gibt sogar negative Korrelationen beim »zu viel Wissen«: Wenn Sie männlich sind und langjährige Führungserfahrung in einem Konzern haben, dann ist die Chance zu scheitern größer.[6] Übrigens: Wie diese Reise genauer aussieht, erfahren Sie im dritten Teil des Buches.

Das IQ-Dilemma – warum Intelligenz nebensächlich ist

Der Intelligenzquotient ist der große Klassiker unter den Faktoren, die für Erfolg verantwortlich gemacht werden. Ich erinnere mich noch gut an meine erste Vorlesung an der Uni, in der mein Soziologieprofessor sagte, dass der IQ nichts über Erfolg an sich aussagt. Das war vor über 20 Jahren noch eine neue Erkenntnis. Denn selbst beim populärwissenschaftlichen Standardwerk für emotionale Intelligenz aus dem Jahr 1996, dem Buch »EQ: Emotionale Intelligenz« von Daniel Golemann, steht noch auf dem Einband: »Zum Erfolg gehört weit mehr als ein hoher IQ.« Auch hier wird der Zusammenhang von Erfolg und Intelligenzquotient suggeriert. Wissenschaftlich gesehen ist der mögliche Zusammenhang von hohem IQ und Erfolg wohl das meistuntersuchte Gebiet beim Thema Erfolg. Heute kommen so gut wie alle Studien zum Schluss, dass es keine direkte Entsprechung zwischen Intellekt und Erfolg gibt. Aus diesem Grund taucht der IQ heute kaum noch in den Aufzählungsorgien bei der Frage nach dem vermeintlichen »Gründer-Gen« auf. Diese Erkenntnis hat sich in der Breite durchgesetzt.

Wie viel »mathematisch-analytische Intelligenz« braucht ein Gründer? Der IQ spielt lediglich als Eingangsvoraussetzung für bestimmte Berufe eine Rolle. Sie müssen für ein angedachtes Start-up den Mindest-IQ mitbringen, mehr nicht. Die Untergrenzen für anspruchsvolle Karrieren: Bei einer Anwaltskanzlei zum Beispiel geht man von 110 aus. Für einen Nobelpreis brauchen Sie schon einen IQ von 132. Sonst schaffen Sie es nicht, allein die dafür notwendige Stofffülle zu beherrschen. Bei einem Produktionsbetrieb für chemische Grunderzeugnisse könnte er meiner Erfahrung nach auch deutlich unter dem statistischen Mittelwert von 100 liegen. Ich wage die Behauptung: Für die Leitung einer Bürgerinitiative, eines Handelsbetriebs oder bei der Beantwortung der Frage, ob jemand für den Beruf des Politikers geeignet ist, kann der IQ größtenteils unberücksichtigt bleiben. Und selbst bei meiner eigenen Spezies grüble ich noch … Doch bevor ich es mir mit einer Berufsgruppe verderbe, stelle ich lieber allgemein fest: Die Bedeutung des IQ wird enorm überschätzt.

Man darf auch nicht vergessen: Man muss nicht unbedingt selbst der Intelligenteste sein – es genügt, wenn Sie die Intelligenten anstellen und sie davon überzeugen, sich für die gemeinsame Sache zu engagieren. Für die britische Oberschicht gilt bis heute: Wenn Sie dort jemand fragt, ob Sie clever sind, nehmen Sie es bitte nicht als Kompliment. Gemeint ist, dass Sie gebildet sind und, bitte schön – als »cleverer Mensch« – für den Adel zu arbeiten haben. Ein König muss nicht arbeiten, er muss sich beim Machtspiel auskennen und mutig sein.

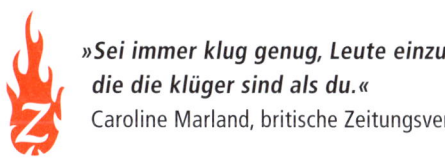

»Sei immer klug genug, Leute einzustellen, die die klüger sind als du.«
Caroline Marland, britische Zeitungsverlegerin

Aus meiner Praxis heraus kann ich das Dilemma vor allem der Hochbegabten bestätigen. Eines Tages kam einer meiner Vertriebscoachs nach einem Coaching mit einer Hochbegabten völlig entnervt in mein Büro und meinte: »Wir sollten echt froh sein, normal schlau zu sein. Die (Hochbegabten) können sich nie entscheiden, sehen 1000 Lösungen und bleiben immer im Analysieren stecken.« Paralyse durch Analyse. Natürlich ist es nicht das Problem, schlau zu sein. Das Problem ist, dass diesen meist zudem hochsensiblen Menschen die innere Stärke fehlt, Entscheidungen einfach zu treffen und dazu zu stehen. Charles Bukowski hat einfach recht.

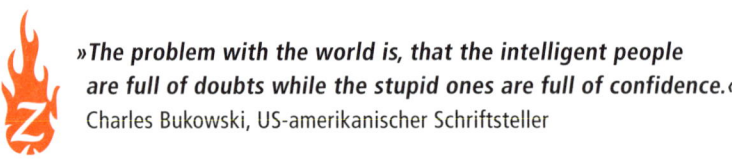

»The problem with the world is, that the intelligent people are full of doubts while the stupid ones are full of confidence.«
Charles Bukowski, US-amerikanischer Schriftsteller

⤳ Weitergedacht: Regieren die Schlauen die Welt?

Stellen Sie sich bitte nicht die Frage, ob Sie zu den Schlauen dieser Welt gehören. Das bringt Sie bei der Entfaltung unternehmerischen Mutes nicht weiter. Grenzen Sie die Frage ein: Überblicken Sie Ihr angedachtes Betätigungsfeld und verstehen Sie die Zusammenhänge in groben Zügen? Wenn ja: Wunderbar. Das Thema IQ ist für Sie geklärt – abhaken und weiter. Bauen Sie Ihren unternehmerischen Mut auf.

»Jeder ist ein Unternehmer« – Gründungen aus Arbeitslosigkeit

Wenn unternehmerischer Mut ein Prozess ist und Menschen sich dieses innere Feuer aneignen können, müsste es dann nicht möglich sein, dass einem Menschen auch aus der Arbeitslosigkeit heraus eine erfolgreiche Gründung gelingt? Beim Arbeitslosengeld I und dem dazugehörigen Förderinstrument Gründungszuschuss zeigen die hauseigenen Zahlen der Bundesanstalt für Arbeit beeindruckende Ergebnisse: So sind nach 19 Monaten nicht nur über 90 Prozent der geförderten Start-up-Unternehmer erwerbstätig. Hinzu kommt: Nach einer Analyse des IAB-Forschungsinstituts der Agentur für Arbeit schaffen sogar über 30 Prozent der geförderten Neugründer aus der Arbeitslosigkeit heraus in ihrem Betrieb binnen 19 Monaten im Durchschnitt fast vier neue Arbeitsplätze.[7] Die praktische Abschaffung dieses Instruments im Jahr 2012 durch Ursula von der Leyen war und ist für viele angehende Gründer eine Hürde. Denn nicht nur der »klassische Handwerker«, der sich nach einigen Jahren der Festanstellung selbstständig macht, hat diese Anfangsfinanzierung eingeplant und steht nun vor der Frage, woher die Liquidität für den Lebensunterhalt in den ersten neun Monaten kommt. Als Folge sind auch die Gründungen aus ALG I um

90 Prozent eingebrochen.[8] Mein Fazit: Auch wenn es Gegenbeispiele gibt, sind Gründungen von ALG-I-Beziehern oft Erfolgsgeschichten.

Putzfrau mit Führungsqualitäten und Vision

Wie sieht es bei Hartz-IV-Beziehern aus? Auch hier gibt es Erfolgsgeschichten, die an den Entwicklungstraum »vom Tellerwäscher zum Multimillionär« erinnern. Zugegeben, dies sind rare Ausnahmen. Mich persönlich faszinieren in diesem Kontext vor allem Lebensgeschichten von Menschen, die jahrelang am Wirtschaftsleben nicht teilgenommen und es dennoch geschafft haben, ein Unternehmen mit etlichen Mitarbeitern aufzubauen. Wie Sabine Waldmoser. Mit Hauptschulabschluss, jedoch ohne Ausbildung, mit drei Söhnen und nach 20 Jahren Erziehung stand sie 2007 mit Anfang 40 nach einer Scheidung und verweigerten Unterhaltszahlungen erst einmal ohne Perspektive da. Also ging sie putzen.

Obwohl sie nicht die Absicht hatte, in diesem Bereich Karriere zu machen, merkte sie schnell, dass sie das Zeug zur Führungskraft hat. Nach einem Jahr fasste sie den Entschluss, selbst etwas »aufzuziehen«. Durch klassische Tugenden wie Pünktlichkeit und Zuverlässigkeit schaffte sie es, dass ihr Unternehmen innerhalb von einem Jahr auf acht Reinigungskräfte wuchs. Und nach zwei Jahren hat sie über 20 Angestellte. Ihr monatliches Einkommen liegt im fünfstelligen Bereich, obwohl sie sagt, dass ihr bereits die Hälfte dessen wie ein Traum vorgekommen wäre. »Ich will doch nur, dass meine Jungs eine bessere Chance bekommen und ihre Ausbildung und ihr Studium finanzieren.« Das ist ihre starke Vision, die sie trotz aller Hemmnisse und Stolpersteine antreibt, ihr Leben eigenverantwortlich in die Hände zu nehmen.

Ähnliche Geschichten über Imbissbuden, Pflegedienste oder eben auch Reinigungsunternehmen kenne ich als Start-up-Berater zuhauf. Besonders in der Autopflege sind hier in den letzten Jahren Tausende erfolgreiche Unternehmen in Deutschland gegründet worden. Übrigens: Falls Sie erwartet haben, dass ich Ihnen im Zusammenhang mit Unternehmensgründungen aus der Langzeitarbeitslosigkeit heraus »sexy« Start-up-Geschichten aus den Bereichen Hightech, Design oder Medien präsentiere, muss ich Sie enttäuschen. Fast alle Gründungen geschehen vielmehr im Bereich Dienstleistungen oder Handel und betreffen fast immer Tätigkeiten, bei denen Eingangsbarrieren wie hohes Startkapital oder hohe Bildungsabschlüsse so gut wie keine Rolle spielen. Die wichtigen Branchenkenntnisse für die »sexy« Start-ups fehlen den meisten dieser Menschen eben. Aber darum geht es auch nicht. Die Frage ist: Können Menschen aus der Arbeitslosigkeit, aus ALG I und aus Hartz IV heraus erfolgreich gründen? Diese Frage ist mit einem eindeutigen Ja zu beantworten.

Erfolgreiche Start-ups aus Hartz IV heraus sind verbreitet, nicht die Ausnahme.

Eine Frage der Motivation

Der wichtigste Faktor für Erfolg liegt in der Motivation. Handelt es sich um eine Notgründung, wird der Gründer also zum Beispiel durch die äußeren Umstände dazu gezwungen, sich selbstständig zu machen, ist die Gefahr des Scheiterns groß. Das betrifft statistisch laut DIW-Wochenbericht vom 5. Mai 2010 aber nur 12 Prozent der Gründungen aus Hartz IV. 88 Prozent der Gründer entscheiden sich für den Schritt in die Selbstständigkeit, weil innere Motive sie dazu bewegen. Erinnern Sie sich an die Businessinkubatoren, von denen am Anfang dieses Kapitels die Rede war? Dort wurde der allererste »Brutkasten« für Hartz-IV-Empfänger mit Geldern aus Brüssel aufgezogen. Hier sind von 2005 bis 2008 424 Personen über ein Jahr lang von Fachexperten und Coachs begleitet worden. Die Erfolgsquote drei Jahre danach: 54 Prozent der Teilnehmer sind selbstständig und benötigen keinerlei staatliche Transferleistungen. Ich war selbst dabei, als auf einer Konferenz zu diesem Thema der damalige Chef der Arbeitsagentur in Hamburg diese Zahlen anzweifelte. Er sagte – in guter alter Gutsherrenmanier: »Diese Zahlen glaube ich nicht einmal im Ansatz. Das geht nicht. Das prüfen wir nach.« Das Ergebnis der Arbeitsagentur fiel dann noch ein Prozent höher aus. Solche Zahlen finden Sie bei Inkubatoren im ganzen Bundesgebiet.

Chancen, Glück und »Shit happens«

>*»Fortes fortuna adiuvat.«*
>   Lateinisches Sprichwort

»Den Mutigen hilft das Glück.« Ich bin fest davon überzeugt, dass sich Chancen vor allem denjenigen Menschen auftun, die ihren unternehmerischen Mut über Jahre entwickelt haben. Und zwar Chancen in Bereichen, in denen sie über Branchenkenntnisse verfügen. Es sind Menschen, die entspannt, aber konstant nach Möglichkeiten suchen. Diese Menschen wissen, dass es »die eine große Idee«, die allein selig machende Geschäftsidee nicht oder nur selten gibt. Denn Ideen müssen über einen längeren Zeitraum ausgebrütet werden, bis sie sich zu tragfähigen und Erfolg versprechenden Geschäftsmodellen ausformen können. Manchmal braucht es gleich mehrere Dutzend Ideen, bis sich bei einer einzigen der Erfolg einstellt.

Was kurios an neuen Entwicklungen ist: Innovationen werden nach dem Harvard Business Manager vom Januar 2012 zwei- bis dreimal so häufig von Einzelpersonen auf den Markt gebracht wie von Großkonzernen. Gute Ideen werden also vor allem von Menschen vorangetrieben und zu konkreten Geschäftskonzepten entwickelt, die eine tiefe innere Leidenschaft dazu verspüren und den Antrieb haben, aus einer bloßen Idee ein konkretes Geschäftsmodell abzuleiten.

Geänderte Rahmenbedingungen – der Strich durch die Rechnung

Es gibt aber bei jeder Karriere Entwicklungen, die schlichtweg nicht vorhersehbar sind und auch von weitsichtigen Menschen nicht ins Kalkül gezogen werden können. Dessen muss sich jeder Mut-Bürger bewusst sein. Wichtig ist die Einstellung, wie man mit dieser Tatsache umgeht. Ich mag diesbezüglich die meist entspannte Sichtweise der Amerikaner: »Shit happens.« Trotz intelligenter Planung und Durchführung und bei aller Zuversicht auf eine erfolgreiche Zukunft: Man kann bestimmte Entwicklungen nicht im Detail vorhersehen. Wir wissen nicht, was kommt – und wir können Veränderungen bei den Rahmenbedingungen nicht beeinflussen.

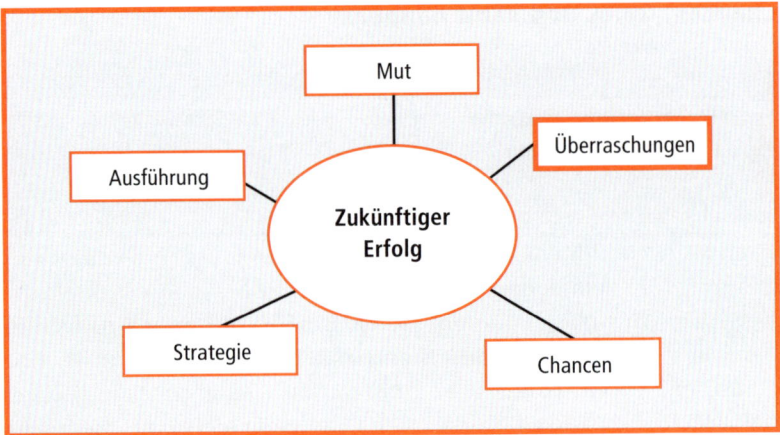

Abbildung 3

Dazu ein Beispiel: Eine AG aus Unterfranken hatte die erste aktive elektro-mechanische Bremse für Windenergieanlagen entwickelt. Eine kleine Revolution: Gegenüber den rein mechanischen Bremsen der ersten Generation wies diese Bremse einen enormen Vorteil bei den Wartungskosten auf. Ich hätte immer darauf gewettet, dass dieser Geschäftsidee ein großer Erfolg beschieden sein würde. Leider fiel der Produktionsstart mit einer Krise im Bereich der Windenergie zusammen. Da die AG ein Start-up gewesen ist, gab es also praktisch keine großen Ressourcen. Der Vertrieb lief so schleppend an, dass die größten Anteile verkauft werden mussten. Heute ist die AG erfolgreich, hat aber bei den Besitzeranteilen eine deutlich andere Zusammensetzung, als die Gründer sich das hatten träumen lassen. Aus meiner Sicht haben die Gründer aber von Anfang an alles richtig gemacht. Sogar die Liquiditätsreserve war auf mehrere Jahre ausgelegt. Hätten Sie vor zehn Jahren geahnt, dass der Megatrend »Erneuerbare Energien« durch so extrem harte Krisenjahre gehen muss? Dies war einfach nicht voraussehbar. Ein weiteres Beispiel: Bezüglich der Energiegewinnung für Biomasse hat die Bundesregierung vor einigen Jahren die Gesetze so geändert, dass etliche Anlagen zutiefst unrentabel wurden. Auch hier gilt: »Shit happens.« Man könnte gegen den Bund klagen, aber welcher Mittelständler hält das über Jahre durch, wenn zugleich die Liquidität schmilzt und die Bank das Haus wegpfändet?

Eine skurrile »Shit happens«-Geschichte hat ein arbeitsloser türkischer Gründer 2005 mit der Getränkefirma Berentzen (Berentzen-Gruppe) erlebt. Er war sich sicher, dass sich die Getränke dieser Marke auch in der Türkei gut verkaufen würden. Er hatte bei Berentzen im Vertrieb nachgehakt, ob es schon Kontakte in die Türkei gäbe. Alle Fragen wurden mit dem Vertrieb bis zur Unterschriftsreife geklärt, sodass der Gründer in der Türkei auf Partnersuche ging. Eine der größten Supermarktketten wollte mitmachen. Sogar die Finanzierung war geregelt. Der Weg zu einem erfolgreichen Handelsgeschäft war frei. Jetzt musste nur noch der Gründungszuschuss beantragt werden – und los ging's! Dem Sachbearbeiter bei der Arbeitsagentur, der den Gründungszuschuss bewilligen sollte, kam die Geschichte aber so unglaubwürdig vor, dass er bei Berentzen anrief. Nicht bei dem im Businessplan angegebenen Vertriebler, nein, gleich beim Vorstand. Der reagierte aber von Vorurteilen geleitet auf einmal allergisch bei dem Wort »arbeitslos«. Die für den Gründer niederschmetternde Antwort lautete darauf: »Wir sind eine Aktiengesellschaft. Wenn das rauskommt, dass ein Arbeitsloser uns vertritt: Niemals!« Der Vertriebler von Berentzen bekam von oben einen Einlauf – nicht mit Korn, sondern verbal – und wegen einer solchen Kleinigkeit ging die Idee baden. Hat der Gründer etwas falsch gemacht?

Was schiefgehen kann, geht schief.

Diese Kalenderweisheit ist bitter und – strikt logisch betrachtet – stimmt sie natürlich auch nicht. Aber in der Praxis schlägt sie immer wieder erbarmungslos zu. Aus meiner Sicht beschreibt sie sogar den häufigsten Grund, warum Unternehmensgründungen scheitern.

Wie gehen wir mit äußeren Störfaktoren um?

Ein Gründer kann einfach nicht alle Details und Eventualitäten berücksichtigen und überblicken. Es gibt allzu viele Aspekte, die er nicht in der Hand hat und die er nicht beeinflussen kann. Noch einmal: Entscheidend ist, wie wir mit dieser Tatsache umgehen. Sie darf uns selbstverständlich nicht davon abhalten, den mutigen Schritt in die Zukunft zu wagen. Sie sollte uns aber auch daran erinnern, dass unternehmerische Misserfolge nicht automatisch der Person des Gründers zugeschrieben werden dürfen, sondern Umständen, auf die er keinen Einfluss nehmen kann.

> **Weitergedacht: Gibt es Abhängigkeiten, die Sie berücksichtigen müssen?**
>
> Erfolg und Misserfolg hängen manchmal so eng zusammen, dass eine entspannte Haltung angebracht ist. Obwohl Sie es gerne so hätten und trotz aller Planung und Voraussicht: Sie haben die Umstände letztendlich nicht zu 100 Prozent in der eigenen Hand.

Erfolg ist manchmal von kurzer Dauer – und zufällig

2007 erhöhte Dänemark die Flughafengebühr um ein Vielfaches. Wohin weicht dann ein Däne aus, wenn er günstig fliegen will? Ins Nachbarland, logisch. Kleine Quizfrage für fortgeschrittene Geografen: Wie viele Nachbarländer hat Dänemark, die auf dem Landweg zu erreichen sind? Und welche nächstgelegene Stadt verfügt über einen größeren Flughafen? Richtig: Hamburg. Wir Hamburger (falls Sie es noch nicht ahnen: Der Autor dieser Zeilen ist gebürtiger Hamburger) pflegen ja seit Jahrtausenden so unsere Geschichte mit den »etwas aufdringlichen Wikingern von da oben«. Diese Geschichte setzte sich mit dem Hamburger Flughafen fort, der in der Folge immer öfter von billigflugversessenen Dänen in Anspruch genommen wurde. Unser Flughafen war darauf jedoch nicht vorbereitet. So fehlten zum Beispiel Zehntausende von Parkplätzen. Im Sommer hörte man jeden Tag Horrormeldungen im Radio, in denen berichtet wurde, an welchen unmöglichen Orten die Dänen wieder einmal parkten. Um den Flughafen herum war alles dicht, sogar in den Vorgärten wurden einfach Autos abgestellt. Was mich am meisten verwunderte, war die Tatsache, dass es 3,8 km entfernt in der City Nord mehrere leere große Parkhäuser gab und lange Zeit wirklich niemand auf die grandiose Geschäftsidee kam, diese Parkmöglichkeiten zu nutzen. Bis ein arbeitsloser Migrant schließlich – zumindest vorläufig – siegte: Er mietete für 10 Euro pro Parkplatz im Monat 250 Parkplätze an, vermietete diese über das Internet für 69 Euro die Woche und 79 Euro für zwei Wochen. Nach einem Monat mietete er 1000 Parkplätze an und war den ganzen Sommer über ausgebucht. Im nächsten Frühjahr durfte ich den Parkplatz in der Tiefgarage räumen, der eigentlich zu meinem Büro gehört. Jener Gründer hatte sein Angebot auf 2000 Parkplätze erweitert und deswegen hatte der Vermieter uns einfach ungefragt die Parkplätze gekündigt. Aus meinem Bürofenster konnte ich fortan die Massen an parkplatzsuchenden Dänen beobachten. Es herrschte ein unglaublicher Andrang, sogar ein Imbisswagen mit Hot Dogs hatte sich deswegen direkt vor der Tiefgarage platziert. Falls Sie im Kopf die Zahlen überschlagen können: Wegen der geringen Fix- und Personalkosten kamen seinerzeit nicht einmal die Geschäftsführergehälter der meisten M-Dax-Unternehmen an die Verdienstmöglichkeiten des findigen Parkplatz-Gründers heran. Aber 2010 war dann alles vorbei. Der Hamburger Flughafen hatte massiv in Parkhäuser investiert. Aber der Gründer konnte sich mit einer hohen Summe ins nächste Abenteuer stürzen. Diese Geschichte hat viele Aspekte. Hier konzentriere ich mich auf den einen Punkt, dass der Erfolg aufgrund der Umstände manchmal nur kurzfristig sein kann.

Kommen wir zu einer weiteren Erfolgsgeschichte: Eine 50-jährige Frau machte Anfang des Jahrtausends eine kleine Saftbar am Rande einer Fußgängerzone auf. Die frisch gepressten Fruchtsäfte fanden sofort Liebhaber – und reißenden Absatz. Es lief so gut, dass sie beschloss, alle Ersparnisse zusammenzunehmen und mitten in der Fußgängerzone einen richtigen »Saftladen« aufzumachen. Der Mietvertrag wurde unterschrieben und zwei Wochen vor der Eröffnung gab es plötzlich in einem Umkreis von nur 100 Metern gleich zwei »Nachahmer«. Allerdings handelte es sich nicht um Konkurrenten, die die Idee geklaut hätten. Nein – es war einfach ein dummer Zufall, dass zum gleichen Zeitpunkt mehrere Personen dieselbe Geschäftsidee verwirklichen wollten. Die Idee mit frisch gepressten Säften lag zu der Zeit »in der Luft«. Jedenfalls verursachten die Konkurrenten einen Preisdruck und zogen logischerweise auch Kunden an. Nur dafür war der »Kuchen« zu klein. Die recht hohen Fixkosten zogen die Gewinnspanne herunter. Die Gründerin war noch ein halbes Jahr optimistisch, versuchte dann aber aus dem recht langfristig abgeschlossenen Mietvertrag herauszukommen. Das geht in aller Regel bei Geschäftsverträgen und Unternehmern jedoch nicht so schnell wie bei Privatpersonen. Die Gründerin hatte Glück, der Vermieter entließ sie aus dem Vertrag – und sie ging wieder als Krankengymnastin arbeiten.

Für mich besagen diese Geschichten, dass der Geschäftserfolg wie auch der Misserfolg manchmal von Zufällen abhängig ist. Sie gehören zum unternehmerischen Handeln einfach dazu – zuweilen im positiven Sinn, wenn sich eine Gelegenheit bietet, die der Gründer mutig beim Schopfe packen kann. Zuweilen aber eben auch im negativen Sinn.

FAZIT: Sie haben alles, um ein Mut-Bürger zu werden – und erfolgreich!

- Den Unternehmertypus gibt es nicht. Und auch den goldenen Weg zum Erfolg gibt es nicht. Weder die Gene noch der Entwicklungsgang eines Menschen führen automatisch dazu, dass jemand zu einem erfolgreichen Menschen wird.
- Die Geschichte eines jeden Mut-Bürgers ist ein höchst individueller Entwicklungsprozess. Ob jemand erfolgreich ist oder nicht, ist nicht vorherbestimmt. Jeder Mensch hat die Anlagen zum unternehmerischen Feuer.
- Auch unter prekären Ausgangsvoraussetzungen sind erfolgreiche Start-ups möglich.
- Erfolg und Zufall liegen oft näher zusammen, als wir denken – auch und gerade bei einer Gründung.

Interview mit Prof. Dr. Andreas Rauch:
»Das Gründer-Gen kann es gar nicht geben«

Professor Rauch ist ursprünglich Arbeits- und Organisationspsychologe und hat sich vor 20 Jahren auf die Erforschung von Entrepreneurship und Start-ups spezialisiert. Sein Forschungsinteresse gilt hauptsächlich Erfolgsfaktoren für Unternehmensgründungen. Was mich am meisten an seiner Forschung begeistert: Professor Rauch sucht den praktikablen Nutzen für angehende Unternehmer. Er will sein Wissen so umsetzbar wie möglich machen.

■ *Professor Rauch, es gibt ja die landläufige Überzeugung vom »Gründer-Gen«. Wie sehen Ihre Untersuchungen dazu aus?*

Prof. Andreas Rauch: Beim »Gründer-Gen« wie beim Thema Führung hat es in den letzten 40 Jahren in den Gedankengebäuden vieler Wissenschaftler etliche unterschiedliche Wellen gegeben. Besonders in den 70ern und 80ern hat man gesagt, dass Persönlichkeit nicht wichtig sei, sondern alles eine Frage des Wissens und dieses erlernbar sei. Heute sieht man etwas stärker den Faktor der Persönlichkeit. Persönlichkeit ist wichtig – die entscheidende Frage dabei lautet: Wie bekomme ich eine Persönlichkeit und ist es überhaupt möglich, diese zu entwickeln? Vorweg: Die Gruppe der Unternehmer ist so heterogen, dass die Frage nach einer definierbaren Unternehmerpersönlichkeit nicht funktioniert. »Das Gründer-Gen« kann es also gar nicht geben.

Nach meinen Studien macht die Persönlichkeit 7 bis 8 Prozent des möglichen Erfolgs aus. Davon sind wieder etwa die Hälfte angeborene Fähigkeiten. Die andere Hälfte kann ich entwickeln, zum Beispiel meine Leistungsmotivstärke. Im Englischen wird dies »Mastery Experiences« genannt – erreichte Ziele motivieren mich stärker.

Bei den angeborenen Fähigkeiten verhält es sich zum unternehmerischen Mut so wie bei der von Ihnen gewählten Metapher vom IQ. Ich brauche ein gewisses Minimum, um diesen Mut entwickeln zu können. Aber es muss nicht mehr sein. So kenne ich erfolgreiche Bauunternehmer mit einem IQ deutlich unter 100. Wenn ich die in meinen Studien befrage, verstehen die die Hälfte der gestellten Fragen nicht einmal – aber deren Unternehmen floriert und das Einkommen ist ein Vielfaches von meinem. Ich muss also ein Minimum mitbringen. Ein Mehr ist natürlich nicht schlecht und dürfte im Schnitt auch ein Mehr an Erfolg mitbringen.

■ *Welche Persönlichkeitseigenschaften gehören denn dazu?*

Prof. Andreas Rauch: Vorweg: Klassische Tests wie der Big Five über schwer veränderbare Charaktereigenschaften korrelieren kaum mit Erfolg. Wichtiger sind Selbstwirksamkeit, Leistungsmotivstärke, Innovativität, Kreativität und Begeisterung für die Arbeit. Alle diese Eigenschaften sind nicht so stark genetisch determiniert wie der Big Five und können sich in einem bestimmten Rahmen entwickeln. Also: Unternehmerischen Mut kann man lernen, wenn man sich entwickeln will. Er braucht Voraussetzungen und es fällt auch einigen leichter als anderen. Aber im Prinzip können sich viele Menschen diese Kompetenzen erarbeiten.

Interessant ist auch, dass das Thema Risikobereitschaft kein guter Prädiktor für Erfolg ist. Die Zusammenhänge gehen gegen null. Denn jeder unternehmerisch tätige Mensch muss schnell lernen, die Risiken zu minimieren und Sicherheit zu schaffen. Also die angeborene Risikobereitschaft sagt an sich über Erfolg nichts aus.

■ *Was bedeuten diese Ergebnisse praktisch für jemanden, der sein unternehmerisches Feuer wecken will?*

Prof. Andreas Rauch: Ich will, dass Menschen reflektieren: Welche Persönlichkeitseigenschaften habe ich? Wo liegen meine Stärken und Schwächen? Sie sollen auf die Stärken fokussieren und für die Schwächen Partner suchen. Nicht umsonst sind die Hälfte aller Start-ups Teamgründungen. Und es ist gut, wenn die Teammitglieder sehr unterschiedlich sind. Aber eins müssen alle Gründer mitbringen: den Willen, sich durchzubeißen und eine Menge an Zeit zu investieren.

■ *Welche Schritte sollten Menschen gehen, die unternehmerisches Denken und Handeln lernen wollen?*

Prof. Andreas Rauch: Erstens: Klar werden, welche Ziele ich habe. Dann schwierige Ziele wählen und diese Ziele spezifizieren. Dabei immer wieder fragen: Sind das meine Ziele? Zweitens: Die eigenen Stärken und Schwächen kennenlernen und vor allem die Stärken stärken. Drittens: Mit Fachleuten und anderen Gründern reden, reden, reden. Die Idee muss reifen und dafür braucht es ganz intensiven Austausch, Feedback und ein gutes Netzwerk. Die Strategie und die Nische sollten auf alle Fälle klar sein. Viertens: Entscheiden, ob man jetzt reinspringt und loslegt oder eben nicht. Aber nicht ewig warten. Zu sich ehrlich sein, entscheiden und starten ist enorm wichtig.

Und wenn jemand loslegt: Wir hatten hier an der Uni vor Kurzem den Gründer von Intershop. Er benutzte ein wunderbares Bild über die ersten Jahre. Es ist wie bei einem Surfer auf einer Monsterwelle. Man muss auf der Welle bleiben. Es gibt kein Zurück, kein Aussteigen oder Anhalten. Wer sich entschieden hat zu surfen, muss auf der Welle bleiben. Die Welle trägt einen, nicht man selbst.

Übrigens ist Geld gar nicht so wichtig. Ich kann eine Car-Sharing-Company mit 5000 Euro gründen. Das reicht zum Leasen für drei Autos und die Software zum Abrechnen der wechselnden Fahrer. Das habe ich bei Studenten schon gesehen.

■ *Wie wird Ihr eigenes Feuer entzündet?*

Prof. Andreas Rauch: Ich habe Spaß an der Forschung, am Verstehen. Ich will wissen, was erfolgreiche Entrepreneure ausmacht. Dazu bin ich eher introvertiert und liebe das Schreiben. Ich setze mir jedes Jahr Ziele über Bücher und Aufsätze zum Thema Entrepreneurship und freue mich über die Zielerreichung.

3 Zukünftige Chancen nutzen

*»Die Chance klopft öfter an, als man meint,
aber meistens ist niemand zu Hause.«*
William Penn Adair,
US-amerikanischer Unterhaltungskünstler

Was Sie in diesem Kapitel erfahren

- Die gesellschaftlichen Grundlagen und Rahmenbedingungen für erfolgreiches mutiges Handeln in unserer Kultur sind vorbildlich und nahezu ideal.

- Zugleich gibt es oft hausgemachte kulturelle Stolpersteine – etwa Einstellungen und fest gefügte Weltbilder –, die Gründer in ihrem Gründungs- und mutige Menschen in ihrem Handlungsdrang blockieren.

- Sie sehen, wie sich die Gründungschancen in Zukunft entwickeln werden und in welchen Bereichen es sich lohnen kann, eine Gründungsidee zu verwirklichen.

Kann die Kultur oder der Zeitgeist eines Landes Menschen dabei unterstützen, das Heft des Handelns in die Hand zu nehmen und mutig Visionen, Ziele und Ideen anzugehen? Oder gilt es auch Hindernisse und Stolpersteine zu überwinden, die das unternehmerische Feuer bereits im Keim zu ersticken drohen? Es gibt beides. In diesem Kapitel soll dies exemplarisch an Menschen veranschaulicht werden, für die es besonders wichtig ist, auf förderliche, fördernde und motivierende Rahmenbedingungen zu treffen: auf Menschen, die ein Unternehmen gründen und sich beruflich ein eigenes Standbein erarbeiten wollen. Hier bündeln sich wie in einem Prisma die Chancen und Risiken, die denjenigen Menschen begegnen, die ihr Leben zu einem großen Feuerwerk entwickeln, etwas Neues aufbauen und Bedeutendes erreichen wollen.

Die Bastionen des Wohlstands – warum alle gesellschaftlichen Grundlagen für Erfolg gegeben sind

Max Weber hat 1904 in seinem Werk »Die protestantische Ethik und der Geist des Kapitalismus« eine positive Korrelation zwischen den verschiedenen Ausprägungen des christlichen Glaubens und dem Wohlstand hergestellt. Etwas stark vereinfacht wiedergegeben: Je ausgeprägter die calvinistische Arbeitsethik einer Region, desto größer der Wohlstand. Es gibt aber noch rund ein Dutzend anderer gesamtgesellschaftlicher Faktoren, die für Start-ups von immenser Bedeutung sind. Dazu gehören die größten Errungenschaften, die wir auf der Welt je erreicht haben: Rechtssicherheit, Redefreiheit, offene Grenzen, Gleichberechtigung, Menschenrechte, Freiheit der Forschung, Glaubensfreiheit, Versammlungsfreiheit, Demokratie usw. Generell kann man den Zusammenhang herstellen:

 **Je freier eine Gesellschaft, desto wohlhabender ist sie.**

Das hat enorme Auswirkungen. Denken Sie einmal im Kontext der gesamten Weltgeschichte und der aktuellen politischen Lage weltweit über die folgenden Punkte nach: Jeder kann in Deutschland ein Unternehmen gründen, nicht nur Männer, Adlige oder Parteimitglieder der aktuellen Regierung. Einen Gewerbeschein zu erhalten, dauert in der Regel nur Tage, nicht Jahre und etliche Schmiergeldzahlungen. Zöllner halten nicht einfach die Hand auf. Wenn Sie Aktivist sind und eine Protestbewegung starten, stellen Sie fest: Es herrscht Redefreiheit und Glaubensfreiheit. Sie dürfen jede Religion ausüben und die entsprechenden Gemeinschaften gründen. Kinder gehen zur Schule, legen für die Zukunft Grundsteine und müssen diese nicht aus dem Steinbruch kloppen. Und, und, und … Haben Sie den Roman gelesen: Vor 150 Jahren hat Victor Hugo »Die Elenden« geschrieben, mittlerweile dutzendfach verfilmt. Was für ein Europa im Gegensatz zu heute!

Wut-Bürger: Wer hat solche Freiheiten?

 *»Ich bin im Paradies. Deutschland ist unglaublich.«*
Geschäftsfrau aus Brasilien

Vor meinem geistigen Ohr höre ich gerade den inneren Protest, den der Wut-Bürger an dieser Stelle äußert: »Aber die ganzen Auflagen, Steuern und überhaupt. Was ist mit den korrupten Politikern?« Mir ist völlig bewusst, dass es bei jeder genannten Errungenschaft viele »aber« gibt. Mit diesen glücklicherweise meistens nur kleinen »aber« hat jeder in der westlichen Welt zu kämpfen. Aber hier geht es um das Grundsätzliche – bei uns herrschen geradezu ideale Voraussetzungen für eine Gründung. Wer diese Zeilen liest, muss einfach wissen: Wir sind privilegiert. Obiges Zitat habe ich vor einigen Jahren von einer brasilianischen Geschäftsfrau gehört – und sofort nachgefragt. Sie hatte einen Blick auf dieses Land, der einen positiv überrascht. Sie ist in einer Favela groß geworden, hat in den Neunzigern einen deutschen Mann kennengelernt und ist ihm in die Kälte gefolgt. Nach zwei Kindern kam die Scheidung. »Aber Deutschland war so gut. Erst bekam ich Sozialhilfe. Konnte mich dann mit Hartz IV und einem Kleinkredit der ARGE selbstständig machen. Jetzt geht es mir blendend, mein Handelsgeschäft blüht. Was Deutschland für einen macht, glaubt mir in Brasilien niemand. Ihr seid so gut.« Wow, was für eine Sicht auf dieses Land! Ich habe noch den Klang ihrer Stimme im Ohr, so beeindruckt bin ich von dieser Haltung.

Gesellschaftliche Brennstoffe für Ihr Feuer

Lassen Sie mich vier Tatsachen thematisieren, die dazu führen, dass wir in unseren Breiten sehr gute bis optimale Bedingungen für erfolgreiche Unternehmensgründungen vorfinden.

■ **Die GmbH:** Es gibt nicht wenige Wissenschaftler, die der festen Überzeugung sind, dass die GmbH – oder jede andere rechtliche Ausprägung dieser Art – die wichtigste Voraussetzung für unternehmerischen Fortschritt darstellt. Seitdem es die Möglichkeit gibt, eine Gesellschaft mit beschränkter Haftung zu gründen, können Unternehmungen mit vielen Anteilshabern entstehen. Zudem lassen sich Risiken ganz anders abfedern. Dank der UG – also der Rechtsform der haftungsbeschränkten Unternehmergesellschaft – ist eine Gründung sogar »ab einem Euro« möglich. Wer sich vor Augen hält, dass sich noch vor 150 Jahren Henry Dunant, der erste Friedensnobelpreisträger und Gründer des Roten Kreuzes, aufgrund einer Pleite Jahrzehnte in einem Schweizer Bergdorf verstecken musste, kann den ungeheuren Entwicklungsschub im Bereich der Unternehmensgründung ermessen. In der gemeinnützigen GmbH (gGmbH) kommen gemeinwohlorientierte Organisationen in den Vorzug der Risikobefreiung, sofern die Spielregeln dafür eingehalten werden. Darum ist es wenig verwunderlich, dass diese besondere Form der GmbH seit Jahren stetigen Zulauf findet.

■ **Zentrum kreativer Ideen:** Deutschland gehört gewiss zu den Regionen auf dieser Welt, in denen Innovationen kreiert werden. Und dies vor allem in den Großstädten und den Regionen mit starkem Mittelstand. Auch wenn viele meinen, dass das Internet die Welt zu einem Dorf macht – im Bezug auf Innovationen stimmt dies nicht. Denn bei Innovationen ist die Welt kein Dorf, sondern ein Cluster. Es gibt Hotspots, in denen Ideen sprießen. Deutschland ist einer dieser kreativen Cluster – obwohl die Innovationsförderungspolitik dies nicht immer unterstützt. Cluster heißt: Kreative Denker ziehen kreative Denker an. Und es sieht so aus, dass sich dies im nächsten Jahrzehnt nicht ändern wird.

- **Infrastruktur und Unterstützungsangebote:** Diesbezüglich steht Deutschland gemäß dem Global Entrepreneurship Monitor im internationalen Vergleich auf dem zweiten Platz. Demnach gehören wir zu den gründungsfreundlichsten Ländern der Welt. Und wenn Sie – wie ich – zwei Monate lang auf den Telefonanschluss warten müssen, vergegenwärtigen Sie sich bitte folgende Schlagzeile der Zeitschrift Impulse vom Oktober 2012, damit Sie wissen, dass Sie Ihren unternehmerischen Mut wirklich ausleben können: »Sieben Jahre Wartezeit auf einen Telefonanschluss – was schiefläuft in Griechenland.«

- **Die zweite Chance:** Falls Sie zu der Gruppe gehören, die die zweite Chance braucht, sollten Sie bei den Bildungschancen, die bei uns existieren, bedenken: »Wenn es um die zweite Chance geht, haben wir das beste Schulsystem« – so Professor Peter Brenner in Magazin Schule vom Februar 2013. Er verweist auf die Möglichkeit des zweiten Bildungsweges. Dies gilt auch für angehende Unternehmer im Handwerk, die bei der oft geforderten Meisterpflicht ins Grübeln kommen. Die Möglichkeit, fehlende Qualifikationen nachzuholen, insbesondere für Migranten mit großer praktischer Erfahrung, aber geringer Bildung, ist größer, als gemeinhin vermutet wird. Und die zweite Chance bei einer Pleite? Je nach Absicherung – siehe GmbH – oder Rücklagen ist die zweite Chance recht schnell möglich. Und im schlimmsten Fall gibt es immerhin noch die Möglichkeit der Privatinsolvenz. Was aber ist mit der Armutsgefahr? Erinnern Sie sich an das Zitat der Brasilianerin? Und wer jetzt eine Diskussion über die Härten von Hartz IV und die unzureichende Höhe der Zahlungen beginnen möchte, sollte zumindest darüber nachdenken, dass es die Möglichkeit, aus Hartz IV heraus zu gründen und sogar einen Kleinkredit zu bekommen, nicht überall auf der Welt gibt, auch nicht in Europa – eigentlich nirgends in so einer Kombination.

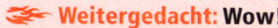

Weitergedacht: Wow!

Ich habe einen großen Wunsch: Dass in Ihnen ein großes »Wow« über die wunderbaren Möglichkeiten entsteht, die es in unserer Gesellschaft gibt. Denn darauf können Sie erfolgreich aufbauen. Diese Grundlagen machen es erst möglich, dass »alle« die Chance bekommen, mit etwas Eigenem zu starten.

German Angst

Die Chancen sind also da, sie müssen »nur« entdeckt werden. Doch was hindert uns daran, sie zu ergreifen? Offensichtlich gibt es gewisse kulturelle Ausprägungen, die den unternehmerischen Geist unterdrücken oder gar zerstören. Ein Beispiel ist die sprichwörtliche German Angst: Bremsen unsere Kultur und eine typisch deutsche Zögerlichkeit und Zukunftsangst unternehmerischen Mut eher aus? Meine persönliche Antwort: Ja – auch wenn ich kaum verstehen kann, was diese unbegründete diffuse Furcht hervorruft. Wir sind mit einer Gründerquote von 3,8 Prozent bei den Start-up-Indizes dieser Welt abgeschlagen platziert, in Europa belegen wir den vorletzten Platz, vor Belgien. Waldsterben, Aids, Ozonloch, brennende Ölquellen, BSE oder Fukushima: Wir Deutsche reagieren auf Herausforderungen und neue Entwicklungen allzu oft mit Weltuntergangsszenarien. Dies soll jetzt nicht in einer politischen Diskussion enden, aber doch immerhin aufzeigen: Der Grad der Erregtheit, in deren Folge eine grundsätzliche Angst mitschwingt, hat in diesen Breitengraden schon eine besondere Qualität. Was oft in Vergessenheit gerät: Wir profitieren enorm von der Globalisierung und sind Exportvizeweltmeister. Und dennoch ist in diesem Land eine große Zukunftsangst festzustellen, auch und gerade in wirtschaftlichen Fragen. Das Philosophie-Magazin ist dem im März 2012 nachgegangen und fragt: Wie erklärt sich der deutsche Dreiklang aus Bauen, Schützen, Fürchten? Anders gefragt: Wie kommt es zu diesem oft verhängnisvollen Zusammenspiel zwischen unserem deutschen Ingenieursgeist, unserem Nachhaltigkeits- und Ökologiewahn sowie eben jener berühmt-berüchtigten German Angst?

Die Kultur des Misstrauens gegenüber der Wirtschaft

Seltsamerweise ist im Bereich Wirtschaft diese Angst besonders ausgeprägt. Gehen Sie beim nächsten Einkauf einmal in einer Buchhandlung in die Wirtschaftsabteilung. Lassen Sie die dort angepriesenen Titel auf sich wirken. Die Autoren der meisten Bücher – ich schätze, es sind über 50 Prozent – stehen dem wirtschaftlichen Geschehen äußerst negativ gegenüber. Beispiele sind die Klassiker »Nieten in Nadelstreifen« und »Spinnennetz der Macht – Wie die politische und wirtschaftliche Elite unser Land zerstört«. Ohne diese latente German Angst könnten meines Erachtens nicht so viele Bücher dieser Art verkauft werden. Wie jedoch soll man da Mut tanken? Und wenn es um selbst bezahlte berufliche Weiterbildung geht: Auch hier sind wir weltweit Schlusslicht. Selbst in die Zukunft investieren? Dazu sind nur die wenigsten bereit. In Deutschland herrscht die Meinung: »Das Geld muss doch vom Arbeitgeber oder vom Staat kommen.« Etliche weltweit agierende Fortbildungsinstitute mit dem Fokus auf Privatzahler haben sich in Deutschland eine blutige Nase geholt und ihren Einsatz aufgegeben. Und das ist nicht nur ein Zeichen unseres Geizes. Ein Beispiel aus meiner persönlichen Praxis: Ich hielt ein Seminar über Geschäftsmodellentwicklung an einer Universität im Fachbereich BWL / Entrepreneurship. Die Studenten studierten also das »Fach« *Unternehmer sein*. Meine Frage an 22 Studenten lautete natürlich: »Wer von euch will später Unternehmer werden?« Keine Reaktion. Null. Ich habe dann 30 Minuten mit den Studenten darüber diskutiert, warum sie sich nicht selbstständig machen wollen. Der Konsens: Das Risiko sei zu groß. Das ist paradox und absurd, aber die traurige Erfahrung, die ich gemacht habe. Und auf die Frage, warum sie denn dann überhaupt in diesem Seminar säßen, antworteten die meisten: »Ich will Führungskraft oder Berater werden« – beides natürlich im Angestelltenverhältnis. Oder: Wenn beim nächsten Wirtschaftsvergehen eines Unternehmers ein Politiker zu behaupten wagt, nicht alle Unternehmer oder Manager seien kriminell, schauen Sie dann einmal genau hin, wer sich empört, dass sich jener Politiker pauschal vor einen kriminellen Berufsstand stellt und ihn schützt. Mir geht es beileibe nicht um das einzelne Vergehen. Ich will keine politische Debatte anzetteln oder kriminelles Verhalten gutheißen. Es geht um die allgemeine Grundhaltung gegenüber der Wirtschaft, die in aller Regel keine günstige ist – oder zumindest keine objektive. Es lohnt sich, hier die eigenen Sinne zu schärfen und sich beim üblichen Kapitalismus-Bashing die Frage zu stellen: Wie steht der jammernde Wut-Bürger zu Freiheit, Gerechtigkeit, Selbstverantwortung und Fairness?

Sorgen Sie dafür, dass die Angstkultur Sie nicht lähmt

Erinnern Sie sich an den Brandbeschleuniger Nummer zwei aus dem ersten Kapitel? Unternehmerischer Mut braucht Zeit zur Entwicklung. Dimitri Rachnow stand mit seiner Werbemittelproduktion vor genau dieser Herausforderung: den ganzen hinderlichen Ballast abwerfen und innerlich frei werden für das, was man aufbauen will. Mit anderen Worten: Die German Angst, diese typisch deutsche Zögerlichkeit – sie lässt sich überwinden, zähmen, in den Griff bekommen. Und Sie können dafür sorgen, dass sie gar nicht erst aufkommt und Sie blockiert.

Ich treffe immer wieder amerikanische Geschäftsleute, die behaupten: Die Deutschen sind als Entrepreneure nicht naiv genug. Und dies meinen sie genau so, wie sie es sagen.

> **Weitergedacht: Stecken Sie in der Angst-Falle fest?**
>
> Bitte jammern Sie nicht, wie es in diesem Land aussieht. Denn dann stecken Sie wie der Wut-Bürger in der Falle der sich selbst erfüllenden Prophezeiung. Also: Wahrnehmen, Schmunzeln und den Fokus auf das Richtige lenken. Eine gute Übung: Prüfen Sie Kalendersprüche unter diesem Gesichtspunkt. Sprichwörter spiegeln die Seele einer Nation (auch ein Kalenderspruch).

Gelebte Weltbilder

Jetzt frage ich Sie direkt: Wie tief ist in Ihnen die German Angst in all ihren möglichen Spielarten verwurzelt? Sie werden sich wundern, wo man die überall findet. Dazu möchte ich Ihnen eine mir heute eher peinliche Geschichte erzählen, die meine schulische und politische Sozialisation in den 1980er-Jahren gut wiedergibt. Ich machte nach meinem Zivildienst in einer Kommunität in Chicago für ein halbes Jahr Obdachlosenarbeit. Als wir im bitterkalten Winter draußen unterwegs waren, schnauzte uns einer der Obdachlosen penetrant an, dass seine Situation nicht seine Schuld sei. »It's not my fault«, wiederholte er immer wieder im Suff. Als ich mit meinem Partner etwas später wegging, sagte ich dem das auch: »Es ist nicht seine Schuld, dass er obdachlos ist, es ist die Schuld der Gesellschaft.« Ich meinte das todernst. Persönliches Scheitern hat die Ursache im mangelhaften System. Punkt. Kein Wunder, dass ich danach ein Soziologiestudium begann. Den entsetzten Gesichtsausdruck meines amerikanischen Freundes vergesse ich nie. »*Wessen Verantwortung soll es denn sonst sein?*«, antwortete er mir. Damals prallten Weltbilder brutal aufeinander, nächtelange Diskussionen waren die Folge. Ja, die Gründe fürs Scheitern liegen oft nicht in unserer Hand. Aber die Verantwortung dafür – die müssen wir übernehmen. Wer soll es denn sonst tun? Die Übernahme von Verantwortung ist der Preis, den wir für unsere Freiheit bezahlen müssen.

Wie sehr lassen Sie sich von kulturellen Weltbildern blockieren?

Wie sehr uns festgefügte Weltbilder blockieren können, möchte ich an ein paar Beispielen zeigen. Die Formulierung »Mensch oder Schwein« stammt aus der RAF-Zeit in den 1970-Jahren. Aus Sicht der RAF war man Mensch (der für die »Freiheit« kämpft) oder Schwein (alle reaktionären anderen). Dieses Weltbild habe ich einmal bei einer richtig begabten Architektin erlebt. Sie hat sich auf Umbauten bei bestehenden Häusern spezialisiert. Die Frau war klasse, ausgesprochen kreativ, überzeugend, sehr menschenbezogen und konnte hart arbeiten. Trotz guter Aufträge kam sie aber nie auf einen grünen Zweig. Selbst bei kleinen Baustellen kam es immer wieder zu wochenlangen Verzögerungen. Bis einmal im Coaching der Knoten platzte: Für sie mussten alle Gespräche mit Mitarbeitern, dazu gehörten auch Bauhelfer, völlig auf Augenhöhe und basisdemokratisch ablaufen. Die Frau wurde schlichtweg nicht ernst genommen, aber gearbeitet hat man gerne mit ihr. Man musste ja kaum Leistung bringen. Auf die einfache Frage, warum sie sich als Auftraggeberin nicht durchsetzt, bekam ich die Antwort: »Dann bin ich ja ein Schwein.«

Ein weiteres Beispiel aus der anderen politischen Ecke: Werner Sombart, Soziologe und Volkswirt, hat 1915 in seinem Buch »Händler und Helden« den »Deutschen Heldengeist gegen die englische Krämerseele«

beschworen. Die Auswirkungen dieser dem Handel negativ gegenüberstehenden Gedankenzüge findet man selbst heute noch. Als ich vor einigen Jahren ein Handelsgeschäft aufgezogen habe, hat doch ein Verwandter mit Doktortitel wirklich zu mir gesagt: »Das ist ja kein ehrliches Handwerk, nur Ware von A nach B zu bringen.« Sollten viele so eine Einstellung teilen, kann das eine ganze Region lähmen. Oder: Ich kenne einen BWL-Professor aus Mannheim, der noch heute regelmäßig sagt: »Die guten Studenten gehen in die Konzerne oder zum Staat, die Verlierer werden selbstständig.«

Geläufiges Blockade-Weltbild:
Verkaufen heißt betrügen – oder Klinkenputzen

Das sind Extrembeispiele, sicherlich. Aber sie begegnen mir als Berater und Weiterbildner in abgewandelter Form immer wieder. Ich komme zurück auf die Businessinkubatoren vom letzten Kapitel. Ein Projektleiter eines Inkubators hat mir erzählt, dass er am Anfang seiner Tätigkeit völlig verwundert war, dass die Vertriebsseminare fast leer blieben. Der Projektleiter hat dann in Gesprächen feststellen wollen, wie es zu diesem Desinteresse kommt. Sein Ergebnis: Vertrieb ist für viele identisch mit Betrug, verkaufen heißt betrügen, Kundenbetreuung bedeutet Kundenmanipulation! Und das will man nicht. Das Ideal vom »ehrlichen Kaufmann« – es ist verloren gegangen. Dazu passt, dass in Rankings, die etwa vom Allensbach-Institut oder auch von der FAZ zu den angesehensten Berufen erstellt werden, immer wieder Berufe wie der des Arztes, der Krankenschwester, des Polizisten, des Hochschulprofessors oder des Geistlichen auf den vorderen Plätzen rangieren. Der Beruf des Verkäufers oder Unternehmers allerdings belegt zumeist die hinteren Ränge. Trotzdem verwundert es, dass die an sich neutralen Begriffe »Verkaufen« und »Vertrieb« sogar bei Menschen, die sich selbstständig machen, negativ aufgeladen sind. Und dabei ist eines klar: Der Verkauf macht das Unternehmen – und er ernährt die Mitarbeiter. Die Gründungsidee ist Hirn und Herz, der Verkauf ist die Hand.

Störfaktor Selbstbild: Der Chef ist Mensch, nicht »Schwein«

Am Ende meiner Ausführungen zum Thema »gelebte Weltbilder« möchte ich Ihnen eine Geschichte erzählen, die Sie schmunzeln lassen wird: Es gibt so manchen Chef, der seinen Mitarbeitern beweisen will, dass er eben nicht »nur« Chef ist. Dann wird der Geschirrspüler ausgeräumt, Blumen werden gegossen oder Kaffee gekocht. Alles an sich normale und gute Tätigkeiten, die jeder einmal ausführen sollte. Mich verwundert nur die Anspruchshaltung, immer beweisen zu müssen, kein »böser« Chef zu sein, dieses »Ich bin doch einer von euch«. Im Coaching hatte ich einen Abteilungsleiter, der auf einer hausinternen Messe drei Tage lang je 16 Stunden ohne nennenswerte Pause durchgearbeitet und über 40 intensive und effektive Kundengespräche geführt hat. In der Nachbesprechung am dritten Tag abends wurde er von einer noch recht neu eingestellten Sekretärin vor versammelter Mannschaft angeraunzt, warum er zwischendurch nicht geholfen habe, Gläser zu spülen. Das Interessante: Die Frage wurde von allen akzeptiert. Niemand erhob Einspruch. Das »Wir«, definiert über den Abwasch, scheint vielen wichtiger zu sein als der Kunde, der die Zukunft des »Wir« sichert. Auch das ist eine typisch deutsche Ausprägung des Zeitgeistes, von der Sie sich befreien sollten, wollen Sie die Chancen nutzen, die die Selbstständigkeit eröffnet.

Megatrends – große Brandherde für Ihre Chance

Gibt es Bereiche, in denen Gründungsideen oder Jobs geradezu auf der Straße liegen? Bei denen es sich also mit einiger Wahrscheinlichkeit lohnt, Courage an den Tag zu legen und Gründungsgedankenschmalz oder Karriereideen zu investieren? Lassen Sie mich mit drei provokanten Thesen über die Zukunftschancen im Gründungsbereich beginnen:

1. **60 Prozent der zukünftigen Job-Beschreibungen für die Kinder, die heute im Grundschulalter sind, gibt es bisher noch gar nicht.**
2. **Von heute bis zum Jahr 2050 wird es mehr Erfindungen geben als in der gesamten bisherigen Menschheitsgeschichte.**
3. **Die Welt wird nicht schlechter.**

Ein passendes Wortspiel zum Thema Zukunft kommt vom britischen Futuristen Patrick Dixon. In seinem Buch »Futurewise« beschreibt er die Zukunft mit den sechs Buchstaben, die der Begriff im Englischen hat.

»Future – fast, urban, tribal, universal, radical, ethical.«
Patrick Dixon, britischer Futurist

Ich mag dieses Wortspiel mit der Zukunft, da es deutlich macht, wie die Welt sich verändert. Jede Dekade hat ihren Charakter, aber diese sechs Trends zeichnen die entscheidenden Richtungen auf:

- **Fast** (schnell): Neue Technologien, Interaktionen und Ideen breiten sich mit einer stetig steigenden Geschwindigkeit aus.
- **Urban** (städtisch): Seit 2008 leben weltweit erstmals in der Menschheitsgeschichte mehr Menschen in Städten als auf dem Land.
- **Tribal** (Stammeszugehörigkeit): Die eigene Identität wird immer stärker über den eigenen »Stamm« definiert, und zwar unter religiösen, politischen, ethnischen oder familiären Gesichtspunkten. Und dies geschieht in starker Abgrenzung zu »den anderen«.
- **Universal** (global): Wir leben in einer immer stärker vernetzten globalen Welt mit der Verflechtung von Gedanken, Wirtschaft, Politik, Kultur und Umwelt. Interessanterweise bedingen Stammeszugehörigkeit und Globalisierung einander. Je globaler die Umgebung, desto stärker die Suche nach einem »Stamm«.
- **Radical** (grundlegend): Immer radikaler werdende Gruppen mit zahlenmäßig immer weniger Menschen bestimmen die grundlegenden Entwicklungen auf unserem Planeten.
- **Ethical** (ethisch): Die Akteure in Wirtschaft, Politik und Gesellschaft werden verstärkt von dem Verlangen angetrieben, ethisch zu denken und zu handeln – was am stärksten von einzelnen »radikalen« Gruppierungen forciert wird.

Behalten Sie bitte diese sechs Zukunftstrends im Hinterkopf, wenn es gleich um die Darstellung einiger der »großen Wellen«, der Megatrends in der Wirtschaft und der Welt, geht. Denn zumindest einige der sechs Trends finden Sie auch in der Darstellung zukunftsträchtiger Bereiche wieder, bei denen es vor allem darauf ankommt, die Chancen beherzt beim Schopfe zu fassen und Potenziale zu nutzen. Folgende Megatrends möchte ich beleuchten:

1. Disruptive Ideen – die Welt in Bewegung
2. Freiberuflern und Spezialisten gehört die Zukunft
3. Internetbasierte Geschäftsmodelle – noch immer in den Kinderschuhen
4. Nischen finden und besetzen – oder die Nische in der Nische
5. Social Entrepreneurs – auch soziales Unternehmertum lohnt sich
6. Nachfolger gesucht – Unternehmensübernahme als intelligente Alternative

Megatrend 1: Disruptive Ideen – die Welt in Bewegung

»Die Welt verändert sich rasant schnell,
die Großen werden nicht automatisch
gegen die Kleinen gewinnen.«
Edial Dekker (Etsy-Gründer)

Disruptive Ideen verändern innerhalb von wenigen Jahren ganze Branchen. Kennen Sie zum Beispiel MyTaxi? Innerhalb von vier Jahren ist aus einer »Schnapsidee« der unangefochtene Platzhirsch in der Vermittlung von Taxen entstanden. MyTaxi ist eine Smartphone-App, die die gesamte Taxibranche aufmischt. 2009 saßen die Gründer in einer Bar und verfügten weder über die Nummer einer Taxizentrale noch konnten sie wegen der Lautstärke irgendjemanden anrufen. Aus diesem Problem entstand die Gründungsidee. Wie so oft hatte seinerzeit das Rudel der bisherigen Platzhirsche kein Interesse an der Idee, die einige Jahre später jedem sofort einleuchtet: Taxibestellung per Handy. Selbst fünf Termine beim Deutschen Taxi- und Mietwagenverband haben nicht ausgereicht, um eine Zusammenarbeit herbeizuführen; die Idee wurde kollektiv abgelehnt. Also haben die MyTaxi-Entwickler in Eigenregie einen Prototyp entwickelt, Geldgeber gefunden – der Rest ist Geschichte, oder besser: eine Erfolgsgeschichte. Ich gehe davon aus, dass aufgrund dieser Gründungsidee bis 2020 etwa 50 Prozent aller Taxizentralen die Pforten schließen werden. Und dem Beruf des Taxifahrers wird dies auch passieren: Denn schon in absehbarer Zeit wird es das fahrerlose Taxi geben, das sich ohne menschliche Hilfe durch den Straßenverkehr bewegt. Ein Freund von mir arbeitet seit zehn Jahren in der Erforschung dieser Systeme. Google hat solche Autos schon erfolgreich getestet. Und auch Daimler hat einen Mercedes ohne Eingreifen eines Fahrers von Pforzheim nach Mannheim fahren lassen.

Disruptive Ideen sind der »Normalzustand«,
nicht die Ausnahme.

Disruptive Ideen sind keine Erfindung des Internetzeitalters. Es gibt sie seit Jahrhunderten. Um 1870 wurden Lebensmittel in Dosen konserviert, bis um 1930 das Blockeis »entdeckt« wurde und ab 1950 die Umstellung auf Tiefkühltruhen und Kühlschränke erfolgte. Natürlich haben die Anzahl dieser umwälzenden Ideen und die Umsetzungsschnelligkeit zugenommen. So brauchte das Radio 38 Jahre, um 15 Millionen Benutzer zu finden und sich durchzusetzen – Smartphone-Apps brauchen hierfür nur noch einen Monat.

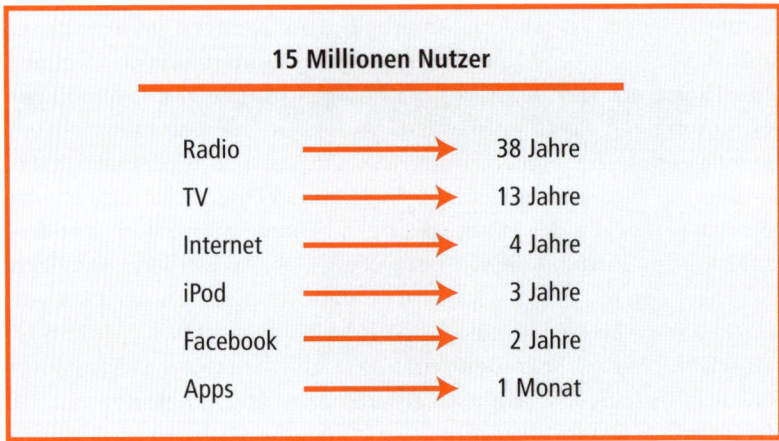

Abbildung 4

Erstaunlich: Früher wie heute gilt, dass nach jedem Übergang von einer Technologie zur nächsten die jeweils bislang führenden Hersteller nicht mehr lange am Markt überleben konnten. Meistens sind sie aufgrund ihrer Trägheit, ihres Unwillens, sich auf Veränderungen einzulassen, und ihres sturen und unflexiblen Festhaltens am Bestehenden und Bewährten untergegangen.

Disruption führt zur Innovation

Im Hamburger Hafen sind durch den Einsatz von Containern seit den 1970er-Jahren beim Be- und Entladen pro Schiff und Tonne statistisch 98,5 Prozent aller Hafenarbeiterjobs weggefallen. Was aber auf den ersten Blick wie eine schreckliche Entwicklung aussieht, erweist sich bei genauem Hinschauen als Gewinn, auch für den Arbeitsmarkt: Der Hafen hat, wenn alle Jobs der Peripherie dazugezählt werden, mehr Arbeitsplätze als je zuvor. Natürlich ist auch im Hamburger Hafen nicht alles perfekt. Das Beispiel zeigt aber, dass jeder Neuentwicklung und Veränderung – und sei sie noch so umwälzend und dramatisch – auch immer eine Chance innewohnt, die nur darauf wartet, ergriffen zu werden. Vielleicht auch von Ihnen!

Ohne den konsequenten Willen zu Veränderung und Anpassung geht es nicht

Anfang des neuen Jahrtausends hat sich, leicht verspätet, einer der größten deutschen Zeitschriftenverlage endlich durchgerungen, auf die neue Technologie der Digitalfotografie umzustellen. Um dieses Vorhaben innerhalb der Belegschaft zu fördern, hat die Geschäftsführung einen Zuschuss von 1000 Euro pro Mitarbeiter ausgerufen, wenn diese sich eine Digitalkamera anschaffen. Die Resonanz ging fast gegen null. Auf Nachfrage zeigte sich, dass kaum Interesse vorhanden war. Der Tenor: »Das alte System funktioniert doch gut.« Etwas irritiert, dennoch weiterhin optimistisch, wandte sich das Management nun an alle freien Fotografen, mit denen das Unternehmen zusammenarbeitete. Die Resonanz war überraschenderweise auch dort sehr verhalten. Es gab aber bei der Nachfrage einen entscheidenden Unterschied: Die freien Mitarbeiter hatten alle schon neue digitale Kameras! Sie haben den »Change« mitgemacht, bevor der Veränderungsdruck »tödlich« wurde. Das bittere Ende vom garstigen Lied für die angestellten Mitarbeiter: Der Verlag setzt nun noch massiver auf die freien Kollegen.

>≋ **Weitergedacht:** Wie schätzen Sie Ihren Willen zur Veränderung ein?
>
> Sind Sie ein Mensch, bei dem die Beharrungskräfte stark ausgeprägt sind? Halten Sie gerne am Bewährten fest? Wie gehen Sie mit notwendigen Veränderungen um? Welche grundsätzliche Einstellung haben Sie zu Themen wie »Anpassung und Flexibilität«?

Megatrend 2: Freiberuflern und Spezialisten gehört die Zukunft

Im historischen Kontext gesehen ist unsere Form des Angestellten-Daseins oder Beamtentums eine kurze Episode, die mit der industriellen

Revolution begann. Zum Leidwesen vieler Arbeitnehmer befinden wir uns hier in einem Umbruch, diese Epoche neigt sich unweigerlich dem Ende entgegen. Viele Menschen müssen sich von der Illusion verabschieden, ihr Leben lang an ein und demselben Arbeitsplatz verharren zu können und für ein und denselben Arbeitgeber tätig zu sein. Auch die Idee, für die pure Anwesenheit am Arbeitsplatz bezahlt zu werden, befindet sich auf dem absteigenden Ast. Feste Arbeitszeiten und Anwesenheitspflicht bei Wissensarbeit nehmen ab und schlussendlich zählen nur die Ergebnisse. Zugleich werden viele Bereiche ausgelagert. In den USA zeigen die Zahlen eine Trendwende auf, die auch uns schon erfasst hat.[1] Radikale Umwälzungen kündigen sich an. So hat etwa IBM seit einigen Jahren Pläne in der Schublade, die Rumpfmannschaft auf 20 000 bis 25 000 Mitarbeiter weltweit zu reduzieren. Der »Rest« soll ausgelagert werden. Bisher sind es fast eine halbe Million Menschen, die für das Unternehmen arbeiten. Ermöglicht wird dies durch den Einsatz neuer Technologien und neuer Arbeitszeitmodelle. Angesichts dieser Zahlen wirkt eine längere Anstellung wie ein Anachronismus.

Freiberufler, englisch freelancer, haben ihren Namen von Söldnern – den Lanzern – aus dem Mittelalter, die für den meistbietenden Kriegsherrn in die Schlacht zogen. Ein auf den ersten Blick hartes Bild. Es trifft aber den Kern. Selbstständiges und eigenverantwortliches Arbeiten, Anpassungsfähigkeit sowie ein bescheidenerer Lebensstil, mit dem auch längere Durststrecken überstanden werden – das sind Haltungen, die ein Freiberufler mitbringen muss. Dafür gibt es in Zeiten, in denen es boomt und gut läuft, dann auch meistens deutlich höhere Einkommen. Laut einer Studie der Deutschen Bank Research wird der Anteil der Projektwirtschaft von 2 Prozent in der Wertschöpfung Deutschlands im Jahr 2007 auf 15 Prozent 2020 anwachsen. Eine extreme Steigerung, die enorme Chancen für Menschen birgt, die sich spezialisieren und Fachkenntnisse in ihrem Bereich aufbauen. Da die Komplexität von Produkten, Anwendungen und Dienstleistungen unaufhörlich steigt, wird insbesondere die Rolle der Experten mit praktischem Wissen weiter aufgewertet. Klar ist: Die Arbeit dieser spezialisierten Experten wird verstärkt nachgefragt. Trendforscher sprechen von der Superhyperspezialisierung. Und dieses gewöhnungsbedürftige Wort trifft es ziemlich gut.

Megatrend 3: Internetbasierte Geschäftsmodelle – noch immer in den Kinderschuhen

»Ein Boom – keine Blase.«
John O'Farrel, britischer Autor und Wirtschaftswissenschaftler [2]

Aus meiner Sicht steckt das Internet immer noch in den Kinderschuhen und bietet schier unendliche Möglichkeiten für neue Geschäftsideen. Verglichen mit den Anfangsjahren des weltweiten Netzes braucht man heute in immer mehr Fällen kaum noch Kapital, um ein Technologieunternehmen zu starten. Hard- und Software sind um das Zehnfache effektiver und günstiger geworden. Theoretisch kann man zwei Milliarden Menschen direkt erreichen, wenn man über eine tragfähige Geschäftsidee verfügt. Der Absatzmarkt liegt quasi vor der (virtuellen) Tür. Die neuen Geschäftsideen, die sich im Zusammenhang mit der Cloud und dem mobilen Internet ergeben, stehen meistens noch ganz am Anfang. Geschichten wie die von MyTaxi werden wir noch hundertfach in den nächsten Jahren erleben. Zudem sind mittlerweile auch Risikokapitalgeber wie beispielsweise Lars Hinrichs mit HackFwd stark in Deutschland unterwegs. Das bedeutet, dass immer öfter auch die Frage der Finanzierung »relativ problemlos« beantwortet werden kann – wenn Sie denn über eine tragfähige Geschäftsidee und unternehmerischen Mut verfügen. Auch wenn es immer wieder sogenannte Blasen gibt und aus internetbasierenden Geschäftsideen zuweilen die Luft entweicht: Hier liegt ein ungeheures Potenzial an (noch) unentdeckten Geschäftsideen brach.

Crowdbasierte Modelle: das Können der Gemeinschaft

Was mich persönlich fasziniert, sind crowdbasierte Geschäftsmodelle, bei denen das Wissen zur Fertigung von Produkten meist frei im Internet zugänglich ist. Open Source ist so etwas wie die digitale Version des Ehrenamts für Nerds. Selbst komplexe Produkte wie Autos können auf diese Weise in kleineren Werkstätten von einem kleinen Team gefertigt werden. Die Pläne dazu werden ins Internet gestellt, wobei nur die frei verkäuflichen Teile Verwendung finden. Hunderttausende von

Entwicklern stellen ihre Ideen zur Verfügung und arbeiten gemeinsam an Projekten – wie etwa beim Autobauer Local Motors in den USA. Die Idee bestand darin, ein Gefährt für Rennen über Schlamm- und Sandpisten zu bauen. Der Autobauer ließ sich von Tausenden Einsendungen von Autofreaks und Möchtegern-Designern inspirieren. Die beste Idee setzte sich durch und wurde realisiert. Die Entwicklungszeit für dieses erste Modell, den Rally Fighter, betrug bei Local Motors nur 18 Monate. Zum Vergleich: Bei klassischen Herstellern dauert sie durchschnittlich sieben Jahre. Lassen Sie die Tragweite dieser Idee einmal auf sich wirken: Ein komplettes Auto wird im Ehrenamt von Tausenden von qualifizierten Mitarbeitern entwickelt – und es funktioniert! Gut, die Baupläne liegen bei Local Motors, aber ähnliche Baupläne werden für kleine Werkstätten bald zugänglich sein und die Möglichkeit zur lukrativen Produktion bieten.

Megatrend 4: Nischen finden und besetzen – oder die Nische in der Nische

Kennen Sie Seedmatch? Das ist Deutschlands Marktführer im Crowdfunding für Start-ups. Seit 2013 kommt die Firma richtig ins Rollen und finanziert vor allem Ideen, die sich in der Nische der Nische (der Nische) platzieren. Es lohnt sich, sich zu informieren, für welche Ideen Finanzierungsgeld ausgegeben worden ist – und welche der so entstandenen Unternehmen auch heute noch erfolgreich auf dem Markt sind. Dazu gehört zum Beispiel Bloomy Days, eine Firma, die deutschlandweit Blumen-Abonnements vertreibt, oder Erdbär – Vertrieb von gesunden Snacks für Kinder. In Hamburg haben sich in den letzten Jahren 15 kleine Kaffeeröstereien etabliert. Bundesweit sind es um die 300. Bis in die 1960er-Jahre hinein gab es davon Tausende in ganz Deutschland, bis sie – wenige Ausnahmen bestätigen die Regel – fast komplett ausgestorben sind. Nun das Comeback. Attraktive Premiumprodukte mit lokalem Bezug finden immer mehr Kundschaft und Liebhaber. Sie werden diesen Trend in vielen Bereichen beobachten können.

 **Für Ihr erstes Start-up sollten Sie sich eine Nische aussuchen. Sonst werden Sie nicht überleben.**

Ich habe mit meinem Team in den letzten Jahren acht verschiedene Taschenhersteller, vor allem für sogenannte »Messengerbags« – praktische, robuste Transporttaschen –, begleitet. Alle hatten eine besondere Idee. Bei manchen war es das Material: alte Lkw-Planen oder alte Ledereinbände vom Tauwerk auf Schiffen, die das Salz der Weltmeere aufgesogen haben – alles von unverwechselbarem Charakter. Nach der Hochwasserkatastrophe im Frühjahr 2013 kauften wiederum andere findige Messengerbag-Hersteller die dann leeren Sandsäcke auf. Bei anderen Start-ups kommen bestimmte Designs (etwa eine Gestaltung in Anlehnung an den Hamburger Hafen), die besondere ökologische Herstellung, eine sehr enge Zielgruppe (wie Angler), genossenschaftliche Prinzipien in der Organisation oder gleich mehrere dieser Ideen hinzu. Und jetzt das Entscheidende: Fast alle dieser Start-ups haben ihre Nische gefunden und existieren bis heute, also bis zu dem Zeitpunkt, zu dem ich dies schreibe. Ich frage mich immer wieder: Wo in aller Welt kriegen die alle ihre Kunden her? Allerdings: Nischen gibt es ohne Ende. Sie müssen sie nur finden – oder auch »er-finden« – und besetzen.

Megatrend 5: Social Entrepreneurs – auch soziales Unternehmertum lohnt sich

»Weltverbesserer ohne Wollpulli« nennt die FAZ am 12. Mai 2012 einen neuen Typus von Start-ups. Kaum eine Zeitung oder ein Magazin, das nicht über Social Entrepreneurship und Social Business spricht. Die »netten« Kapitalisten sind absolut »in« – in Deutschland, in Europa, in der Welt. Es ist zum Zeitgeist geworden, mit einem Start-up ein Teil der Lösung für die Probleme der Welt zu sein. Und Probleme findet man sehr viele, die man in wert(e)volle Herausforderungen drehen kann. Das »Wie« ist wieder entscheidender geworden – warum und wofür engagiert sich ein Gründer mit seinem Unternehmen? In einer beispiellosen Aktion hat etwa die Leuphana Universität Lüneburg 2012 einen europaweit einzigartigen Gründungswettbewerb ausgerichtet. Unter dem Motto »Start UP!« erfuhren 1800 Studenten, wie unternehmerisches Denken und Handeln funktioniert. In 120 Teams entwickelten sie innerhalb von acht Tagen innovative Gründungsideen, erarbeiteten ein konkretes Konzept und stellten sich der Bewertung durch eine qualifiziert besetzte Jury aus gestandenen Unternehmern. Etwa 80 Prozent aller Ideen hatten Social Entrepreneurship zur Grundlage.

Umweltbewusst, ressourcenschonend, fair, sozial:
Gründer mit Sinn für Sinn

In England gibt es die Firma Cred Juwellery. Das Unternehmen hat vor 20 Jahren als eines der ersten angefangen, komplett auf Blutdiamanten zu verzichten, und die Alliance for Responsible Mining mit gegründet. Die Firma ist in Europa Pionier im Bereich des ethischen Schmucks, hat voll und ganz auf den Fairtrade-Gedanken gesetzt und ist damit heute äußerst erfolgreich. Die Kostensteigerung von zirka einem Drittel und in einigen Bereichen bis zum Doppelten hat am Anfang viele Kritiker auf den Plan gerufen. »Das funktioniert nie«, »das ist euer Grab« waren eher noch die freundlichen Warnungen. Zudem war es Mitte der 1990er-Jahre noch nicht »in«, sich beim Kauf des Eherings mit Themen wie »Sklaverei« auseinanderzusetzen. Der Trend zum ethisch legitimierten Unternehmertum, bei dem nicht allein die Profitmaximierung zum Nonplusultra erhoben wird, lässt sich auch daran ablesen, dass und wie Konzerne solche Gedanken in ihre Produktentwicklung aufnehmen.

Vor zehn Jahren saß ich auf einer Hochzeitsfeier neben einem Produktmanager eines großen Schokoriegelherstellers. »Warum können Sie eigentlich nicht auf Schokolade aus Fairtrade setzen?« Mit dieser Frage habe ich nach dem ersten Small Talk die freundliche Konfrontation gesucht – und eine völlig fruchtlose und deprimierende Minidiskussion erlebt. Der Manager trug rasch alle ausweichenden Antworten vor – die er offensichtlich auswendig gelernt hatte. So fand dieses Gespräch sein rasches Ende. Nur: Heute hat dieser Schokoriegelhersteller die ersten Produkte im Sortiment, die auf den Prinzipien des fairen Handels basieren. Es tut sich also etwas – sogar in einigen Großkonzernen findet ein Umdenken statt. Und gerne würde ich jenen Manager noch einmal auf einer Hochzeitsfeier treffen, um zu erfahren, wie er heute auf meine Frage reagiert. Klasse finde ich auch die Bewegung »Cradle to Cradle« – zu Deutsch: »Von der Wiege zur Wiege«. Sie steht für eine neue Denkweise im Umgang mit Stoffströmen mit dem Ziel, umweltneutral zu sein. Puma hat zum Beispiel im Frühjahr 2013 die erste Kollektion mit elf Artikeln herausgebracht, die zu 100 Prozent geschlossene biologische Kreisläufe haben – bis hin zur Sohle der Turnschuhe. Alle verwendeten Komponenten sind also biologisch abbaubar respektive wiederverwendbar.

Es gibt weitere Entrepreneure, die sich mit der sozialen Frage auseinandersetzen, wie für 300 Dollar ein Haus gebaut wird oder für 100 Dollar jedes Kind einen Laptop erhalten kann. Ihnen geht es etwa darum, möglichst viele Menschen zu erschwinglichen Preisen in den Genuss von Wohnraum oder kommunikativer Teilhabe kommen zu lassen. Mittlerweile gibt es sogar Stiftungen, wie D&F Academy, Ashoka, Klaus Schwab Foundation und andere, die einigen jungen Social Entrepreneurs aus aller Welt Unterstützung bei ihrem Start in die Selbstständigkeit erlauben.

Was genau ist ein Social Entrepreneur?

Schwierig ist es aus meiner Sicht allerdings zu definieren, was ein Social Entrepreneur ist. In Wikipedia steht: »Unter Social Entrepreneurship versteht man eine unternehmerische Tätigkeit, die sich innovativ, pragmatisch und langfristig für einen wesentlichen, positiven Wandel einer Gesellschaft einsetzen will.« Ist Ebay damit ein Social Entrepreneur? Die Betreiber haben durch die Plattform enorme Chancen für wirklich jeden im Handel geschaffen. Oder ist Aldi einer? Immerhin haben die Albrecht-Brüder die günstige Grundversorgung der Bevölkerung mit Grundnahrungsmitteln vorangetrieben – was über Jahrtausende ein echtes soziales Massenproblem war und mancherorts noch ist. Ich denke, dass beide Firmen keine Sozialunternehmer im eigentlichen Sinn sind. Denn wichtig ist nicht nur das »Was« – etwa die Grundversorgung mit Lebensmitteln. Das Entscheidende ist vielmehr das »Wie« – auf welche Art und Weise mithin jene Grundversorgung geschaffen wird und inwiefern dabei zum Beispiel soziale und umweltorientierte Aspekte Berücksichtigung finden. Und da hakt es dann bei vielen Firmen. Die Beispiele zeigen aber auch, wie schwer es ist, eine genaue Trennlinie zu ziehen. Die größte Social-Entrepreneurship-Bewegung ist meines Erachtens – auch wenn strenge Glaubenswächter sie nicht dazurechnen würden – schon über 120 Jahre alt: die Genossenschaftsbewegung. Eine Genossenschaft ist ein Zusammenschluss, dessen Ziel die wirtschaftliche oder soziale Förderung seiner Mitglieder durch einen gemeinschaftlichen Geschäftsbetrieb ist. Es gibt weltweit über 700 Millionen Genossen.

Megatrend 6: Nachfolger gesucht – Unternehmensübernahme als intelligente Alternative

Jedes Jahr werden im deutschsprachigen Raum über 100 000 Unternehmen jeglicher Größe weitergegeben. Oft an Erben, aber noch häufiger werden Nachfolger gesucht. Sie haben dabei eine einmalige Chance, funktionierende Unternehmen zu übernehmen. Diese Firmen zu kontaktieren ist meistens ein eher langfristiges Unterfangen, da die Verantwortlichen die Nachfolgersuche nicht gerne an »die große Glocke« hängen. Eine Gründung mithilfe einer Unternehmensübernahme kann sich aber oft lohnen, weil es natürlich schon interessierte Kunden gibt, das Geschäftsmodell funktioniert und bei klaren Absprachen der Vorbesitzer gerne als Ratgeber im Übergangsprozess zur Verfügung steht. Das heißt: Die Hausaufgaben einer intelligenten Gründung sind zu einem Großteil bereits erledigt. Allerdings: Als Stolperstein stellt sich oft genug der Preis heraus, da dieser am Anfang meistens deutlich zu hoch angesetzt wird. Ein wichtiger Tipp, der besonders bei kleinen Firmenaufkäufen wichtig ist: Glauben Sie nicht, wenn von viel Schwarzgeld die Rede ist. Gerne sagen Verkäufer, dass der wahre Gewinn neben der Steuer läuft. Besonders in der Gastronomie wird da meistens reines Seemannsgarn gesponnen.

- Disruptive Ideen revolutionieren die Welt und führen zu neuen Geschäftsfeldern, die mit kundenorientierten Geschäftsideen beackert werden wollen. Dabei gilt: Das Festklammern am Bewährten gehört oft zu den größten Gründungsstolperfallen. »Alles ist im Umbruch« – nur wer das Bewährte loslassen und sich flexibel auf die Veränderungen einlassen kann, kann erfolgreich seine Zukunft gestalten.
- Dem spezialisierten und flexiblen Freiberufler gehört die Zukunft.
- Das Internet bietet eine Fundgrube für Gründungsideen.
- Die Nische ist bei der Gründung Trumpf.
- Das soziale Unternehmertum eröffnet einen Zukunftsmarkt.
- Die Unternehmensübernahme ist eine überlegenswerte Alternative für Gründer.

Seien Sie ein kritischer kreativer Realist

»Jetzt sind wir dran! Noch nie hatten junge Menschen in Deutschland so gute Chancen. Wir müssen nur zugreifen.«
Stern-Neon-Titelstory, Oktober 2013

Natürlich gibt es zahlreiche weitere Beispiele, in denen Erfolg versprechende Karrieren durch günstige Zukunftsentwicklungen möglich sind. Eine weltweit wachsende Mittelschicht zum Beispiel wird Produkte nachfragen und bei ihrem Konsumverhalten die bereits angesprochene ethische Legitimation beachten.

Hinzu kommt: Franchisesysteme, erneuerbare Energien, Medizin, Bildung, Infrastruktur, Umgang mit knappen Ressourcen – alle diese Bereiche werden weiter stark wachsen. Die wichtigste Information für Sie lautet: Auf Sie warten riesige Chancen. Natürlich ist es nicht immer einfach, diese auch zu ergreifen. Ich möchte aus Ihnen keinen hoffnungslosen Optimisten machen. Ein kritischer Realist mit dem Wissen, dass es viele große und ungenutzte Chancen gibt – das ist mein Ziel. Ich hoffe, dieser erste Teil hat in Ihnen den Mut geweckt, die zahlreichen Möglichkeiten zu erkennen und zu nutzen. Denn: Sie können es!

FAZIT: Ja, ich kann!

- Alle gesellschaftlichen Grundlagen für unternehmerisches Feuer sind in Westeuropa vorhanden. Bessere Chancen als heute gab es historisch gesehen noch nie.

- Die Möglichkeiten für Ihre Karriere sind riesig.

- Als Gründer oder Führungskraft mit Unternehmer-Mut müssen Sie die »Handbremsen« lösen: Erkennen Sie die vielen Spielarten der German Angst (auch in sich selbst) und machen Sie sich von blockierenden Weltbildern frei.

- Auch die Bedingungen für die Realisierung eines großen Vorhabens außerhalb der Gründung sind durch die geschilderten Rahmenbedingungen hervorragend.

- Sie haben mit dem ersten Teil dieses Buches die für ein Start-up oder Großprojekt schwerwiegendste Blockade im Denken ausgeräumt – nämlich das eklige »Ich kann nicht«.

- Sie wissen jetzt definitiv: Ja – ich kann!

TEIL II

JA, ICH WILL –
MEINE ENTSCHEIDUNG

4 Ihre Entscheidung bestimmt die Richtung

»Viel mehr als unsere Fähigkeiten sind es unsere Entscheidungen, die zeigen, wer wir wirklich sind.«
Joanne K. Rowling, britische Schriftstellerin

Was Sie in diesem Kapitel erfahren

- Sie lesen, wie wichtig es ist, eine Entscheidung zu treffen und zu ihr zu stehen.

- Sie erfahren, welche »Verantwortungsverhinderer« wir Menschen ergreifen, um nur eines nicht tun zu müssen: eine Entscheidung zu treffen.

- Sie lesen, wie Sie sich zum Regisseur Ihres Lebens entwickeln.

- Wer Entscheidungen gefällt hat, wird feststellen, dass seine Gefühle diesen Entscheidungen folgen.

- Wer gezielte und bewusste Entscheidungen trifft, macht den Weg frei für ein selbstbestimmtes Leben.

Das Wort Entscheidung stammt von »ent-scheiden« ab und hatte ursprünglich mit dem Ziehen des Schwertes aus der Scheide zu tun. Der Schwertträger als Entscheidungsträger: Man hatte sich also zu entscheiden, ob man kämpfen wollte oder nicht – woraus meistens eine nicht einfach wieder rückgängig zu machende Handlung resultierte. Daran erkennen Sie auch: Entscheiden hat Handeln zur Konsequenz. Auch wenn die Entscheidung manchmal »nur« eine minimale Veränderung der eigenen Einstellung oder inneren Haltung ist: Resultiert keine Handlung aus der Entscheidung, wollen wir noch nicht davon sprechen, dass eine Person sich entschieden hat. Sie ist vielmehr unentschlossen – was sich dann auch in der Körpersprache widerspiegelt und zu einer inneren Verkrampfung führt. Um im Bild zu bleiben: Der Schwertträger, der sein Schwert zieht, es dann jedoch sinken lässt und es nicht einsetzt, wirkt unentschlossen, vielleicht sogar albern, zumindest aber innerlich zerrissen. Kein Wunder, dass Napoleon von seinen Offizieren vor allem Entschlossenheit gefordert hat.

Können, Wollen, Möglichkeit – es ist Ihre Entscheidung

»Leben heißt Handeln.«
Albert Camus, französischer Philosoph und Schriftsteller

Eine Entscheidung kann intuitiv und spontan oder rational geplant erfolgen. Beim unternehmerischen Mut geht es um die Grundsatzentscheidung für das eigene Feuer – eine Haltung, die Sie immer spontan und zugleich rational treffen können und sollten, bis Sie tief in sich die Gewissheit spüren: »Ich lebe diesen Mut!« Diese innere Entschlossenheit zu entwickeln geht oft schneller, als man denkt. Es kann aber auch Jahre dauern. Nur bei den großen Weichenstellungen wie Berufswechsel, Firmengründung, großen Investitionen oder Hochzeit gilt ausnahmslos und immer: Lassen Sie sich Zeit. An dieser Stelle muss eine wichtige Unterscheidung betont werden: Verwechseln Sie bitte nicht Ihre grundsätzliche Entscheidung, ein mutiger Mensch sein zu wollen, mit der Entscheidung für eine Investition, wie eine Unternehmensgründung oder die Bewerbung auf einen neuen Posten. Ich höre öfter, wie Menschen sagen: »Wenn die Gelegenheit da ist, werde ich meinen Mut zeigen.« Es ist genau andersherum: Wenn ich meinen Mut über Jahre lebe, dann kann ich neue Herausforderungen, worin auch immer diese dann bestehen werden, handlungssicher angehen.

Ganz grundsätzlich sollten bei Entscheidungen immer drei Aspekte stimmen: das Können, das Wollen und die Möglichkeit. Bei der Grundsatzentscheidung hin zum unternehmerischen Feuer gilt (das haben die ersten drei Kapitel gezeigt): Sie verfügen über das notwendige Können und im Allgemeinen eröffnen Ihnen die Rahmenbedingungen in unserer Gesellschaft auch die Möglichkeit, Ihr unternehmerisches Feuer zu entwickeln. Das Wollen ist – Sie erraten es schon – eine Angelegenheit Ihrer freien Entscheidung.

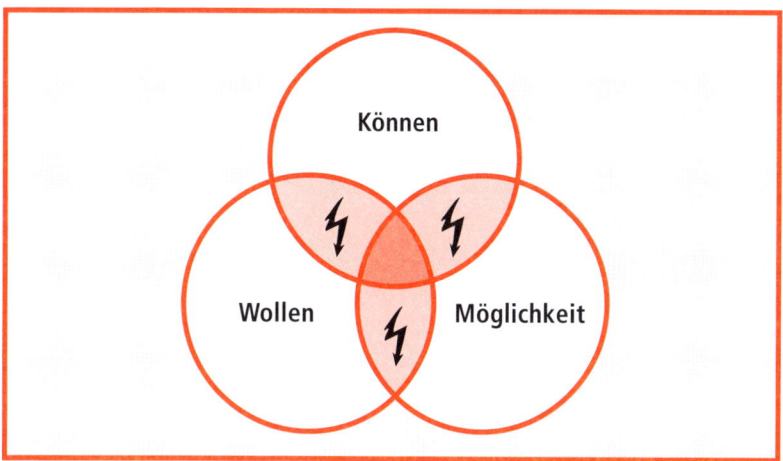

Abbildung 5

Die Abbildung verdeutlicht auch: Sollte ein einzelner Aspekt fehlen, dann wird das Thema schnell skurril. Im Bild vom Schwertträger gesprochen: Fehlt einer der drei Bereiche, haben wir eher eine Monty-Python-Realsatire im Stil des »Ritters der Kokosnuss«.

- Wollen und Können ohne Möglichkeit heißt übersetzt: mit dem Kopf durch die Wand. Da hilft auch kein Helm.
- Wollen und Möglichkeit ohne Können nennt man wohl am ehesten: tragisch.
- Können und Möglichkeit ohne Willen heißt: Wer nicht will, will nicht. Man kann niemanden zum Jagen tragen.

Für Ihre zukünftigen Ideen: Wenn alle drei – das Wollen, das Können und die Möglichkeit – gegeben sind, dann können sich Ihre Träume zur Realität entwickeln. In dieser Schnittmenge liegen die besten Entscheidungen und größten Chancen auf Erfolg. Deswegen geht es im übernächsten Kapitel vor allem um die konkrete Passung mit Ihrem Lebensweg.

 **Dem Willen folgt das Können.**

Aus meiner Sicht ist das Wollen das Schwierigste, dieses »sich dem Prozess stellen«, das Aushalten und Dranbleiben. Dem Willen folgt in aller Regel das Können. Ja, es dauert manchmal Jahre, um die nötige Erfahrung, Ausbildung, die erforderlichen Kenntnisse und die angemessene Handlungssicherheit zu erlangen. Nur ohne den Startschuss, die Entscheidung zum unternehmerischen Mut, sammeln wir maximal Wissen darüber an. Und ohne Mut ist leider unser Wissen kraftlos. Auch hier gilt die alte biblische Weisheit: Dem Unentschlossenen wird selbst der wenige Mut genommen, während der Mut investierende Mensch weiteren dazugewinnt.[1]

Statisches versus dynamisches Selbstbild: Sie können sich weiterentwickeln

 *»Was Hänschen nicht lernt, lernt Hans nimmermehr.«*
Redensart

Kennen Sie die Redensart vom Hänschen und dem Hans? Und glauben Sie daran? Dann haben Sie ein echtes Problem. Denn dann sind Sie der festen Überzeugung, dass Sie sich nicht ändern können. In dem lesenswerten Buch »Switch – Veränderungen wagen und dadurch gewinnen« zeigen die Autoren Dan und Chip Heath, wie Richtungswechsel im Leben, von der Diät bis zur Karriere, möglich sind. Ein entscheidender Gedanke dabei ist das Selbstbild, das jemand von sich hat, die Selbstüberzeugung, ob jemand zu Veränderungen fähig ist oder nicht:

- Das statische Selbstbild suggeriert uns: »Ich kann das nicht lernen« – was in Wirklichkeit aber oft ein »Ich will das nicht lernen« bedeutet.
- Ein dynamisches Selbstbild hingegen setzt Lernen und Veränderungsmöglichkeiten voraus. Menschen mit einem dynamischen Selbstbild glauben an ihre Entwicklungschancen, sie wollen sich verändern und stellen sogar an sich selbst die Forderung zur ständigen Weiterentwicklung. Dan und Chip Heath setzen die Fähigkeiten eines Menschen mit Muskeln gleich, die durch Training aufgebaut werden können.

Die Abbildung zeigt die wichtigsten Aspekte dieser zwei Selbstbilder:

Statisches Selbstbild	Dynamisches Selbstbild
- Das kann ich nicht!	- Das kann ich noch nicht!
- Ich muss!	- Ich will!
- So bin ich einfach!	- Will ich mich hier ändern?
- Das macht mich wahnsinnig!	- Ich kontrolliere meine Gedanken und Gefühle!
- Das ist hoffnungslos!	- Welche Alternativen gibt es?
- Es ist, wie es ist!	- Packen wir es an!

Abbildung 6

Dynamisches Selbstbild aufbauen

Können denn Menschen mit einem statischen Selbstbild ein dynamisches Selbstbild entwickeln? Dan und Chip Heath beantworten diese Frage mit einem eindeutigen Ja. Sie belegen es mit etlichen Beispielen und Studien – und ich kann diese Veränderungsmöglichkeiten aus meiner Erfahrung mit Start-ups bestätigen. Wie schaut es bei Ihnen aus? Sehen Sie sich doch einmal die Entwicklungen an, die Sie selbst in Ihrem Leben durchgemacht haben, analysieren Sie die Entwicklungssprünge, die in beruflicher, aber auch in privater Hinsicht stattgefunden haben. Das ist natürlich keine leichte Aufgabe für einen Hans, der seine Entwicklungschancen jahrzehntelang verleugnet hat.

Für mich sind Menschen, die sich aus dem sicheren Beamtentum Richtung Unternehmertum verabschieden, der lebendige Beweis, dass eine solche Entwicklung möglich ist. Wohlverstanden: Natürlich hat nicht jeder Beamte automatisch ein statisches Selbstbild! Wenn aber insbesondere Menschen, die 30 Jahre Staatsdienst hinter sich haben, diesen Schritt wagen, bedeutet dies eine enorme Veränderung. Vor allem die Veränderung von einem statischen Umfeld in ein dynamisches setzt ein inneres Wachstum voraus, zu dem man bereit sein muss. In den letzten Jahren habe ich sechs langjährige Ex-Beamte getroffen. Der eine ist heute Inhaber einer Werbeagentur, der zweite einer Eventagentur, der dritte einer Softwareschmiede – und die anderen drei Personen wechselten erfolgreich als Trainer in die Fortbildungsbranche. Oder denken Sie an Oliver Kahn als Moderator – eine lebendige Langzeitstudie über einen Menschen, der erfolgreich sein kann, weil er trotz mangelnden Talents zum Reden konsequent an sich arbeitet. Vergleichen Sie einmal seine Interviews nach seinem Karriereende mit denen von heute. Es sind nur wenige Jahre – aber dazwischen liegen Welten und wahre Veränderungssprünge, die nur jemand zu leisten vermag, der Erwartungen an sich selbst stellt und überzeugt davon ist, sich dynamisch weiterentwickeln zu können, wenn er denn die Entscheidung dazu trifft.

Ein paar Schlagzeilen mögen als Indiz dafür dienen, dass Veränderungen möglich sind, wenn Menschen den festen Willen dafür aufbringen – und überdies bereit sind, dafür auch aktiv zu werden:

»Charisma kann man lernen« – Focus-Titelstory 22.8.2011
»Chef sein kann man lernen« – Harvard Business Manager 3/2011
»Selbstsicherheit kann man lernen« – managerSeminare 5/2013
»Verkaufen kann man lernen« – Bild 2.5.2011
»Verzeihen kann man lernen« – Welt 12.4.2013
»Lernen kann man lernen« – Hamburger Abendblatt 6.10.2012
»Selbstdisziplin kann man lernen« – Zeit.de 26.6.2008

Mit dynamischem Selbstbild inneres Feuer entzünden
Ob es nun das Erlernen eines Musikinstruments betrifft oder das Flirten und das Führen einer glücklicheren Partnerschaft oder den Versuch, »bessere« Eltern zu sein – in all diesen Bereichen ist meiner festen

Überzeugung nach eine Weiterentwicklung möglich, natürlich in verschiedenen Ausprägungsgraden; und nicht immer mögen die selbst gesteckten Ziele erreicht werden können. Wichtig aber ist bei allen Beispielen: Ohne Ihren inneren Antrieb, ohne Ihren Willen, ohne Ihr inneres Feuer sind alle Veränderungsprozesse von vornherein zum Scheitern verurteilt. Und den dazu notwendigen Mut können Sie sich selbst aneignen, auch durch intensive Lernprozesse. Das geschieht natürlich nicht aus dem Stand, quasi von null auf hundert. Der Entwicklungsweg vom Anfänger zum Könner ist ein steiniger und langer. Aber von Überfliegern reden wir hier gar nicht – es geht vielmehr um grundsoliden inspirierenden unternehmerischen Mut, der in Ihnen ein Feuerwerk entzünden soll. Der neudeutsche Fachbegriff für diese Entwicklung heißt »Empowerment«. Die beste Übersetzung dafür ist »Selbstermächtigung und Stärkung von Autonomie und Selbstbestimmung«. Diese Begriffe bezeichnen Entwicklungsprozesse, in deren Verlauf Menschen die Kraft gewinnen, derer sie bedürfen, um ihr Leben nach eigenen Maßstäben zu leben.

Äußerlich radikaler Wandel ist oft Ergebnis eines Entwicklungsprozesses

Mir ist noch kein Mensch begegnet, der morgens mit einer neuen, völlig klaren Vision aufgewacht ist und diese konsequent umgesetzt hat. Es gibt keine magische Veränderung, die entsteht, indem eine Fee ihren Zauberstab schwingt und Sie auf einmal ein anderes, schöneres Leben führen. Dennoch begegnen uns immer wieder Menschen, die ihr Leben vollkommen umkrempeln und ganz neu anfangen. Wie bei den drei Menschen, deren Geschichte in einer ganzseitigen Bildzeitungs-Story am 22. November 2011 erzählt worden ist und sich in Schlagzeilen wie den folgenden niederschlägt.

»Früher war ich Krankenschwester. Heute steuere ich Schiffe.«
»Früher war ich Zahnarzthelferin, heute habe ich ein Café.«
»Früher war ich Banker, heute verleihe ich Drachenboote.«

Was bei allen drei Geschichten auffällt: Alle Personen haben an einem Punkt ihres Lebens begonnen, zielgerichtet auf den Wandel hinzuleben. Die heutige Cafébesitzerin sagt: »Vor zehn Jahren habe ich angefangen zu sparen – 120 Euro im Monat.« Die Kapitänin erläutert: »Mit 40 begann ich mein Nautik-Studium. Die Ausbildung hat 40 000 Euro gekostet, die Hälfte hatte ich gespart.« Und der Bootsverleiher erzählt: »Ich arbeitete noch bei der Bank, als ich die ersten Drachenboote verlieh.« Von außen betrachtet sieht es aus, als ob ein Mensch plötzlich und unerwartet einen radikalen Wandel vollzieht, der scheinbar blitzschnell passiert. Beim genaueren Hinsehen jedoch stellt sich heraus: Der plötzliche Wandel ist nur der äußere Endpunkt eines längeren Entwicklungsprozesses, zu dem sich ein Mensch bereits vor längerer Zeit aktiv und zielstrebig entschieden hat. Dieser Wandel hat viel mit Investitionen zu tun: Zeit, Geld, Leidenschaft und Risiko. Ohne diese Investitionen ist ein Wandel nicht möglich.

 Weitergedacht: Sind Sie der Regisseur Ihres Lebens?

Entwicklungsprozesse setzen Investitionen voraus – und die Entscheidung, endlich zum Chef des eigenen Leben zu werden.

Wer ist der Chef in Ihrem Leben?

 *»Es ist nicht zu glauben, wie schlau und erfinderisch die Menschen sind, um Entscheidungen aus dem Weg zu gehen.«*
Sören Kierkegaard, dänischer Philosoph und Schriftsteller

Gegenüber Lesern, die sich mit diesem Thema und dessen Tragweite befasst haben, ist mir das Schreiben dieser Zeilen fast peinlich. Es klingt so banal und selbstverständlich: »Wer ist der Chef in Ihrem Leben?« Und – das schwingt ja immer mit: »Entwickeln Sie sich zum Chef Ihres Lebens.« Die Fragestellung gehört sozusagen zum Urschleim des Coachings für alle Lebenslagen. Allein am Zitat von Kierkegaard

(1813 – 1855), einem meiner Lieblingsphilosophen, erkennen Sie, dass diese Frage die Menschen schon immer beschäftigt hat. Aber für unseren Zusammenhang muss diese jahrhundertealte Frage wieder einmal gestellt und aufs Neue beantwortet werden. Also: »Wer ist der Chef in Ihrem Leben?« Ohne jene Antwort mit drei Buchstaben, die mit »i« anfängt und »ch« endet, können Sie das Thema »Unternehmerisches Feuer« abhaken. Es lohnt sich nicht, überhaupt darüber nachzudenken, Führungskraft zu werden oder ein Unternehmen zu gründen, wenn Sie die Frage nicht mit »ich« kontern können. Sie allein sind es, der die Entscheidung trifft, unternehmerischen Mut zu entwickeln und in konkrete Taten umzusetzen. An der Antwort »ich« lässt sich ablesen, ob jemand die Verantwortung für sein Leben übernehmen will und bereit und fähig ist, die dazu entscheidenden Schritte einzuleiten.

Im Prinzip ist jeder von uns der Chef seines Lebens. Das gilt sogar für den Wut-Bürger, dieser verneint es nur auf tragische Weise mit dem Versuch, die Verantwortung für »sein Leben« an andere zu delegieren. Bei den Themen »Verantwortung übernehmen« und »Entscheidungen treffen« tauchen immer wieder bestimmte Überlegungen auf, die Eigenverantwortung zu unterlaufen. Bitte wundern Sie sich in den nächsten Absätzen nicht über die Deutlichkeit meiner Worte. Ich habe diese unnachgiebige Sicht auf das Thema erst während der letzten zwölf Jahre als Start-up-Berater entwickelt, bin jedoch überzeugter denn je, wie wichtig es ist, die Barrieren zu überwinden, die Menschen daran hindern, mit Entscheidungsfreude Verantwortung für ihr Leben zu übernehmen. Die folgenden Wegschiebemaßnahmen nenne ich gerne »Verantwortungsverhinderer«.

Verantwortungsverhinderer 1: Wegphilosophieren – die Gesellschaft trägt die Verantwortung

Besonders beliebt bei jungen Menschen in den Zwanzigern – wie Studenten – ist die Frage: »Bestimmt das Sein das Bewusstsein oder das Bewusstsein das Sein?« Diese klassische Frage wird glücklicherweise heute von vielen Denkern mit einem eindeutigen »Sowohl als auch« beantwortet. Aber ganz gleich, von welcher Seite Sie diese Frage angehen: Sie entbindet Sie nicht von der Entscheidung, Verantwortung zu übernehmen. Sollten Sie in eine solche Diskussion geraten: Leisten Sie sich bitte den Humor, die Frage auf das Thema »Verantwortung für das eigene Leben« zu lenken. Es gibt sogar einen passenden Kalauer dazu:

 **Mit 10 mögen die Gene dein Gesicht prägen, mit 20 die Erziehung, mit 30 der Freundeskreis, aber spätestens mit 40 bist du selbst dafür verantwortlich.**

Es wird dann meistens skurril, da in solchen Diskussionen häufig die Unentschlossenheit der Menschen zutage tritt, Eigenverantwortung für das eigene Leben zu übernehmen. Das Thema wird effektiv wegphilosophiert, indem die Gesprächspartner zum Beispiel äußern, dass die Gesellschaft die Verantwortung dafür trage, dass man seine Ziele, Wünsche und Vorhaben nicht verwirklichen könne. Das kann von mir aus in einigen Bereichen auch stimmen – nur nicht bezüglich der Frage, wer der Chef in Ihrem Leben ist. Da befinden wir uns auf einer ganz anderen Spielwiese. Eine Gesellschaft kann günstige oder ungünstige Voraussetzungen schaffen, sozial oder weniger sozial ausgerichtet sein und 1000 verschiedene Facetten aufzeigen, die allesamt für unser Leben wichtig sind. Aber bei der Frage, wer der Chef in unserem eigenen Leben ist, darf die Antwort nie lauten: die Gesellschaft. Allein die Vorstellung jagt mir einen Schreck ein, denn das wäre eine reine Diktatur. Es geht hier übrigens nicht um Egoismus. Das ist etwas ganz anderes. Es geht auch nicht darum, eine Ellenbogengesellschaft zu fördern. Ich denke, dass es sich sogar genau andersherum verhält: Menschen, die die Verantwortung für ihr Leben übernehmen, treten eher für andere ein.

Verantwortungsverhinderer 2: Die anderen sind schuld

Das Phänomen »Die anderen sind schuld« ist psychologisch ähnlich gelagert wie die These »Die Gesellschaft ist schuld«. Dahinter steht der Versuch, jemand anderem die Verantwortung zu übertragen, sie von sich selbst wegzuschieben. Damit räumt man aber immer jemandem Macht über das eigene Leben ein. Man ist dann nicht mehr der Hauptdarsteller im eigenen Leben, sondern degradiert sich selbst zum Statisten. Traurig. Ein Verhalten, das sich bei vielen Menschen vom Kindergarten bis ins Rentnerdasein zeigt. Dazu ein aktuelles Beispiel aus der Praxis: Ich habe eine Firma, die auch Handel mit der Türkei treibt. Für eine Messe sollte eine »Führungskraft« drei Tonnen Ware nach Istanbul transportieren lassen. Der mündlich wie schriftlich mitgeteilte Auftrag hieß: »Die Ware muss hundertprozentig sicher und pünktlich vor Ort sein, stellen Sie sicher, dass das klappt.« Die »Führungskraft« hatte Monate Zeit dazu und versicherte mir des Öfteren auf Nachfrage, dass alles geklärt sei. Beim Schreiben dieser Zeilen ist die Ware übrigens immer noch nicht vor Ort … Die Messe fand letzte Woche statt. Jener Mitarbeiter hatte zwar auf die durchschnittliche Zeit eines Transports eine Woche Zeitpuffer draufgeschlagen, aber nicht ein einziges Mal bei der Spedition angerufen und die Lieferkonditionen sauber abgesprochen. Er hätte also alle Möglichkeiten gehabt, den Transport pünktlich über die Bühne zu bringen. Was mich aber am meisten verwunderte, war die Reaktion auf mein Nachbohren. Es kam nur ein Satz: »Das konnte ich nun wirklich nicht ahnen, dass die so schlampen.« Auf Deutsch: »Die anderen sind schuld.« Keine Entschuldigung. Kein: »Sorry, das habe ich verbockt, ich hätte ja nur einmal zum Telefon greifen müssen.« Kein: »Ich reiß das wieder raus.« Mittlerweile musste ich reagieren: Da dieses Reaktionsmuster bei jener »Führungskraft« anscheinend zum Normalverhalten gehört, musste ich ihr nun ein anderes Aufgabenfeld mit weniger Verantwortung übergeben. Auch für mich persönlich stellte sich also wieder einmal die Frage, die zu den Dauerbrennern in Organisationen gehört: »Wie viel Freiheit, Vertrauen, Führung und Kontrolle führe ich in meine Prozesse ein?« Das ist eindeutig mein Verantwortungsbereich. Zurück zu unserem »Transportgenie«: Von einem genau gegenteiligen Verhalten habe ich bei einer Firmenveranstaltung einer Harburger Transportfirma Anfang des Jahres 2000 erfahren. Da erzählten sich die geladenen Kunden, wie der Chef der Transportfirma für einen wichtigen Kunden, der Termine verschlafen hatte, mal eben auf eigene Kosten einen Hubschrauber für einen Transport mietete. Der Chef fühlte sich also sogar für das Versäumnis des Kunden verantwortlich und hatte nach einem Lösungsweg gesucht – und ihn gefunden. Das nenne ich ein eindringliches Beispiel dafür, Verantwortung zu übernehmen, selbst wenn es niemand erwarten darf.

Verantwortungsverhinderer 3: Die Sachzwänge sind schuld

>*»Wer Sachzwänge vorschützt, ist ein Zwangsarbeiter.«*
>Karl Huber, schweizerischer Politiker

Kennen Sie nicht auch viele Menschen, die ihre Autonomie verleugnen, die es schlichtweg abstreiten, eigenverantwortlich Entscheidungen treffen zu können – und die felsenfest davon überzeugt sind, die Sachzwänge würden ihnen keinen eigenen Entscheidungsspielraum erlauben? Sie sind der unumstößlichen Meinung, sie hätten keine Chance, sich anders zu entscheiden. Frei – oder eben nicht-frei – nach dem Motto: »Der Chef oder der Kunde verlangt von mir, also muss ich auch!« Als wären diese Personen die Inkarnation eines deutschen Schäferhundes: »Sitz!«, und sie sitzen. »Lauf!«, und sie laufen. »Spring!«, und sie springen. »Hechel!«, und sie tun so, als würden sie arbeiten. Natürlich, wir haben alle unsere Sachzwänge: fordernde Chefs oder Kunden, Partner mit Ansprüchen, Kinder mit Bedürfnissen, Steuererklärungen, nicht ausreichend Geld, gesundheitliche Einschränkungen, nicht genügend Zeit und so weiter. Es könnte eine unendliche Liste werden. Die Frage ist nur, wie wir damit umgehen und ob wir aktiv Handelnde oder passiv Reagierende sind, ob wir es also prüfen oder verleugnen, dass immer zumindest ein gewisser Spielraum verbleibt, den wir beeinflussen können und an dessen Ausgestaltung wir mitwirken können. Wir dürfen uns hinter den sogenannten Sachzwängen nicht verstecken und sie nicht als wohlfeile Ausreden missbrauchen, wir dürfen unser Leben nicht an sie abtreten. Es ist eine harte Wahrheit, aber sie stimmt: Wann immer ich eine Handlung vollziehe, habe ich eine Wahl getroffen, oft unbewusst und spontan, meistens aus Routine. Aber ich habe sie getroffen. Wer das verleugnet, entfernt sich von seinem eigenen Menschsein.

Ich glaube übrigens, dass hier eine der Hauptursachen für Überforderung im Job liegt. Viele Betroffene stellen sich immer weiter »freiwillig« unter die Sachzwänge, bis in ihnen vieles blockiert ist. Es ist vollkommen klar, dass Sachzwänge oft auftauchen und man meistens scheinbar nur zwischen »Pest oder Cholera«, zwischen »erschießen oder erhängen« wählen kann. Aber gibt es nicht immer auch weitere Optionen? Dafür muss man aber erst einmal verstehen, dass man sich zum Kapitän an Bord des eigenen Lebensschiffs befördern sollte.

Sollten Sie nur gründen, um den Sachzwängen Ihres Arbeitsplatzes zu entfliehen, garantiere ich Ihnen: Sie werden so lange ähnlichen Problemen in der Selbstständigkeit begegnen, bis Sie die Verantwortung für Ihr Handeln übernehmen.

➤ Weitergedacht: Prüfen Sie Optionen!

Eine wunderbare Übung, um immer mehr zum Chef im eigenen Leben zu werden:

■ Wenn Sie vor Entscheidungen mit unterschiedlichen Wahlmöglichkeiten stehen, gewichten Sie Ihre Optionen und schließen in mehreren Entscheidungsgängen eine Möglichkeit nach der anderen aus, bis Sie endlich sagen können: »Ich entscheide mich für ...«

■ So sind Sie gezwungen, sich ganz bewusst mit jeder Option zu beschäftigen – am Schluss gelangen Sie zu einer Entscheidung, die nicht auf Zufall beruht, sondern nach Abwägung aller Optionen durch Sie zustande gekommen ist.

■ Dieses Entscheidungsraster sollte Ihnen in Fleisch und Blut übergehen. Wir haben immer die Wahl, auch wenn es oft Barrieren zu überwinden gilt (Geld, Zeit, Arbeit, Beziehungen).

Verantwortungsverhinderer 4: Die Mär vom Homo oeconomicus

»50 Prozent der Wirtschaft sind Psychologie. Wirtschaft ist eine Veranstaltung von Menschen, nicht von Computern.«
Alfred Herrhausen, deutscher Bankmanager und Vorsitzender der Deutschen Bank

Es erstaunt mich immer mehr, dass alle Wirtschaftswissenschaftler und Ökonomieprofessoren bis vor wenigen Jahrzehnten den »Homo oeconomicus« als Standardmodell des Marktteilnehmers akzeptiert haben. Ein Modell, das Handelnde vor allem als rein rationale Nutzenmaximierer verstanden hat. Ökonomisch? So ticken Menschen nicht. Das Problematische an diesem Modell bezüglich der Frage »Wer ist der Chef in Ihrem Leben?« ist die Nichtbeachtung oder Verneinung von Gefühlen, Intuitionen und Werten. Ein Mensch, der nur rational nach dem Verstand entscheidet, blendet die anderen ebenso wichtigen Ebenen seines Seins aus und übersieht – besser ausgedrückt: »überdenkt« – meistens wichtige Triebfedern seines Lebens. Daher ist der reine Kopfmensch, selbst wenn er den Gedanken der Selbstverantwortung bejaht, in diesem Selbstkontrollmodus auch nicht der »Chef im Ring«.

Verantwortungsverhinderer 5: Die Mär vom »one best way«

Sie haben vielleicht schon einmal von Frederick Winslow Taylor und dessen »Scientific Management« gehört. Er wollte, wie Tausende vor und nach ihm, Management, Arbeit und Unternehmen mit einer rein wissenschaftlichen Herangehensweise optimieren. Ich will hier im Kontext des »Chef im eigenen Leben sein« nur einen Gedanken herauspicken: Bei aller Wissenschaftlichkeit und Gründlichkeit ist und bleibt jede Managementtheorie zunächst einmal nur Theorie. Es gibt keine Naturgesetze der Unternehmensführung. Es gibt keinen allgemeingültigen Masterplan, der auf jede Situation passt. Wer also in seinem Arbeitsbereich davon überzeugt ist, »dass man dieses oder jenes so – und nicht anders – machen müsse«, verneint Wahlmöglichkeiten und Alternativen, die es jedoch immer gibt. Natürlich: Meistens ist es sinnvoll, auf Experten zu hören und bekannte Wege einzuschlagen. Dies darf aber nicht darauf hinauslaufen, dass die eigene Verantwortung und Entscheidungsbefugnis an ominöse Experten(-meinungen) delegiert wird.

 **Bitte immer bedenken: Bei den meisten Professoren und ihren Theorien zum Thema Wirtschaft verhält es sich wie mit Karl May und dem Wilden Westen – er ist nie aus Radebeul rausgekommen. Es ist meist klasse ausgedacht und toll zu lesen, aber eben nicht selbst durchlebt.**

Verantwortungsverhinderer 6:
»Das haben wir immer schon so gemacht!«

Killerphrasen oder Totschlagargumente dieser Art kennen Sie sicher genug. Sobald die eigene Wahrnehmung zum Thema der »Unverantwortlichkeit« sensibilisiert ist, werden Ihnen Sätze dieser Art oft auffallen. Aber vielleicht belächeln Sie dieses Verneinen der eigenen Verantwortung bereits. Jedenfalls ist die Liste solcher Wortmüllhülsen lang. Meine »Lieblinge« sind:

- »Das hat doch keinen Sinn!«
- »Ich weiß schon, wie das endet.«
- »Haben Sie keine anderen Sorgen?«
- »Das besprechen wir ein andermal!«
- »Daran sind schon ganz andere gescheitert.«
- »Das hat noch nie funktioniert.«
- »Das lag nicht in meinen Händen.«
- »Das ist politisch nicht korrekt.«

Es gibt noch viele Wegschiebemaßnahmen wie: »Dazu bin ich zu doof«, »Das kann ich nicht«, »Das ist Schicksal« oder »Mir fehlt das Geld«. Da diese aber in den ersten drei Kapiteln ausreichend beleuchtet wurden, bin ich mir sicher, wie Sie zu ihnen stehen – oder?

⤞ Weitergedacht: Schärfen Sie Ihren Blick für Verantwortung!

- Menschen mit einer ausgesprochenen Verlierermentalität geben immer den Sachzwängen, ihrer Umwelt und besonders gerne der Gesellschaft die Schuld. Achten Sie einmal darauf, welche Folgen diese Jammermentalität in deren beruflichem und privatem Umfeld nach sich zieht. Und sollten Sie mit so einer Person etwas zusammen gründen oder ein bedeutsames Projekt umsetzen wollen: Lassen Sie es besser sein.

- Überprüfen Sie immer, welchen konkreten und möglichst messbaren und beschreibbaren Anteil Sie an einem Ergebnis haben. Analysieren Sie, inwiefern ein Ergebnis Ihrem persönlichen Verantwortungsbereich zuzuordnen ist.

Wie Entscheidungen wachsen

»Ich weiß nicht, ob das reicht und ob ich das kann. Und will ich das überhaupt?«: Ich erinnere mich gut an meine Studentenzeit und eine Kommilitonin – ich nenne sie hier Tina –, die ihre Ziele immer sofort mit Selbstgesprächen geradezu vernichtet hat. In ihr lebte ein Traum, sobald Tina aber diesen Traum äußerte, blieb ihr gar nichts anderes übrig, als ihn verbal gleich wieder zu zerreden, sich mit ihren Selbstzweifeln zu beschäftigen – und diesen Traum Stück für Stück zu zerstören. Leider ist Tina kein Einzelfall. Als Start-up-Coach rufen mein Team und ich regelmäßig Interessierte an, die wir an einem Infotag kennenlernen und mit denen wir ein Erstgespräch führen. Wir wollen bei diesen möglichen Kunden konstant am Ball bleiben. Es gibt eine Menge Menschen, die einmal auftauchen, sich erkundigen und dann jedoch nicht den nächsten Schritt gehen. Dies ist aber selten das Resultat einer eigenständigen und wohlüberlegten Entscheidung – in diesem Fall eben gegen die Selbstständigkeit. Nein – diese Menschen trauen sich nicht, über ihren eigenen Schatten zu springen. Sie sind zu zögerlich, sie sind trauen es sich nicht zu, ihren Traum zu leben, sie sind mutlos. Wie Tina. Heute, über 20 Jahre später, ist sie trotz Hochschulabschluss immer noch Sachbearbeiterin in einem Konzern. Dabei wollte sie doch einmal als Managerin international tätig sein, am liebsten in Asien. Aber ihre Zögerlichkeit wurde ihr zum Verhängnis. Zudem sieht sie sich als »verkanntes Genie« – die im Konzern müssten doch eigentlich sehen, was in ihr steckt.

Sich langsam dem Ziel nähern

Das Tina-Beispiel zeigt: Viele Menschen haben zwar einen Traum oder eine Vision. Sie wollen sich selbstständig machen, mehr Verantwortung am Arbeitsplatz übernehmen oder ein Unternehmen, einen Verein, eine Kirchengemeinde, eine Bewegung oder was auch immer gründen. Oder sie wollen an ihrem Arbeitsplatz ein neues großartiges Projekt verwirklichen, das voller Herausforderungen steckt. Sie sind aber nicht bereit, sich die dafür notwendigen »Muskeln« anzutrainieren, die Mühsal, ja, die Schinderei auf sich zu nehmen, um die Kompetenzen aufzubauen, die notwendig sind, den Traum zu verwirklichen. Seltsam: Dann wundern sie sich, wenn sie langfristig auf Sachbearbeiterebene landen und »die da oben« ihr Talent übersehen. Mit anderen Worten: Wer einen Sechstausender besteigen will, sollte erst einmal schauen, ob er auch die »kleine Erhebung« im Mittelgebirge schafft oder die Kletterwand im Alpenverein. Aber Menschen wie Tina scheinen davon auszugehen, dass die normale Entwicklung in dem Sprung vom Sachbearbeiterposten hinauf auf die Ebene des internationalen Managements besteht. Doch meistens gilt eher das Prinzip der langsamen Annäherung: und zwar Schritt für Schritt.

Feuer antesten

 **Probieren geht über Studieren.**

Ein lauer Spätsommerabend. Ich hastete nach dem Büro noch in den Baumarkt und durfte als letzter Kunde vor Torschluss durch die Kasse. Dann erblickte ich auf dem Baumarktparkplatz den Traum eines jeden ausgehungerten Heimwerkerkönigs: eine Würstchenbude. Als ich genüsslich die Schinkenwurst verschlang, hielt daneben ein Kombi. Ein junger Mann Anfang 20 stieg aus, ging in die Würstchenbude und machte »klar Schiff«. Wir kamen ins Gespräch. Nachdem ich meinen Beruf genannt hatte, nämlich »Start-up-Berater«, quatschten wir fast eine ganze Stunde über das Thema »Unternehmertum«. Er blickte zurück – seine Story: Er arbeitete als Angestellter, wollte jedoch unbedingt Unternehmer werden. Nach der Schweißerlehre wurde ihm klar, dass er etwas Eigenes aufbauen wollte. Nur hatte er keine Ahnung, was – es sollte »irgendwie mit Metallbau zu tun haben«. Aber wie lernt man es, Unternehmer zu sein? Er dachte sich, dass ein gefahrenloses »Üben« wohl das Beste sei. Er sprang ins kalte Wasser, legte einfach los. Also hämmerte er nach Feierabend eine Würstchenbude zusammen, fand einen Standplatz, heuerte Personal an, organisierte alle Einkäufe und machte die Buchhaltung selbst. Wie gesagt, alles nebenbei als Angestellter. Sein Fazit nach einem halben Jahr: »Ich kann das. Es bringt richtig Spaß.« Die ganze Spielerei, er nannte es wirklich so, hatte sich sogar finanziell ausgezahlt. Nur an seinen Netzwerkfähigkeiten musste er noch arbeiten – auf seiner Visitenkarte war keine Mailadresse und die Telefonnummer nach einem halben Jahr veraltet.

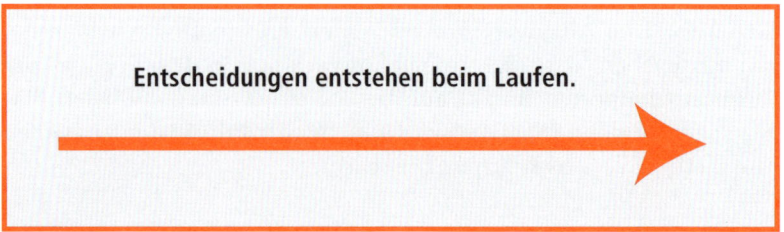

Abbildung 7

Die Lektion aus der Würstchenbude-Geschichte: Wie sollen Sie wissen, ob Sie das Zeug zum Unternehmer oder zur Führungskraft haben, wenn Sie es nie im Kleinen ausprobieren? Wie sollen Sie einschätzen können, ob Sie sich Ihren großen Traum erfüllen können, wenn Sie nicht mit den ersten Schritten beginnen, die zum Ziel führen? Gerade im Handeln, bei der Umsetzung, in konkreten Maßnahmen entstehen so viele Erfahrungen und Erkenntnisse, die Sie voranbringen und Ihnen ein Urteil darüber erlauben, dass Sie »es« können. Fangen Sie einfach an, laufen Sie los. Aber beachten Sie dabei:

- Setzen Sie nicht Ihren Beruf, also Ihre momentane Erwerbsarbeit, dabei aufs Spiel. Machen Sie es nebenbei.
- Investieren Sie keinen Betrag, den Sie im Zweifel nicht verkraften könnten.
- Machen Sie nur etwas, was Ihnen wirklich Spaß machen könnte.

> **Weitergedacht: Welchen Namen trägt Ihre »Würstchenbude«?**
>
> Wie könnte für Sie ein ungefährliches Ausprobieren aussehen? Natürlich – die »Würstchenbude« ist je nach Typ etwas völlig anderes. Trotzdem gilt:
>
> - Wenn Sie Handel betreiben wollen: Warum nicht in Ihrem angedachten Segment vorweg bei Ebay-Handel anfangen? Allein die »Spielerei« in der Art der Präsentation und Beschreibung macht Sie deutlich fitter.

- Wenn Sie als Angestellter ein Riesenprojekt übernehmen wollen, es sich aber noch nicht so richtig zutrauen oder erste Erfahrungen sammeln möchten: Üben Sie im Kleinen, auch im Privatbereich. Erinnern Sie sich daran, dass Sie bei der Planung einer Urlaubsreise viele Fähigkeiten benötigen, die auch notwendig sind, um ein Großprojekt zu stemmen!

- Wenn Sie beim Thema »Führungsverantwortung« noch ganz am Anfang stehen: Warum nicht ehrenamtlich Verantwortung übernehmen und ausbauen? Also beim THW, bei der Freiwilligen Feuerwehr, im Sportverein, in der Kirche oder bei einer Tafel mitarbeiten? Ich weiß noch zu gut, wie ich als Teenager den Schiedsrichterschein gemacht habe. Das gab eine extreme Lernkurve. Allein die Tatsache, dass man als Schiri fast immer Menschen gegen sich hat, macht stark – sofern der Wille dazu da ist.

Gefühle folgen Ihren Entscheidungen

»Mach immer, was dein Herz dir sagt.« Dieser populäre Ausspruch bezieht sich auf unser Zentrum, den Sitz unserer Seele, unseres Mutes, unseres Bewusstseins und Gefühls. Leider wird dieses Zentrum, das Herz, in der Praxis viel zu oft verwechselt mit der aktuellen Gefühlslage. Und die ist nicht immer ausgeglichen. Besonders bei großen Herausforderungen kann einem »ganz schön mulmig ums Herz« werden. Dann sind Gefühle nicht unbedingt richtungsweisend. Das Herz ist es schon eher, aber wer nimmt sich die Zeit, in sich hineinzuhören? Wenn Sie in einer Spannungslage sind, ist es gut zu wissen, dass die Gefühle den Entscheidungen folgen. Diese Entscheidungen sollten im Einklang mit unseren Werten, Zielen und Überzeugungen stehen. Sonst wäre es eine reine Kopfentscheidung, bei der unsere inneren Einstellungen übergangen werden. Mir ist völlig klar, dass die neuesten Erkenntnisse der Hirnforschung stellenweise in eine andere Richtung weisen. Demnach rechtfertigen und legitimieren wir nachträglich mit unserem Verstand das, was wir größtenteils zuvor auf einer unbewusst-intuitiven Ebene entschieden haben. Wir hängen demnach am Gängelband unserer Gefühle. Und das mag wirklich für einen Großteil unserer Handlungen gelten, zumindest der unbewusst getroffenen Entscheidungen. Mir geht es vor allem um das Folgende: Wer eine Entscheidung trifft, sorgt für Klarheit. Und diese Klarheit führt dazu, dass die entsprechenden (positiven) Gefühle entstehen können. Diese Gefühle wiederum unterstützen die Entstehung des unternehmerischen Feuers und Mutes.

Gefühle sind wie Hunde. Sie sollen dem Halter folgen, nicht umgekehrt.

Ich möchte dies an einem Beispiel verdeutlichen: Auf einer Feier fragte mich eine Freundin zum Zusammenschluss von zwei Kindergärten zu einem größeren um Rat. Sie hatte die Aufgabe als Elternrat ehrenamtlich übernommen und ihr war unwohl bei der Frage, wie sie mit all den Herausforderungen umgehen sollte. Besonders die vielen widersprüchlichen und lautstark vorgebrachten Interessen einiger Eltern, Erzieher und Geldgeber bereiteten ihr Kopfzerbrechen. Sie setzte mir die Situation eine gute Viertelstunde lang in allen Details auseinander. Danach stellte ich nur eine Frage: »Willst du überhaupt das ganze Projekt zum Erfolg führen?« Ihre erste Antwort ähnelte den Wegschiebemaßnahmen, den Verantwortungsverhinderern, die Sie bereits kennen: »Ich habe doch das Amt übernommen – ich muss.« Danach kreisten wir ein paar Minuten um das Thema der Entschlossenheit. Sie sah schnell ein, dass sie eigentlich nie eine Entscheidung für das Projekt und für das ganze Paket mit allen Konsequenzen getroffen hatte. »Ich muss ja, ich bin halt gewählt worden« – so ihr inneres Selbstgespräch. Später am Abend sagte sie mir, dass sie sich für das Projekt entschieden habe und es zum Erfolg führen wolle. Das Spannende an dieser Story: Als sie mir ihren Entschluss mitteilte, leuchteten ihre Augen. Ihr inneres Feuer war ihr im wahrsten Sinn des Wortes anzusehen. Ihre Gefühle folgten also ihrem Entschluss. Und das war auch noch Monate später so. Die Begeisterung für dieses Projekt ist mit der Entscheidung gekommen und geblieben.

Die Energie folgt dem Fokus: Entschlossenheit bringt Ressourcen mit sich
Sie können diese Geschichte übrigens gerne eins zu eins auf jede Führungsposition in der Wirtschaft übertragen. Auch dort verhält es sich so: Ist erst einmal eine Entscheidung getroffen, fokussiert sich im Regelfall

»alles« – auch die Emotionen und die Gefühle – darauf, der Entscheidung konkrete Taten folgen zu lassen. Die inneren Bedenkenträger werden durch die Macht der getroffenen Entscheidung ausgeschaltet. Es entstehen gute Gefühle, die der Entscheidung quasi im Nachhinein recht geben und sie legitimieren und verstärken. Oder eben: Ihre Gefühle folgen Ihren Entscheidungen nach. Und auch darum ist es wichtig, eine Entscheidung zu fällen. Wer das nicht tut, dem liegt die nicht getroffene Entscheidung »quer im Magen«, sie bereitet ihm Magenschmerzen und damit schlechte Gefühle. Wer aber die Entscheidung trifft, reinigt den Magen – und die guten Emotionen können folgen.

Wenn Sie das Störfeuer nie überwinden – hilft vielleicht Coaching

Es gibt allzu viele Menschen, die sich von ihren destruktiven inneren Glaubenssätzen nicht trennen können, obwohl sie sie verstandesmäßig vielleicht sogar schon überwunden haben. Aber der Verstand alleine hilft eben nicht – in dem Fall hängen die negativen Glaubenssätze oft mit tief gehenden Störungen in der Entwicklung von Kindesbeinen an zusammen. Gehen Sie dem bitte mithilfe eines Coachs oder eines therapeutisch geschulten Profis nach. Nehmen Sie sich zumindest die Zeit, in Ruhe darüber nachzudenken, was diese Störfeuer bedeuten könnten. Denn sie weisen auf einen massiven inneren Konflikt hin, stammen oft aus einer Zeit, in der sie nützlich waren, um den vielleicht noch jungen oder kindlichen Menschen zu schützen, ihn vor Gefahr zu bewahren. Diese Gefahr besteht gar nicht mehr! Doch solche alten »Schutzprogramme«, die mittlerweile blockierend oder zerstörerisch geworden sind, beiseitezuschieben, funktioniert mittelfristig nie. Oft geht es um die Übertragung der derzeitigen Lage auf eine alte Situation, die als massiv belastend empfunden wird. Vor das Ändern der Glaubenssätze müssen dann erst einmal das bewusste Loslassen oder Vergeben und der Entschluss, daran zu wachsen, treten.

Ein Ja bedeutet auch viele Nein

Jede Entscheidung für etwas bedeutet immer auch die Entscheidung gegen etwas. Die meisten Zeitgenossen übersehen diese Konsequenz, wenn sie über ihre Zukunft nachdenken. Bei der Partnerwahl leuchtet es den meisten noch ein, dass ihr Ja zu einem Partner das Nein zu allen anderen möglichen Partnern umfasst. Beim Thema »unternehmerischer Mut« ist es aber ähnlich: Wenn ich meine Zeit, mein Geld und meine Leidenschaft in diese Richtung lenke, müssen andere Bereiche meines Lebens auf der Strecke bleiben. Es geht nicht anders. Konkretes Beispiel: Ich habe einmal einen Gründer gecoacht, der gerade ein Im- und Exportgeschäft eröffnet hatte. Ich erinnere mich an die damalige Situation: Sein Umsatz lag weit hinter den Erwartungen zurück, es war unklar, ob er das Geschäft halten könnte. Nun sollte aber der dreiwöchige Sommerurlaub in vier Tagen anfangen. Trotz der bedrohlichen Situation: Er kam von sich aus nicht einmal auf die Idee, dass es ökonomischer Selbstmord sein könnte, sich gerade jetzt wochenlang in den Urlaub zu verabschieden. Denn die frisch angelernte Hilfskraft packte die Aufgaben garantiert nicht allein. Wie kann es sein, dass dieser Gründer seinerzeit nicht die Gefahr erkennen konnte, in der sein Geschäft und er schwebten? Vielleicht lag es daran, dass er 20 Jahre lang als Angestellter gearbeitet hat. Vielleicht hatte er Angst, der Ehefrau deutlich zu sagen, dass es in diesem ersten Jahr einfach finanziell enger werden und es sinnvoll sein könnte, auf den langen und teuren Urlaub zu verzichten. Dass die Entscheidung für die Gründung eben auch die Entscheidung gegen lieb gewonnene Gewohnheiten bedeutete.

Wie viele Menschen setzen hinter ihr »Ich möchte gerne ein besonderes Ziel in meinem Leben erreichen« ein halbes Dutzend »Aber …«? Und listen dann Gründe auf, die es de facto unmöglich machen, dieses Ziel zu erreichen. Wie viele Gespräche haben Sie mit Menschen geführt, die gerne etwas Tolles auf die Beine stellen würden, aber dann einwenden, dies ginge ja wegen der vielen anderen wichtigen Dinge nicht, auf die man dann verzichten müsste? Die zwar zu etwas Ja sagen wollen, aber sich nicht zu den vielen Nein durchringen können, die durch diese Entscheidung auch notwendig werden? Mit dem fatalen Ergebnis, dass sie im gewohnten Trott weiterfahren oder gar rummurksen. Und schließlich irgendwann klagen: »Hätte ich mich doch damals dazu durchringen können …«

 **»Wer etwas will, findet Wege;
wer etwas nicht will, findet Gründe.«**
Volksweisheit

Treffen Sie gezielte und bewusste Entscheidungen

Ich bin ein großer Fan von Mindmaps, Rollenspielen, SWOT-Analysen und ähnlichen kreativen Hilfsmitteln. In den letzten 30 Jahren haben innovative Köpfe eine große Zahl dieser tollen Instrumente zur Unterstützung bei der Entscheidungsfindung entwickelt. Wenn ich Ideen für mich oder mit Kunden weiterentwickle, hängt mein Büro voller ausgefüllter Flipcharts. Meine persönlichen »Top 3« der kreativen Herangehensweisen zum Thema unternehmerischer Mut, die »Perspektivöffner«, lernen Sie jetzt kennen.

Perspektivöffner 1: Verfassen Sie Ihre eigene Grabrede

Gut – es klingt vielleicht etwas makaber und provokativ, aber stellen Sie sich doch einfach vor, wie in 30 oder 50 Jahren Ihre Grabrede klingen könnte. Was würden Sie in diesem Gedankenspiel gerne hören? »Petra war immer nett und hilfsbereit«, »Eugen hat immer seine Pflicht getan«, »Muhammad war stets eine zuverlässige und arbeitsame Führungskraft«, »Yasemin war die pünktlichste Call-Center-Agentin, die man sich vorstellen kann«, »George hat sich wirklich bemüht, die Karriereleiter hochzusteigen«? Vermutlich nicht! Sie wollen eigentlich etwas darüber lesen und hören, was für ein großartiger Mensch Sie waren, welche tollen Ziele und Visionen Sie umgesetzt haben, wie Sie sich selbst verwirklicht und Ihr Leben geführt haben (statt sich von ihm führen zu lassen). Also nutzen Sie Perspektivöffner 1 und schreiben

Sie die Grabrede über Ihr Leben, wie Sie es gerne hätten. Berichten Sie quasi aus der Rückschau, welche großen Ziele und Träume der Mensch verwirklicht hat, der da sein Leben beschließt. Schreiben Sie die zehn Ihnen am wichtigsten Punkte auf und verdichten Sie diese zu drei Kernaussagen. Sie landen bei den Dingen, die Ihnen im Leben wirklich etwas bedeuten. Da liegen die Bereiche, die Ihren Pulsschlag in die Höhe treiben. Jetzt wissen Sie, wofür Sie gerne leben – und wofür es sich lohnt, auch unangenehme Konsequenzen auf sich zu nehmen.

Perspektivöffner 2: Nutzen Sie das 10-10-10-Modell

Die Autorin Suzy Welch hat das 10-10-10-Modell entwickelt. Als ich von der Methode vor wenigen Jahren das erste Mal in ihrem Buch »10-10-10: 10 Minuten, 10 Monate, 10 Jahre. Die neue Zauberformel für intelligente Lebensentscheidungen« las, wusste ich sofort, dass diese Methode »rockt«. Es geht um die Zeitachse bei Entscheidungen und die simple Frage: »Welche Auswirkung hat Ihre Entscheidung in 10 Minuten, in 10 Monaten und 10 Jahren?« Die unterschiedlichen Zeitperspektiven zeigen sehr schnell auf, wie stark eine Entscheidung mit Ihrem Lebenskonzept korreliert. Dazu möchte ich Ihnen eine Geschichte erzählen: Eine Frau, verheiratet und Mutter, quälte sich mit der Frage, ob sie zwei Jahre in eine berufliche Weiterbildung stecken sollte, die sie in dieser Zeit die Hälfte aller Wochenenden und drei Abende die Woche kosten würde. Sie ging in Gedanken alle Pros und Kontras, alle Chancen und Risiken durch. Eine Entscheidung mochte sie aber nicht fällen. Aber beim Beantworten der Fragen zum 10-10-10-Modell reifte in ihr ein Entschluss. Bei »10 Minuten« war sie noch indifferent und meinte, dass die Freude aufs Lernen durch die Befürchtung, das Lernen belaste sie allzu sehr, aufgewogen werden könnte. Bei den »10 Monaten« hatte sie eher den Eindruck, dass die zeitliche Last ihr eine Bürde sein könnte. Aber bei der Überlegung, was die Entscheidung für sie in »10 Jahren« bedeutet, leuchtete ihr Gesicht auf. Sie könnte dann genau die Arbeit machen, die sie eigentlich immer schon machen wollte. »Die zwei Jahre – das schaffen wir als Familie!« – so war ihre Einstellung. Es war auf einmal keine große Hürde mehr, diese zwei Jahre zu investieren. Der Entschluss war gefasst, die Entscheidung getroffen.

Perspektivöffner 3: Führen Sie ein Zukunftsinterview

Eine sehr effektive Übung, um den unternehmerischen Mut zu befördern, ist »das Interview«. Nehmen wir einmal an, Sie stehen jetzt vor
der Herausforderung, etwas ganz Neues zu starten, und wissen einfach
nicht, wie all diese vor Ihnen liegenden Probleme zu bewältigen sind.
Denn Sie ahnen schon, dass Guy Kawasaki recht hat, wenn er über die
Startzeit einer Unternehmung sagt:

*»… keep your organization on track when all hell breaks loose –
and all hell will break loose.«*
Guy Kawasaki, US-amerikanischer Start-up-Guru

Mit der »Hölle« ist der gute Guy vielleicht übers Ziel hinausgeschossen.
Die Hölle ist es nach meiner Erfahrung nie – aber sicher sind die Herausforderungen schon enorm. Und das trifft nicht nur auf Gründungen
zu, sondern auf wirklich jedes groß angelegte Projekt und auch auf den
Großteil neuer Führungspositionen, politischer Ämter und Verbands-
vorstände in den ersten 100 Tagen. Da hilft es, sich in ein Gedankenspiel zu bewegen, wo all diese Probleme schon bewältigt sind: »Das
Interview« spielt in einer fiktiven Zukunft. Der Zeitrahmen wird der
Herausforderung angepasst – das Interview mit Ihnen findet also in ein
bis fünf Jahren statt. Der *Spiegel* oder *Focus* will wissen: »Wie haben Sie
das alles geschafft?« Für dieses Interview werden vorher alle großen
Herausforderungen, die sie auf dem Weg zur Zielerreichung bewältigen
müssen, definiert und dann im Interview Schritt für Schritt, Frage für
Frage abgehandelt. Sie reflektieren also aus der Zukunftsperspektive
darüber, wie Sie all die Schwierigkeiten angegangen sind, die in Wahrheit erst noch vor Ihnen liegen. Ein Scheitern ist in diesem Rollenspiel
also nicht möglich. Und das ist für die eigenen Selbstgespräche das
Wichtigste. Gehen Sie davon aus, dass es Ihnen gelingt, die Probleme
zu lösen. Es gibt ein Happy End! Nicht selten höre ich im Coaching,
nachdem ich mit einem Coachee diese Übung durchlaufen habe, ein
überzeugtes: »Das ist ja wirklich machbar!«

Willenskraft – Volition ist kein Wundermittel für richtige Entscheidungen

Ich bin immer wieder überrascht, wie oft vom eisernen Willen die Rede ist, wenn es um die Zielerreichung und die Entscheidungsfindung geht. Allerdings: Die Willenskraft wird zumindest in diesem Zusammenhang überbewertet. Sicherlich, ohne Volition geht es nicht. Aber die Vergötterung des Willens nach dem Motto: »Mit einem unbezwingbaren Willen erreichst du alle Ziele«, die vor allem bei Sportlern zu beobachten ist, ist (nicht nur) meines Erachtens kontraproduktiv. Die Volition spielt bei der Entscheidungsfindung eine Rolle, ist aber nur ein wichtiger Akteur unter vielen. Und es ist zu bedenken: Die Kehrseite des eisernen Willens ist die Verbissenheit. Menschen, die sich an Zielen oder Ideen festbeißen und sie mit eben jenem eisernen Willen verfolgen, sehen oft den »Ausstiegspunkt« nicht und scheitern dann tragisch. Weniger verbissene Zeitgenossen haben deutlich geringere Verluste und können schneller wieder etwas Neues probieren.

Den Hebel umlegen

»Die Erfahrung hat mich immer wieder gelehrt, wie enorm wichtig es ist, eine Entscheidung zu treffen. Ich habe festgestellt, dass bereits 50 Prozent meiner Nöte verschwanden, wenn ich zu einer sauberen und definitiven Entscheidung gelangte. Und noch einmal 40 Prozent lösten sich auf, wenn ich daran ging, diese Entscheidung auszuführen. Also sind bereits 90 Prozent meiner Sorgen zu Ende, nur weil ich mir die folgenden vier Fragen stelle und beantworte: 1. Worüber mache ich mir Sorgen? 2. Was kann ich tun? 3. Wie entscheide ich mich? 4. Wann setze ich meine Entscheidung in die Tat um?«
Dale Carnegie, US-amerikanischer Kommunikations-
und Motivationstrainer

Unser Handeln ist Ausfluss dessen, was wir denken und fühlen. Und gleichzeitig prägt unser Handeln unser Denken und Fühlen. Besser ausgedrückt: Das Handeln befeuert ständig unser Denken und Fühlen. Es ist eine Wechselbeziehung – und genau da hinein greifen Grundsatzentscheidungen. Sie verändern das Denken, Fühlen und Handeln. Grundsatzentscheidungen sind die Manifestation des »Ich will«, das tief in unserem Inneren entsteht und selbstverständlich ist. Diese Weichenstellung braucht Zeit und eine aktive Auseinandersetzung mit dem Thema. Auch Entscheidungen sind Er-Folge: Sie folgen einem eigenen Muster der Konsequenz. Es ist eine Kette von Entscheidungen, die schließlich das entstehen lässt, was unternehmerischer Mut vor allem ist: der Mut und die Kraft, zu dem zu stehen, was Sie an einer wichtigen Station Ihres Lebens entschieden haben.

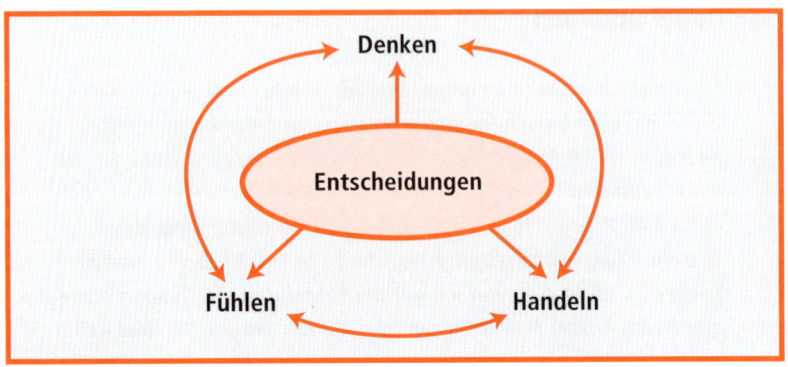

Abbildung 8

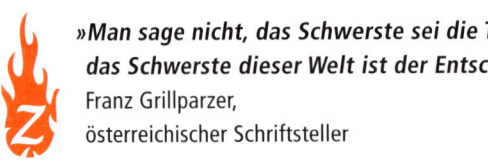

»Man sage nicht, das Schwerste sei die Tat;
das Schwerste dieser Welt ist der Entschluss.«
Franz Grillparzer,
österreichischer Schriftsteller

Entschlossenheit – das ist ein wunderbares Wort über Menschen, die ihr Können und ihr Wollen in den Dienst für ihr Leben stellen. Menschen, die ihre Angst besiegt haben und wissen, dass sie ihre Ziele erreichen können. Für mich sind Menschen mit diesem inneren Feuer die interessantesten, spannendsten und inspirierendsten Zeitgenossen. Wie gerne bin ich mit solchen Menschen zusammen. Den Gegenpool zu diesen entschlossenen Menschen bildet eine Figur von Shakespeare – Hamlet, Prinz von Dänemark, dieses studentische Weichei, dieser ewige Zauderer und Zweifler, der mit seinem »Sein oder Nichtsein« letztendlich an seiner Unentschlossenheit zugrunde geht.

Bei keinem entschlossenen Menschen habe ich erlebt, dass diese Entschlossenheit einfach so vom Himmel gefallen ist. Alle diese Menschen haben an sich gearbeitet und sind mit und an ihren Aufgaben gewachsen. Egal ob als Unternehmer oder als Angestellte: Sie haben verstanden, dass ihre persönliche Sicherheit nicht im Unternehmen selbst, im Betriebsrat, dem Kündigungsschutz oder im Beamtenstatus liegt – sondern dass sie selbst die Verantwortung für ihr Leben übernehmen und Ja sagen müssen zu ihren persönlichen Entscheidungen. Sie wissen, dass sie leidenschaftlich für ihre Werte und Ziele einzustehen haben und konkrete Aktionen und Maßnahmen ergreifen müssen, um sie zu realisieren. Diese Aufgabe nimmt ihnen niemand ab.

FAZIT: Ja, so können Sie sich entscheiden!

- Wenn Sie Entscheidungen treffen, entsteht in Ihrem Inneren ein unumstößliches »Ich will«, das Ihnen die Energie gibt, Ihren Weg konsequent zu verfolgen. Denn jetzt ist es »Ihr Weg«, den Sie aufgrund Ihrer positiven Entscheidung dafür beschreiten.

- Nutzen Sie mithilfe verschiedener Techniken und Methoden wie der in diesem Kapitel vorgestellten »Perspektivöffner« Ihr Herz und Ihren Verstand, Ihren Kopf und Ihre Gefühle als Entscheidungsgrundlagen.

- Wenn Ihre Entscheidungen im Einklang mit Ihren Werten und Prinzipien sind, folgen auch die Gefühle Ihrer Entscheidung.

- Sie brauchen keinen eisernen Willen, um Entscheidungen zu treffen und durchzuhalten. Man kann auch eisern vor die Wand rennen und unbelehrbar sein. Volition ist wichtig, doch noch wichtiger ist die Selbstüberwindung, das Zögern an einem bestimmten Punkt hinter sich zu lassen, das mutige »Springen«. Und die feste Überzeugung zu haben, dass Sie Ihr Ziel erreichen, und sei es auf Umwegen. Es muss nicht immer mit dem Kopf durch die Wand gehen – manchmal ist es smarter, einfach nebenan die Tür zu nutzen, die es schon gibt.

- Wer bereit ist, Entscheidungen zu fällen, kann seinen persönlichen »Hebel« umlegen, um unternehmerischen Feuereifer und Mut zu entwickeln.

---

5 Wenn die Angst alles frisst – die Lähmung überwinden und Furcht konstruktiv nutzen

»Angst vertreibt nicht die Sorgen von morgen, sondern vertreibt die heutige Stärke.«
Charles Haddon Spurgeon,
englischer Baptistenpastor

Was Sie in diesem Kapitel erfahren

- Ein Mut-Bürger geht mit den Ängsten in seinem Leben konstruktiv und produktiv um und nutzt deren positive Aspekte, um unternehmerischen Feuereifer zu entfalten.

- Sie erfahren, was das »Dennoch« für die Entwicklung unternehmerischen Mutes bedeutet, und lernen die wichtigsten Schritte kennen, die Ihnen helfen, mit Angst umzugehen.

- Auch das Bauchgefühl trägt dazu bei, zu richtigen Entscheidungen zu gelangen. Darum sollten auch Kopfmenschen lernen, ihre Intuition zu erkennen, zu entwickeln und davon zu profitieren.

- Sie lernen sechs Wachstumschancen kennen, die Sie dabei unterstützen, Ihre Potenziale zu nutzen und Ihre Entscheidungen voranzubringen.

Ein ganzes Kapitel über Angst? Haben wir uns nicht schon mit der »German Angst« beschäftigt? Wird der Angst ein zu großer Stellenwert eingeräumt? Einige Menschen, mit denen ich über dieses Buch im Vorfeld diskutiert habe, meinten, dies müsse ein ermutigendes Buch sein: »Warum richtest du den Fokus so häufig auf den Feind des Mutes?« Nun: Ich glaube nicht, dass Angst wirklich der Feind des Mutes ist. Für mich sind vielmehr die Trägheit und die Feigheit die schlimmsten Feinde des Mutes. Angst ist eine notwendige Ergänzung, sie hat immer einen Sinn, sofern es gelingt, sie konstruktiv zu nutzen. Ohne Angst sind wir übermütig, werden blind für Gefahren und halten kein Maß. Was nicht gerade eine vorteilhafte Strategie für Ihren Erfolg ist. Ich möchte sogar so weit gehen und sagen: Ohne Angst gibt es keinen Mut.

Nutzen Sie die guten Seiten der Angst

 **Wer seine Angst nicht kennt, kann nicht mutig sein. Mut bedeutet, trotzdem das Richtige zu tun.**

Angst gehört in Unternehmen und noch mehr im Management zu den großen Tabuthemen: »Eine mutige Führungskraft hat keine Angst.« Das aber ist eine geradezu gefährliche Einstellung. Man darf Angst weder verdrängen noch ihr zu viel Macht einräumen. Bei vielen Menschen bestimmen Ängste Denken und Handeln. Die meisten zeigen es nur nicht öffentlich. Auf der anderen Seite steht der scheinbar angstfreie Macher, der seine Angst aber wohl häufig nur verdrängt und auch leidet. Mir geht es in diesem Kapitel um den Stellenwert und den richtigen Umgang mit Ängsten. Wenn die These stimmt, dass nachhaltige Veränderung immer von innen nach außen erfolgt, Sie also erst die richtige innere Einstellung aufbauen, um entsprechende Handlungen folgen lassen zu können, sollten Sie sich mit Ihren Ängsten beschäftigen, sich ihnen stellen und sie bezüglich Ihrer Ziele und Lebensentscheidungen angemessen einordnen.

Um es noch einmal klarzustellen: Bedenken Sie, das Folgende richtet sich *nicht* an Menschen, die mit ausgesprochenen Angststörungen zu kämpfen haben. Wie im Absatz »Wenn Sie das Störfeuer nie überwinden« beschrieben: Dieses Buch ist kein therapeutischer Ratgeber. Es geht schlichtweg um einen Umgang mit Ihren Ängsten, der Sie dabei unterstützt, unternehmerischen Feuereifer zu entwickeln. Konstruktive Entscheidungen sind nur möglich, wenn Sie durch Ihre Ängste nicht blockiert werden.

Das Dennoch und seine Bedeutung für Ihren unternehmerischen Feuereifer

Abenteuerlustig waren wir einst alle. Ausnahmslos. Selbst die Ängstlichen unter uns. Wir haben als Kinder die Welt entdeckt. Der eine mehr, der andere weniger – aber wir haben sie entdeckt! Laufen lernen, Radfahren, Nachbars Hunde, Schule, Reisen, Pubertät, Führerschein, Jobs usw. Wir alle haben unbekannte Welten erforscht. Es gehört sozusagen zum Grundprogramm menschlichen Daseins, sich zu entwickeln. Die Abenteuer, die wir bestanden haben, machen einen enorm wichtigen Teil unserer Identität aus. Frei nach dem Motto:

 **Ich wage, also bin ich.**

Doch wann haben wir damit aufgehört, uns unbekannte Welten zu erforschen? Wann wurden wir bequem? Als uns bewusst wurde, dass es auch Niederlagen gibt? Als unsere Eitelkeit Fehler nicht mehr erlaubte? Als wir ausgelacht wurden? Weil die Eltern uns mit ihrer Angst oder Sorge überfluteten? Unser erster Chef keine Fehler zugelassen hat? Das Wichtigste ist doch, es *dennoch* zu machen. Darin liegt der Kern, wenn es darum geht, mutig zu werden. In diesem Dennoch. Es dennoch zu wagen, dennoch eine Entscheidung zu treffen, dennoch an den Zielen festzuhalten.

Eine passive Strategie, es nach der Helmut-Kohl-Methode einfach auszusitzen, funktioniert hier garantiert nicht. Mut beruht auf der Entscheidung, ihn – den Mut – *haben zu wollen*. Ihr Wille, es dennoch zu machen, ist entscheidend. Kennen Sie Erich Kästners »Fliegendes Klassenzimmer«? Als der »Angsthase« Uli aus dem tiefen Wunsch heraus, mutig zu sein, auf die bekloppte Idee kommt, mit einem Regenschirm

vom Dach zu springen, und dies auch in die Tat umsetzt, kommentiert
dies sein Lieblingslehrer Dr. Johannes Böhk so:

»*Lieber ein Beinbruch als lebenslang ein Feigling sein.*«
Erich Kästner, deutscher Schriftsteller

Genau das ist es. Nicht der Beinbruch, den wünsche ich keinem – aber
die Bereitschaft dazu. Wie Sie am Ende des Kapitels sehen werden,
entscheiden Sie sogar größtenteils selbst über den Körperteil, bei dem
die Sollbruchstelle liegt: Ohrläppchen, Bein oder Rückgrat. Sie dürfen
Ihr Risiko selbst bestimmen.

Die »Lähmschicht« Angst überwinden

Anfang 2006 kam eine talentierte Modeschneiderin, die eigentlich
schon ein komplettes Start-up hingelegt hatte, zu mir in die Beratung.
Ich nenne sie hier Luise Schmidt. Sie produzierte Kinderschuhe. Sie
hatte den Markt getestet und verkaufte seit einem halben Jahr für über
2000 Euro im Monat Schläppchen. Und das parallel zu ihrer Lehre.
Nun war die Ausbildung vorbei. Ihr alter Chef konnte sie nicht übernehmen, hatte ihr aber eine äußerst teure und wertvolle professionelle
Lederstanze und etliche andere Produktionsmittel geschenkt. Zudem
konnte Luise Schmidt bei ihm kurzfristig noch produzieren. Um das
Bild klar zu bekommen: Es gab einen Markt, sie verkaufte, hatte alle
Produktionsmittel sowie einen Produktionsort – und sie liebte ihre Tätigkeit. Eigentlich eine klasse Geschichte einer zwanzigjährigen Gold-
marie – wenn nicht ihre Ängste wären. Ihre Ängste, die Ängste der
Familie und die Ängste des Freundeskreises. Frau Schmidt kam völlig
verunsichert in meine Beratung. Jeder zweite Satz lautete »Ich weiß
nicht« oder »Und wenn was schiefläuft?«. Ab und zu gesellten sich Killerphrasen hinzu wie »Dann wäre mein Leben ruiniert«, »Das wäre so
peinlich für alle« oder »Selbstständigkeit endet doch immer im Ruin«.
Mir ist bis heute selten ein vergleichbarer Fall begegnet, bei dem die
Geschäftsidee und die Gründerin mit (fast) all ihren Ressourcen, ihrem
Lebensweg und der Leidenschaft für ihre Berufung so wunderbar zu-
sammengepasst haben – und bei dem trotzdem Furcht und Ängste in

einem derart beunruhigendem Umfang vorlagen. Hätten Sie oder ich Luise Schmidt im privaten Alltag erlebt, wäre diese Fixierung auf Ängste garantiert nicht aufgefallen, so sprühend war und ist sie da. Nur ihre eigene Angst und vor allem die Ängste der Familie erlaubten ihr nicht, so richtig loszulegen und ihre Potenziale zu entfalten. Es stellte sich im Coaching heraus: Der Vater war in ihrer Kindheit beruflich heftig gescheitert, einige Jahre Sozialhilfe folgten. Als die Mutter von ihrer Idee erfuhr, sich selbstständig zu machen, predigte sie ihr ständig, dass alle Selbstständigen in Hartz IV landen. Im Freundeskreis gab es auch keine unternehmerisch tätigen Menschen, etliche waren arbeitslos. In dieser schwierigen und belastenden Situation traf sie die Entscheidung, einen Profi um Rat zu fragen. Es hat dann über ein Jahr gedauert, bis sie zu ihrem Entschluss kam, jetzt wirklich Unternehmerin sein zu wollen. Sie hat hart an sich gearbeitet, stand aber jede Woche kurz vor der Entscheidung, einfach alles fallen zu lassen. Dabei gab es vom Umsatz her nicht einmal einen Krisenmonat, sie konnte sogar Mitarbeiter einstellen. Besser konnte es kaum laufen. Ich habe jüngst ihre Homepage besucht und freue mich richtig, dass Luise Schmidt auch nach acht Jahre immer noch erfolgreich unterwegs ist. In dieser Zeit hat sie viele Prozesse durchgemacht, die zu einem konstruktiven Umgang mit Angst führten. Schauen wir uns diese Prozesse nun genauer an.

Schauen Sie der Angst ins Angesicht

Es gibt acht wichtige Schritte, die Ihnen helfen, mit Angst umzugehen:

- **Schritt 1:** Sich die Angst eingestehen, Ängste als etwas Normales akzeptieren
- **Schritt 2:** Die Angst adressieren, sie genau benennen können
- **Schritt 3:** Sich anschauen, wovor man Angst hat
- **Schritt 4:** Die Angstszenarien vom Ende her denken, den Teufelskreis im Denken durchbrechen und Lügen rauswerfen
- **Schritt 5:** Ins Handeln kommen – der Angst mit Taten begegnen
- **Schritt 6:** (Manchmal) Die Ursachen der Angst kennenlernen
- **Schritt 7:** (Öfters) Sich bei Freunden oder Coachs Hilfe holen
- **Schritt 8:** Loslassen

Es ist normal und weist sogar auf einen zukunftsorientierten Charakter hin, wenn man vor einer neuen Herausforderung Angst hat. Dies muss jeder Gründer, jede neue Führungskraft und jeder Mensch, der etwas Innovativ-Kreatives leisten will, akzeptieren. Aus der Sicht des Praktikers ist in der obigen Liste der fünfte Punkt von besonderer Bedeutung. Menschen sollten gerade bezüglich der Bereiche, in denen sie Angst haben, ins Handeln kommen. Je länger sie vor ihr weglaufen, desto größer wird die Angst. Nähern Sie sich also Ihrer Angst an, bewegen Sie sich auf sie zu, suchen Sie die Konfrontation.

»Angst ist ein Zeichen der Vernunft. Angst ist eine Warnung, eine Prüfungsphase. Und irgendwann muss man sie überwinden.«
Ewald von Kleist,
Mitverschwörer des Hitler-Attentats vom 20. Juli 1944

Die Angst als Hinweisschild

Ich möchte mich selbst als Beispiel anführen: Ich mag meine Angst, sofern sie mir in Krisenzeiten nicht gerade die Kehle zudrückt oder schlaflose Nächte bereitet – was mir alle paar Jahre in beruflichen Extremsituationen passiert. Im Rückblick steht für mich fest: Ich hätte öfter auf meine Angst hören müssen und gleichzeitig meinem Bauchgefühl vertrauen sollen. Heute weiß ich: Wenn mir ein angehender Geschäftspartner in den ersten Sekunden unsympathisch ist, lasse ich meine Finger von ihm. Wie oft habe ich das ungute Bauchgefühl schon überhört und wollte unbedingt nur das Positive sehen. Wie oft habe ich mir schon gesagt, ich solle besser nicht auf meine »Vorurteile« hören, die innerlich in mir hochkamen – dabei waren das gar keine Vorurteile, sondern die besten Warnschilder meiner Intuition. Mittlerweile achte ich auch auf die Signale meines Körpers. Warum fange ich mitten in einer Verhandlung massiv an zu schwitzen? Warum traue ich mich nicht, hier und jetzt meine Meinung deutlicher zu sagen? Wieso pocht mein Herz auf einmal schneller, als es sein müsste? Für mich steht fest: Bei diesen körperlichen Signalen handelt es sich um eine innere Stimme, die mich ganz konkret vor etwas warnt.

Das erinnert mich an eine Geschichte, die ich vor sieben Jahren erlebt habe: Ich stand vor der Entscheidung, in eine aufstrebende Franchisekette zu investieren. Ich schrieb mit der Gründerin den Businessplan und war völlig begeistert. Als der Prototyp stand – ein klasse Laden in der Hamburger Schanze –, war ich mir noch sicherer: In zehn Jahren gibt es 50 Filialen! Das Konzept, das Geschäftsmodell dahinter und das Marketing – alles stimmte. Einige Investoren investierten daraufhin eine sechsstellige Summe. So weit verlief alles wie aus dem Lehrbuch. Ein ängstliches Gefühl sagte mir aber: »Warte erst mal ab, was passiert.« Das war nicht nur ein Bauchgefühl, ich hatte wirklich undefinierbare Angst bei dieser Person. Dann hatte die Gründerin immer wieder »Pech«, und ich fragte mich, was hier in die falsche Richtung lief. Kurze Zeit später erhielt ich die Antwort: Die Dame war Alkoholikerin und daher unfähig, Verantwortung zu tragen. Das Wichtigste an dieser Story: Meine Angst hatte mir von Anfang an signalisiert, dass bei dieser Gründung etwas faul war. Intuitiv löste es in mir immer ein Unwohlsein aus, dass mir nicht alle entscheidungsrelevanten Informationen vorlagen. Ich hatte das körperlich bei Begegnungen mit ihr gespürt. Also: Lernen Sie, auf Ihre Signale der Angst zu hören. Wenn ich heute Warnsignale erspüre, nehme ich sofort das Tempo heraus.

 **Angst ist ein schlechter Ratgeber, aber ein prima Hinweisschild.**

»Psychologie heute« schreibt dazu: »Akzeptieren wir die Angst in ihrer Funktion als Botschafterin, bekommen wir irgendwann den ›Lohn der Angst‹, wie der Heidelberger Psychotherapeut Hans Rudi Fischer meint. Für ihn sind Ängste eine Quelle persönlichen Wachstums. Wenn wir die Angst zulassen und nicht bekämpfen, erkennen wir, dass sie einen Freiraum ermöglicht, den wir dringend brauchen, um herauszufinden, was wirklich los ist.«[1] Ängste sind also etwas Normales, sie können uns vor Fehlentscheidungen schützen – und wir können in unseren Projekten und Lebensentscheidungen klug mit ihnen umgehen, wenn wir sie kennen und ausräumen können. Wie bei den folgenden sechs Wachstumschancen, bei denen im Kern acht Ängste ins Positive gewendet werden.

Wachstumschance 1: Erlauben Sie sich das Scheitern

»Fallen ist weder gefährlich noch eine Schande.
Liegenbleiben ist beides.«
Konrad Adenauer, deutscher Bundeskanzler

Vor einigen Monaten befand ich mich auf einer Party in einer kleinen Unternehmerrunde. Eine deutlich auf Krawall gebürstete Frau kam dazu und giftete: »Ihr habt es ja nur so gut, weil ihr geerbt habt und kein Risiko im Leben eingehen müsst. Wenn ihr bei Hartz IV anfangen müsstet, würdet auch ihr nix reißen.« Dann ging sie. Eine nette Vorlage. Wir unterhielten uns danach, wie wir beim Supergau oder gar einer privaten Insolvenz reagieren würden. Jeder in der Runde hatte das Thema für sich durchgespielt und verfügte über mindestens eine Handlungsalternative. Ein Möbelhausbesitzer brachte es am besten auf den Punkt: »Ich würde jeden Tag ab 5 Uhr morgens Zeitungen austragen. Dann habe ich Sport, Frustabbau und ein Taschengeld. Danach geht's zum Bäcker jobben und ab mittags versuche ich, wieder ein eigenes Ding aufzuziehen. Und selbst wenn ich Autofahrern Kaffee an der Ampel verkaufen müsste – es würde wieder aufwärtsgehen. Blöd ist die Situation vor allem der Kinder und der Familie wegen. Aber mal ehrlich: Wenn die Ehe stimmt, ist das auch für die Familie eine Lebensbereicherung.« Wow, was für eine Runde. Jedem in dem Kreis ist es gelungen, der Angst vorm Scheitern den Stachel zu ziehen, indem das Scheitern als Option akzeptiert wurde.

Gönnen Sie sich also die Freiheit, das Scheitern als mögliche Station auf Ihrem Lebensweg anzuerkennen. Dass dies keine einfache Sache ist, sagt selbst einer der brillantesten deutschen Entertainer. Stefan Raab hat 2013 eine eigene Erfindung, den Duschkopf Doosh, auf den Markt gebracht. Der ist wirklich eine Innovation, weil beim Duschen auf Wunsch die Haare trocken bleiben. Stefan Raab sagt (im Spiegel 23/2013, S. 80) über seine völlig neue Herausforderung mit der Produktion von Sachgütern:

»Der größte Erfolgsverhinderer ist die Angst vor Niederlagen.«
Stefan Raab, deutscher Entertainer

Er hat sich mit seiner neuen Rolle als Produzent (von Gütern!) auseinandergesetzt und gespürt, wie die »Angst vor dem Scheitern« seine Kreativität und Schaffenskraft einzuengen vermochte. Aber letztendlich hat er es nicht zugelassen, dass ihn diese Befürchtung daran hindern konnte, seine Doosh-Vision zu verwirklichen.

Das Scheitern akzeptieren – kein leichter Weg

Die Option »Scheitern erlaubt« ist im Ernstfall auch für den Mut-Bürger ein harter Schritt. Das habe ich einst bei einem alten Freund und Unternehmer erlebt. Er war mit seinem Betrieb in eine Schieflage geraten und kämpfte und kämpfte und kämpfte. Da »Scheitern« für ihn nicht infrage kam, war seine GmbH in einer Krise schnell überschuldet, und dann kommt für Geschäftsführer die sogenannte Durchgriffshaftung zum Tragen. Wer nicht rechtzeitig eine Insolvenz anmeldet, haftet persönlich. So ist das deutsche Gesetz. Seine Freunde und Verwandten hatten ihm bereits Geld zugesteckt, die Banken signalisiert, dass von ihnen keine Hilfe zu erwarten war. Es gab also definitiv keine finanziellen Ressourcen mehr. Wir redeten abends drei Stunden über das

»Scheitern erlaubt« und die praktischen Konsequenzen. Das Gespräch drehte sich um die Privatinsolvenz, Hartz IV und »die Schande«. In dem Moment, als er das Scheitern akzeptiert hatte, entspannte sich sein ganzer Körper. Eine riesige Last fiel von ihm ab. Nun war der Weg frei, um sich in Ruhe die erforderlichen Maßnahmen zu überlegen. Er hat sich dann ein halbes Jahr Auszeit genommen, um innerlich wieder aufzutanken – und ließ sich währenddessen von seiner Frau und der Arbeitsagentur finanzieren.

Ich frage Sie jetzt ganz direkt: Was ist so schlimm daran, das Scheitern als Option zu akzeptieren? »Scheitern – das wäre die größte Katastrophe!« Ja, warum denn eigentlich? Berufliches Scheitern heißt doch nicht automatisch privates Scheitern. Das wäre meines Erachtens deutlich schlimmer. Lieber eine Insolvenz als eine Scheidung. Pointiert ausgedrückt: Mit Hartz IV verfügen Sie immer noch über die durchschnittliche Kaufkraft eines Facharbeiters des Jahres 1968. Verstehen Sie mich nicht falsch. Hartz IV ist aus meiner Sicht wirklich wenig – es geht mir darum, diese innere Enge und Verkrampfung, die durch die Angst vor dem Absturz entsteht, zumindest zu relativieren.

Das Scheitern der Jungmanager

Sofern Sie in einem Konzern arbeiten, können Sie diese Verkrampfung übrigens sehr anschaulich bei erfolgreichen Jungmanagern beobachten. Denn wer zu Beginn seiner Karriere schnell erfolgreich ist, hat oft massive Probleme, auch einmal Fehler zu machen und sie als notwendige Entwicklungsschritte auf dem Weg zum Ziel zu interpretieren. »Zu groß ist die Angst vor dem eigenen Versagen und einem eventuellen Abstieg«, heißt es im Harvard Business Manager (August 2011) über erfolgreiche Nachwuchsmanager: »Nicht selten führt die Angst, Neues auszuprobieren und damit eventuelle Risiken einzugehen, sogar zu Reputationsverlust oder zum persönlichen Abstieg.« Die Angst vor dem Scheitern führt demnach genau zu dem, was man fürchtet. »Scheitern erlaubt« ist das Gegengift.

Wachstumschance 2:
Beachten Sie den Zeitgeist einfach nicht

Wie oft habe ich das Totschlagargument gehört: »Wie kann man in diesen Zeiten überhaupt gründen – das ist ja völlig verantwortungslos!« Es liegt in unserer Verantwortung, heftig zu widersprechen. Auch in den Medien wird eher von gescheiterten Vorhaben berichtet als über gelungene – die Medien leben von den schlechten Nachrichten. So entsteht ein Zeitgeist, dem dieses Buch Paroli bieten will.

Einmal hörte ich in New York eine Geschichte über eine Person, die völlig entgegen dem Zeitgeist handelte und dabei angstfrei vorging. Sie legte eine mutige Einstellung an den Tag, die eigentlich durch nichts gerechtfertigt war. Es geht um einen italienischen Einwanderer, der mitten in der Weltwirtschaftskrise 1928 nach New York kam und nach einigen Wochen der Eingewöhnung eine Gaststätte eröffnete. Daraus entwickelte sich nach dem Krieg eine kleine Kette erstklassiger Restaurants. Der Besitzer wurde zu einem wohlhabenden Mann. Am Ende seines Lebens wurde er von Reportern gefragt, was ihn dazu gebracht habe, mitten in der Weltwirtschaftskrise ein Restaurant zu eröffnen. Die Antwort ist herrlich einfältig und dennoch voller Weisheit: »Ich habe davon nichts mitbekommen. Ich kam aus dem Süden Italiens, und der ist wirklich voller Armut. New York dagegen sah groß, stark und vor allem reich aus. Mir war sofort klar, dass ich hier Erfolg haben werde.«

Sehen Sie, wie frei, unbeschwert, ja vielleicht sogar naiv dieser Mensch vorgegangen ist? Vollkommen unberührt vom dominierenden Zeitgeist und den allgemeinen wirtschaftlichen und politischen Rahmenbedingungen hat er die sich bietende Chance beim Schopfe gepackt und einfach das getan, was getan werden musste und notwendig war.

> **➤ Weitergedacht: Wie stellt sich aus Ihrer Sicht unsere Zeit dar?**
>
> Setzen Sie ganz bewusst Kontrapunkte:
>
> ■ Wenn in Gesprächsrunden über die »miesen Zeiten« geklagt wird: Bringen Sie Positivbeispiele, widersprechen Sie.
>
> ■ Wenn Sie in der Zeitung von einem gescheiterten Vorhaben lesen: Fragen Sie sich, welche auch vorteilhaften Konsequenzen in diesem Scheitern liegen oder liegen könnten.

Wachstumschance 3:
Suchen Sie die Konfrontation mit belastenden Situationen

Es gibt Dinge im Leben, die wollen Sie nie wieder erleben. Das ist auch manchmal richtig so. Hier aber geht es um Ihre Wachstumschancen und schwierige Situationen, die Ihnen helfen, sich zum »Chef in Ihrem Leben« zu entwickeln. Diese Situationen wirken wie pure Brandbeschleuniger – Sie lernen, damit umzugehen, das Erlebte für Ihre Weiterentwicklung zu nutzen und sich zu behaupten, sollte es Ihnen nochmals begegnen.

Aus Erfahrungen angemessene Konsequenzen ziehen

Um dies zu verdeutlichen, möchte ich Ihnen von einem M-Dax-gelisteten Unternehmen berichten. Dort sollte eine Tochterfirma eine deutlich verantwortlichere Rolle spielen. Vom Kerngeschäft wurde ein großer Bereich abgetrennt und verkauft – es befand sich nun ein dreistelliger Millionenbetrag in der »Kriegskasse«. Der Vorstand gab dem Tochterunternehmen die Aufgabe, innerhalb von zwei Wochen ein fertiges

Konzept für die Expansion zu formulieren – mit meiner Unterstützung. Für mich als Trainer und Coach ein idealer Job, denn alle Topführungskräfte der Tochterfirma hatten ein klares Ziel vor Augen. Es wurde hart gearbeitet, von morgens 8.00 Uhr bis abends 20.00 Uhr. In den Abendstunden stand ein erstes Konzept, dargelegt auf über 30 Flipcharts. Schließlich wurde den Führungskräften die Frage gestellt, was sie von diesem ersten Rohentwurf hielten. Da sagte auf einmal der Vertriebschef wortwörtlich: »Ich will lieber natürliches, langsames Wachstum aus eigenen Kräften. Bei meiner letzten Stelle habe ich bei zu großem Wachstum Liquiditätsprobleme erlebt, und das will ich nie wieder erleben.« Kaum zu glauben: Da wollte jemand die ganze Runde und ein Großprojekt wegen eines schlechten Erlebnisses blockieren – und das als Vertriebschef. Eine eigentlich gestandene Führungskraft, die ihr Denken und Handeln von der Angst dominieren ließ, einer schwierigen und belastenden Situation nochmals ausgesetzt zu werden. Der Vertriebsleiter war offensichtlich nicht in der Lage, aus seinen Erfahrungen zu lernen und nach vorne gerichtete Konsequenzen daraus zu ziehen. Stattdessen konzentrierte er seine Energien darauf, solchen Situationen auszuweichen. Ähnliches kennen Sie sicherlich auch aus Ihrem beruflichen Umfeld. Mutige Menschen hingegen zeichnet es aus, dass sie aus ihren Erfahrungen lernen und sich auch dann Situationen aufs Neue aussetzen, wenn sie zuvor in vergleichbaren Lagen gescheitert sind. Nur diesmal mit mehr Erfahrung, mehr Vorbereitung und mehr Handlungssicherheit.

Als ich Projektleiter war, gab es einmal eine Krisensitzung mit der Geschäftsführung. Ich wollte direkt auf den Punkt kommen und fragte: »Okay, wie gehen wir nun mit dem Problem konkret um?« Leider traf ich damit den empfindlichen Nerv des Chefs: »Das ist kein Problem, das ist eine Herausforderung. Wenn Sie eine entsicherte Handgranate hier liegen haben, dann ist *das* ein Problem. Das Wort Problem will ich nie wieder hören«, schäumte er wütend. Das saß, ich erstarrte, die Runde war gelaufen.

Ich habe die Krisensituation dann mit einem Coach aufgearbeitet. Denn beim nächsten Mal wollte und musste ich mehr Rückgrat zeigen. Mein Ziel damals: »Das soll der nicht noch einmal wagen.« Wir analysierten die Machtebene, Kommunikationsstrukturen, meine Ängste und vieles mehr. Die wichtigste und auch schmerzvollste Erkenntnis: Ich hatte Angst vor solchen Konfliktsituationen – und genau das roch der Chef. Mein Lernprozess damals: Ich ging die Strategien, die Sie im Kapitel »Schauen Sie der Angst ins Angesicht« kennengelernt haben, im Hinblick auf diese Situation durch. Ich habe noch zwei Jahre lang in der Firma gearbeitet und in ähnlichen Situationen zumindest souveräner agiert.

➤ Weitergedacht: Sind Sie bereit für eine Übung?

- Nehmen Sie Stift und Zettel zur Hand und schreiben Sie eine unangenehme Situation auf, die Ihnen nie wieder passieren soll.

- Gehen Sie die ersten drei Stationen von »Schauen Sie der Angst ins Angesicht« durch. Jetzt haben Sie definiert, worum es geht.

- Werden Sie mutig und fragen Sie Ihren besten Freund oder Partner (oder einen Coach), ob er mit Ihnen ein Problem besprechen könnte: Dann gehen Sie die restlichen Punkte mit dieser Person durch – und zwar so lange, bis Sie wissen, was Sie ändern müssen, um in dieser Situation zukünftig angemessen zu reagieren.

- Wahrscheinlich müssen Sie die Übung häufiger wiederholen.

Wachstumschance 4: Wagen Sie einiges – aber gehen Sie mit Risiken vorsichtig um

»Die Übernahme von Unsicherheit ist somit das zentrale Merkmal des Unternehmertums.«
Berthold Frank Hoselitz, US-amerikanischer Wirtschafts- und Sozialwissenschaftler

In den meisten Wirtschaftsbüchern und an der Universität lernt der Leser oder Student nichts über die riskante Natur jeder echten unternehmerischen Entscheidung. Viele Bücher über Erfolgsgeheimnisse sprechen von einer großen Strategie, klarer Kommunikation und der konsequenten Umsetzung. Aber das Risiko bleibt – immer. Sie müssen lernen, dieses Risiko zu tragen. Was ist der Unterschied zwischen einem Seiltänzer, der sein Drahtseil auf 20 cm Höhe gespannt hat, und einem Hochseiltänzer, der in 20 Meter Höhe läuft? Die Aufgabe ist exakt die gleiche. Der Balanceakt ist der gleiche, das Seil schwingt gleich. Es hat die gleiche Dicke. Der einzige Unterschied liegt im Kopf des Seiltänzers begründet: die Angst vor der Höhe. Aus diesem Grund will ich nur von Trainern das Seillaufen beigebracht bekommen, die wissen, was »Höhe« heißt und wie man mit der Angst vor der Höhe umgeht. Denn das ist die signifikante Herausforderung: der Umgang mit Angst.

Entscheiden Sie, wie hoch Ihre Fallhöhe ist

Die gute Nachricht: Sie entscheiden selbst, wie hoch Ihr Seil gespannt wird, Sie dürfen Ihr Risiko selbst bestimmen und die Entscheidung treffen, ob Ohrläppchen, Bein oder Rückgrat gefährdet ist. Also: Wie hoch wollen Sie Ihr Seil spannen? Wer die Grundlagen beherrscht, kann das Seil schrittweise höher spannen und sich so den größeren Höhen annähern. Und: In den ganz großen Höhen gibt es so viele Sicherungsseile und Sicherungsschlaufen – da fallen fast nur »Vollverrückte«, die auf alle Sicherungsmechanismen pfeifen. Wie viel Risiko soll man denn eingehen? Die Antwort fällt subjektiv aus, es gibt einen passenden Spruch dazu:

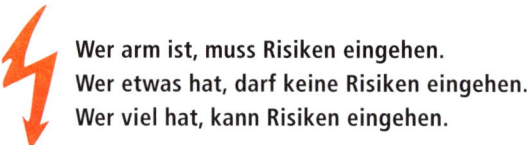

Wer arm ist, muss Risiken eingehen.
Wer etwas hat, darf keine Risiken eingehen.
Wer viel hat, kann Risiken eingehen.

Diese Zeilen beschreiben sehr genau das Dilemma, in dem sich viele Menschen befinden, die »etwas Großes« vorhaben und zum Beispiel ein herausforderndes Projekt verwirklichen wollen. Sie stehen am Beginn einer großartigen Entwicklung und müssen »Risiko gehen«. Es gibt den Satz: »Seien Sie risikobereit.« Das ist ein richtig dummer Satz, der schnurstracks in den Untergang führt. Wer mehrfach hintereinander hohes Risiko eingeht, verliert ziemlich sicher. Dieser Typ Mensch kommt bei insolventen Unternehmern am häufigsten vor. Besser ist: Wer ein Risiko wie ein Start-up eingeht, sollte damit so wenig Risiken wie möglich eingehen. Stellen Sie sich dazu eine Gruppe von 100 Personen vor. Jeder aus der Gruppe steht auf und hat eine Münze in der Hand. Die Münze steht für hohes Risiko. Es geht um »Kopf oder Zahl«, wobei »Kopf« für »Glück gehabt« und »Zahl« für »Pleite« steht. Jetzt wirft jeder seine Münze. Bei Kopf darf man stehen bleiben. Bei Zahl muss man sich setzen. Ungefähr die die Hälfte bleibt stehen. Das Ganze wird mehrfach wiederholt. Jedes Mal setzt sich immer wieder die Hälfte der übrig Gebliebenen hin. Nach sechs oder sieben Versuchen dürften 99 Prozent aller Anwesenden sitzen. Die eine Person, die übrig bleibt, steht dann aber als Modell für »den Erfolg« und sagt: »Man muss nur hohes Risiko eingehen, dann klappt es!« Wenn Ihnen das vorher bewusst ist und Sie zocken wollen – gerne. Mir persönlich ist das nicht geheuer. Vor zehn Jahren habe ich eine Kunstgalerie in der Start-up-Phase bis zum Bankkredit betreut. Für diesen braucht man ja bekanntermaßen einen Businessplan. Ein Businessplan beruht auf Annahmen. Wenn diese Annahmen nun alle hohen Risiken beinhalten, entsteht eine Situation wie bei dem Münzbeispiel. Bei der Gründerin der Kunstgalerie ist mir dies besonders stark aufgefallen: Sie rechnete sich alles schön – die Kosten, die erwarteten Umsätze, die Liquiditätsreserve; alles war mit einem hohen Risiko behaftet. Nirgendwo gab es eine Reserve oder eher sichere Annahmen. Meine Einschätzung damals: Eine einzige fehlerhafte Annahme – und das Kartenhaus bricht zusammen. Und so kam es dann auch – die Folgen: Erbe weg, sechsstellige Bankschulden. Ich habe meine Mandantin damals mehrfach eindringlich vor der Gründung gewarnt. Ihre Antwort: »Immer Ihr Unternehmensberater. Immer muss alles nur nach den Zahlen entschieden werden. Sie müssen im Leben doch auch mal ein Risiko eingehen.« Dazu gibt es von meiner Seite nur ein eindeutiges Nein. Ihre Pläne und Vorstellungen sollten mit einiger Wahrscheinlichkeit realisierbar sein und nur kalkulierbare Risiken umfassen. Denn im Alltag kommen *immer* die nicht eingeplanten Schwierigkeiten, die nicht planbaren Faktoren hinzu – *das* Risiko ist mir groß genug.

Sorgen Sie für finanzielle Reserven

Ein weiterer Tipp, um Risiken zu reduzieren und die Fallhöhe zu minimieren, lautet: Schrauben Sie Ihren Lebensstil herunter und bauen Sie eine Liquiditätsreserve auf. Und das ist ernst gemeint. Wie viele

Menschen haben ein zu großes Auto, ein zu großes Haus und buchen für zu viel Geld den allzu teuren Urlaub? Ohne Liquiditätsreserve machen Sie sich selbst verwundbar. Sie spüren dann den selbst verschuldeten Druck und wissen: Es darf kein Fehler passieren, es darf nichts schiefgehen. Eine kostenintensive Störung – und schon haben Sie ein massives Problem.

Sind Sie Sklave Ihres Lebensstils?

Dieses »Knapp auf Kante fahren« erlebe ich besonders oft bei Angestellten. Richtig tragisch wird das bei Menschen, die nach 20 Jahren aus einer sicheren Anstellung hinauskatapultiert werden und sich nun eher unfreiwillig eine eigene Existenz aufbauen müssen. Ich habe Hunderte von Beratungsgesprächen geführt, in denen Personen vor der Frage standen: »Freiberufler oder nicht?« Dann gehen wir das Thema »Marketing« an und es sind nicht einmal ein paar Tausender dafür übrig. Es gibt schlichtweg keine Reserven. Aber ohne Reserven hat kaum jemand die Freiheit, bisweilen konsequent Nein zu sagen oder neue Ideen zu verwirklichen. Auf den Punkt gebracht: Wer über keinerlei Reserven verfügt, wird erpressbar und sieht sich letztendlich gezwungen, mit Kunden, Gesprächspartnern und Menschen zusammenzuarbeiten, mit denen er gar nichts zu tun haben möchte. Ich empfehle Ihnen, stets eine Liquiditätsreserve bereitzuhalten, die die Lebenshaltungskosten für mindestens ein halbes Jahr umfasst.

Erstellen Sie eine Liste mit möglichen Risiken

Wenn bei Ihnen demnächst eine große Entscheidung ansteht, ist es ratsam, alle Gedanken zum Thema »Risiko« aufzuschreiben, die Ihnen dabei durch den Kopf gehen. So entsteht eine Liste, die im Laufe der Wochen anwächst. Gehen Sie vor der Entscheidung die Liste konsequent durch und bewerten Sie für sich jedes Risiko.

Stellen Sie sich vor, Sie wollen ein Ladengeschäft eröffnen und stehen kurz vor der Unterschrift zum Mietvertrag. Ich garantiere Ihnen: Wenn

Sie erst jetzt mit der Risikoanalyse beginnen, werden Sie niemals einen vollständigen Überblick über alle möglichen Risiken gewinnen. Denn wenn Sie mitten in der Planung sind, sind Sie mit zu vielen Detailfragen beschäftigt, um noch ein Gespür für jedes mögliche Risiko zu entwickeln. Wenn Sie sich aber im Vorfeld mit den Gefahren beschäftigen, sie bewerten und in jener Liste versammelt sehen, dann verschaffen Sie sich einen klaren Überblick. Sie sensibilisieren sich für die möglichen Risiken und können sie gedanklich durchspielen, bevor sie überhaupt auftreten. Das führt zur Handlungssicherheit.

Übrigens: Ich habe den Entschluss getroffen, nie wieder eine Investition ohne diesen Prozess der Risikobeurteilung vorzunehmen. Ich habe einst teures Lehrgeld gezahlt, als bei einer faszinierenden Idee die Begeisterung einige Risiken übertünchte und mich für diese blind machte. Jede größere Firma hat eine Abteilung für Fusionen und Übernahmen (Mergers and Acquisitions). Die Spezialisten dort hantieren alle mit Handbüchern und Listen, die es abzuarbeiten gilt – der Grund: Jedes mögliche relevante Risiko soll dokumentiert und gewichtet werden. Wirklich jedes. Kein Mensch kann bei komplexen Projekten den Überblick über alle Risiken behalten. Aber die Systematisierung der Risiken hilft, sich zumindest einen annähernden Überblick zu verschaffen.

> **Weitergedacht: Wissen Sie, wie Sie sich systematisch einen Überblick verschaffen?**
>
> - Führen Sie immer ein Notizbuch mit einem Abschnitt »Risiko« mit.
> - Nutzen Sie eine Smartphone-App für Notizen – sobald Ihnen ein Risiko bewusst wird, notieren Sie es.
> - Wann immer Gedanken zum Thema »Risiken« auftauchen: Notieren Sie sie und integrieren Sie sie in Ihre Überlegungen zur Risikoanalyse und Risikominimierung.

Wachstumschance 5: Bändigen Sie Ihre Menschenfurcht

»Generell kann jedem die weit verbreitete Angst vor Kritik, vor der Blamage bei Vorträgen und vor dem Gelächter über eine vermutlich dumme Aussage in der Konferenz genommen werden.«
Borwin Bandelow, deutscher Arzt, Psychologe
und Psychotherapeut

Als Faustregel gilt: Wer unter Menschenfurcht leidet, sich aber bewusst Situationen aussetzt, in denen er zum Beispiel vor Menschen sprechen und agieren muss, der wächst und wird mutiger. Trauen Sie sich nicht zu, eine freie Rede zu halten? Nutzen Sie das nächste Meeting und geben Sie einen Input. Fällt es Ihnen schwer, mit fremden Menschen zu telefonieren? Machen Sie es einfach – und wachsen Sie daran. Sich immer wieder den Situationen auszusetzen, vor denen Sie sich fürchten – das ist die beste Medizin.

Als Zwanzigjähriger wollte ich unbedingt Straßenkünstler werden. Hochrad, Fackeln, Humor – und das vor einem Kreis von 300 Zuschauern. Das war für mich großes Kino. Allerdings gab es immer diese nagende Angst, sich so richtig zu blamieren. Ich habe es trotzdem gemacht. Mich dieser Angst einfach gestellt: Mit Mitte 20 war ich bei einem guten Freund auf seiner Hochzeit und gab eine Hochradshow. Dann passierte so ziemlich der Gau für alle Menschen, die unter einer sozialen Angststörung leiden. Während ich mich auf den Sattel schwang, riss die Hose genau im Schritt. Schwarze Anzughose und weiße Unterhose – eine unvorteilhafte Mischung. Alle im Publikum grinsten. Nach 20 Sekunden rief ein Gast: »Die Hose ist offen.« Ich konterte mit: »Ach, das fällt kaum auf«, und hatte die Lacher auf meiner Seite. Manchmal wenn ich merke, dass die Menschenfurcht in mir auftaucht, führe ich mir diese Geschichte vor das geistige Auge. Schlimmer kann es nicht werden, und auch das habe ich überlebt. Genauer: Ich habe die Panne gemeistert. Ich weiß also, dass es mir gelingen kann, die Menschenfurcht zu besiegen, mir liegt ein konkretes Beispiel dazu vor. Und es hilft, sich dieses Beispiel in kritischen Situationen zu vergegenwärtigen.

Konfrontation aktiv suchen

 **Sie dürfen nicht gemocht werden wollen.
Everybody's Darling is everybody's Depp.**

Menschenfurcht treffen Sie in allen Berufsgruppen an, auch bei freien Unternehmensberatern. Diese sind entgegen aller Vorurteile oft sehr sensible Zeitgenossen – dazu ein Beispiel: Ich führte mit einem Unternehmensberater ein Coaching durch. Er hatte ein Problem beim Eintreiben seiner Schulden. Es hatten sich 80 000 Euro Außenstände angesammelt. Verwundert bohrte ich nach, und wenige Minuten später war klar: Er mochte mit seinen Kunden nicht in die Konfrontation gehen und hatte Angst, dass die Beziehung negativ belastet würde, wenn er zu offensiv vorginge. »Ich kann doch nicht einfach Mahnungen verschicken und mit dem Anwalt drohen!« Es mag skurril klingen, aber dieser Mensch hat Franchiseketten begleitet, über die Bücher geschrieben wurden. Er ist erfolgreich und ein erstklassiger Start-up-Berater. Aber er hatte eine extreme Scheu vor konfrontativen Situationen, die ihn daran hinderte, ein normales Mahnwesen aufzuziehen. Ohne zu viel Persönliches zu verraten: Wir haben das Thema nur 15 Minuten lang beleuchtet und die Angst vor der konfrontativen Auseinandersetzung mit anderen Menschen als Problemursache diagnostiziert. Der entscheidende Aspekt, zumindest in diesem Fall: Der Unternehmensberater erkannte nun, dass es die Kunden sind, die durch das Nichtzahlen der Rechnungen die Beziehung belasten. Innerhalb kürzester Zeit kam er zu einer Entscheidung. Er definierte das normale Mahnwesen mit seinen klassischen Standardeskalationsstufen von der Mahnung bis zum Mahnbescheid als eine völlig normale Angelegenheit zwischen Geschäftspartnern. Zumindest im Bereich der finanziellen Geschäftsbeziehungen war der Berater in der Lage, die Beziehung zu den Kunden neutral zu sehen – ohne angstbehaftete Faktoren. Er beschloss: In den nächsten Wochen übernehme er das Mahnwesen, um sich immer wieder der belastenden Situation auszusetzen. Er knöpfte sich vor allem die ganz besonders schwierigen Fälle vor, bei denen die Konfrontation vorauszusehen war. Das Ergebnis: Der Berater wuchs mit seinen Aufgaben und setzte einen Prozess in Gang, in dessen Verlauf er den Umgang mit Menschen in konfrontativen Situationen besser erlernte.

Menschenfurcht ist meiner Erfahrung nach in vielen Fällen der größte Hemmschuh bei der Karriereentwicklung. Wir ahnen intuitiv, dass andere uns Erfolg neiden werden – und haben darum Hemmungen, die Karriere konsequent zu verfolgen. Nicht umsonst werden gute Angestellte, die Topleistungen erbringen, oft als »Kollegenschwein« bezeichnet. Oder wie ich in Amerika hörte:

»If you think, people dislike lazy uncommitted poor performers: Wait till you are a star performer.«

Ziehen Sie die Rote Karte

In solchen Fällen müssen Sie der Angst aktiv die Rote Karte zeigen. Denn die Meinung anderer Leute ist die Meinung anderer Leute. Und was andere von mir denken, geht vor allem die anderen etwas an. Was lösen diese Sätze bei Ihnen aus? Wenn Sie ihnen nicht zustimmen können, sollten Sie daran arbeiten, sich die darin enthaltene Einstellung zu erarbeiten. Menschenfurcht ist ein Feind Ihres unternehmerischen Feuers und droht, dieses Feuer zu ersticken.

> ⚡ **Weitergedacht: Kann es Ihnen nicht peinlich genug werden?**
>
> Wenn Ihnen in bestimmten Situationen der Gedanke durch den Kopf geht: »Oh, wäre es peinlich, wenn jetzt …« – dann konfrontieren Sie sich bitte ganz bewusst mit solchen Situationen. Führen Sie die peinliche Lage aktiv herbei. Sagen Sie Ja dazu!
>
> Falls Ihnen dies zu anstrengend ist: Nehmen Sie sich wieder die acht Schritte aus »Schauen Sie der Angst ins Angesicht« vor und bekämpfen Sie Ihre Angst vor Menschen gemeinsam mit einer Person, der Sie vertrauen.

Wachstumschance 6:
Lernen Sie, Feedback anzunehmen und zu lieben

In einem Wirtschaftsblog bei einem meiner Kunden schrieb ich einen Gastbeitrag über das Wachstum des unternehmerischen Mutes. Mein besonderes Augenmerk: Feedback. Meine These: Feedback ist einer der wichtigsten Bausteine, um langfristig erfolgreich zu sein – erfolgreiche Menschen sind in der Lage, das Feedback, das sie von anderen erhalten, konstruktiv umzusetzen. Daraufhin kam eine kleine Diskussion in Gang, in einem Gastkommentar hieß es: »… für Kritik sind nur Leistungssportler offen, war selbst einer …« Ja, Leistungssportler müssen lernen, mit Feedback umzugehen. Sonst klappt das mit den Höchstleistungen nicht. Warum jedoch haben so viele andere Menschen Scheu vor Feedback? Die Frage wird schon seit Jahrtausenden diskutiert. Selbst in den Sprüchen Salomos (17,10 und 12,15) gibt es markige Aussagen dazu: »Zurechtweisung dringt bei einem Verständigen tiefer ein als hundert Schläge bei einem Toren« oder »Der Weg des Narren erscheint in seinen Augen recht, der Weise aber hört auf Rat«. Ich kenne nur wenige Menschen, die gut mit Feedback umzugehen wissen. Im Nehmen wie im Geben – denn unsachgemäß vorgetragenes Feedback wirkt immer kontraproduktiv. Aber selbst wenn das Feedback kommuniziert wird und dazu beitragen könnte, die Weiterentwicklung eines Menschen voranzubringen, wird es viel zu selten aufgenommen.

Öffnen Sie sich für konstruktiv-förderliches Feedback

Woher also diese Furcht davor? Diese lähmende Angst? Ich denke, die meisten Menschen haben Angst davor, als Person und damit auf der Identitätsebene angegriffen und als Mensch existenziell infrage gestellt zu werden. Und das macht sie blind auch für wohlmeinendes und konstruktiv-förderliches Feedback. Sie sollten also zum einen lernen, sich zu einem »guten« Feedbackgeber zu entwickeln, der anderen Menschen inhaltsbezogene und zukunftsorientierte Rückmeldungen gibt – Ihnen geht es darum, die Dinge in der Zukunft zu verbessern. Zum anderen sollten Sie lernen, die in einem Feedback enthaltenen konstruktiven Veränderungsimpulse zu erkennen und aufzugreifen. Als Faustformeln gelten:

- für das Feedbackgeben das **KKK**: **k**urz, **k**onkret, **k**onstruktiv;
- für das Feedbacknehmen das **ZZZ**: **z**uhören, **z**uhören, **z**uhören.

Wenn Sie kritisiert werden, beachten Sie: Kritik sagt meistens mehr über den Kritiker aus als über Sie. Sie erkennen die Herzenshaltung des Gegenübers mit etwas Übung schnell und spüren, ob es ihm wirklich darum geht, Sie zu unterstützen und Ihnen positive Veränderungsimpulse zu vermitteln. Wenn sich der andere nur in den Vordergrund spielen will: Nehmen Sie sein Feedback zum Anlass, damit angemessen umzugehen – und vergessen Sie den Rest schnell.

Feedback – eine Kunst, die nur wenige beherrschen

Je höher die Position, die Sie in Ihrer Firma einnehmen, oder je erfolgreicher Ihr Start-up ist, desto schwieriger wird es, ehrliches Feedback zu erhalten. Denn Sie werden dann immer mehr von unkritischen Ja-Sagern umgeben. Menschen, die Ihnen ehrlich und respektvoll die Meinung sagen, werden Mangelware. Viele Topführungskräfte leiden geradezu darunter, dass ihre Ideen unreflektiert nur noch beklatscht und huldvoll auf den Thron gehoben werden. Sie wissen ganz genau, dass sich die meisten Personen in ihrer Umgebung einfach nicht mehr trauen, »die Wahrheit« zu sagen oder ein kritisches Wort an sie zu richten. In diesem Zusammenhang erinnere ich mich an meine erste Managementstelle bei einem mittelständischen Beratungsunternehmen. Nach dem ersten Meeting kam ein mir länger bekannter Berater auf mich zu, der eine ähnliche Position wie ich einnahm, und fragte mich: »Wollen wir uns ehrliches Feedback geben und offen zueinander sein? Wir müssen das aber beide konsequent pflegen.« Etwas verwundert stimmte ich zu. Aber ist das nicht eine Selbstverständlichkeit? Leider musste ich feststellen, dass ich etwas naiv war, als ich davon ausging, es wäre an der Tagesordnung, sich unter Kollegen offen und ehrlich Rückmeldung zu geben. Dabei unterstelle ich den meisten noch nicht einmal eine bewusste Absicht. Feedbackgeben ist einfach eine hohe Kunst, die nur wenige beherrschen.

⠿ Weitergedacht: Wie wäre es, wenn Sie regelmäßig authentisches Feedback erhielten?

Suchen Sie sich einen Kreis von Menschen, die Ihnen ehrliches Feedback geben können, dürfen und sollen. Diese oft anstrengende Beziehungsarbeit zahlt sich mittelfristig immer aus. Formulieren Sie in diesem Kreis konkrete Feedbackregeln, an die sich jeder halten muss, etwa:

- »Ich bin stets ehrlich in meinen Äußerungen und gehe mit dem Gesprächspartner fair um.«
- »Ich bleibe sachlich, wähle wertfreie Formulierungen und vermeide Verallgemeinerungen und Vorwürfe.«
- »Ich frage den Gesprächspartner, ob mein Feedback erwünscht ist.«
- »Ich spreche stets die Verhaltensebene an (nie die Person, sondern die Handlung kritisieren).«

Ich bin in meinem Beruf den Kollegen sehr dankbar, die mir konstruktives Feedback geben. Diesen Kreis aufzubauen hat Jahre gedauert.

FAZIT: Ja, ich will!

- Der erste Teil dieses Buches hat Ihnen gezeigt, dass Sie alle Freiheiten haben, unternehmerischen Feuereifer und Mut zu entwickeln. Sie können auf die notwendigen persönlichen Grundlagen zurückgreifen und die Chancen nutzen, die Ihnen von unserer Gesellschaft eröffnet werden.

- Sie können also alle Möglichkeiten nutzen – Sie müssen nicht. Ob Sie wollen, liegt in Ihrer Verantwortung. Sie können sich für Ihr Feuer entscheiden.

- Sie müssen sich nicht von Ihren Ängsten bestimmen lassen, Sie können ein Angst-Überwinder werden.

Interview mit Gaby Wentland[2]:
»Freunde und gute gesunde Beziehungen sind das A und O eines furchtlosen Lebens«

Ich bin Gaby Wentland mit der von ihr gegründeten Initiative »Mission Freedom – Leben in Freiheit für Frauen aus Menschenhandel und Zwangsprostitution« auf einer Demonstration für Menschenrechte begegnet und dachte die ganze Zeit nur: »Was für eine mutige Frau!« Sie strahlt eine unglaubliche Kraft und Zuversicht aus. Dabei geht sie genau an die Plätze in unserer Gesellschaft, die die meisten höchstens aus der Zeitung kennen. Was mich interessiert: Wie geht sie mit ihrer eigenen Furcht vor übler Nachrede, Benachteiligungen, Aggressionen durch Täter – also ihrer eigenen Menschenfurcht – um?

■ *Frau Wentland: Gab es den einen Moment, gab es die Situation, die Ihr Feuer für Ihr Engagement angezündet hat? Den Moment, der alles geändert hat?*

Gaby Wentland: Im November 2008 wurde ich das erste Mal mit dem Thema Zwangsprostitution und Menschenhandel konfrontiert. Es hat mich empört und gleichzeitig entsetzt. Sollte das wirklich wahr sein, dachte ich, dann muss man dagegen vorgehen. Nach aufwendiger Recherche fand ich mehr und mehr belastendes Material, das mich dazu brachte, Mission Freedom zu gründen.

■ *Was gab und gibt Ihnen den Mut, etwas zu unternehmen, die Initiative zu gründen, sich zu exponieren?*

Gaby Wentland: Ich habe mir für ein bis zwei Minuten vorgestellt, meinen zwei bildhübschen Töchtern wäre so ein Unrecht passiert … da wusste ich sofort, was ich tun würde. Und da diese Mütter nicht über die Möglichkeiten verfügen, die ich habe, wusste ich, dass ich eingreifen und umfassend handeln muss.

■ *Frau Wentland, wie sieht Ihre Situation als Geschäftsführerin bei Mission Freedom aus?*

Gaby Wentland: Erstens herausfordernd, da es bei den Frauen aus Menschenhandel und Zwangsprostitution um Opfer in unser Gesellschaft geht, die tausende Male vergewaltigt worden sind, deren Körper Spuren von Folter zeigen und die mit ihren jungen Jahren bereits zerstörte Seelen haben.

Zweitens spannend, weil man nie weiß, wann das nächste Mädchen oder die nächste Frau auftaucht und was sie wirklich braucht. Aber auch, weil ich nie weiß, wie viele Spenden eingehen und ob es genug ist für jeden Monat mit sechs Angestellten, sechs Freiwilligen, einem Haus und zehn bis zwölf Betroffenen. Menschen, die viel Hilfe brauchen, und Rechnungen, die eine Menge Geld verschlingen.

Drittens sehr beglückend, wenn man nach Monaten harter Arbeit, vielen Überstunden, unzähligen Telefonaten und Geschichten, die man nie für möglich hielt, eine glückliche, junge Frau im Arm hält, die ihren Tränen freien Lauf lässt, und wir beide wissen, es gibt wieder eine gute Zukunft! Das schreckliche Ende war ein Anfang für ein neues Glück!

■ *Ganz direkt gefragt: Gibt es Menschen, die Ihre Arbeit sabotieren oder gar bedrohen?*

Gaby Wentland: Nein, wir werden weder sabotiert noch bedroht. Die Täter haben uns nichts getan. Wir sind immer beschützt geblieben und versuchen, das auch so zu halten. Wir brauchen Schutz und wir brauchen auch die Polizei und Behörden, die uns unterstützen. Dazu gibt es gute Schulungen und wir alle müssen mitmachen. Es ist ein gefährlicher Bereich und wir wünschten, dass man die Betroffenen besser schützen könnte. Oft müssen sie in Eile in eine andere Schutzunterkunft gebracht werden und wir müssen sie wieder loslassen. In diesem Bereich ist alles möglich. Da hilft oft nur einen klaren Kopf behalten und durchhalten.

■ *Wie gehen Sie mit den Ängsten bei Bedrohung um?*

Gaby Wentland: So wie jeder Mensch auf der Welt: Ich möchte sie loswerden. Und ich gebe sie ab, indem ich mir sage, sie bringen gar nichts, bewegen überhaupt nichts und sind so überflüssig wie Sorgen. Also lege ich sie ab und nehme mir alle Zeit und Energie, um zu retten und zu helfen. Allerdings muss ich sagen, ich habe so oft schon in Lebensgefahr gestanden – ich war bisher insgesamt 16 Jahre lang in ganz Afrika und in vielen Kriegen –, dass ich heute glaube, so schnell ist das Leben gar nicht zu Ende!

■ *Welchen Tipp geben Sie Menschen, die ihre Menschenfurcht überwinden wollen?*

Gaby Wentland: Menschenfurcht ist normal, sie wird nur unterschiedlich gehandhabt. Am besten ist es, gut vorbereitet zu sein, umsichtig zu denken, aber nicht ängstlich zu werden. Freunde und gute gesunde Beziehungen sind das A und O eines furchtlosen Lebens. Also alle ungeklärten Dinge klären, Beziehungen pflegen, hilfsbereit bleiben – dann hat man viele gute Freunde, die einem einen starken Rücken schenken. Und nicht zuletzt das Gebet beachten … denn Beten hilft!

6 Erarbeiten Sie mit dem Empowerment-Systemmodell Ihre persönliche Lebensstrategie

»Die meisten Menschen schöpfen nur ihre Kräfte aus, nicht aber ihre Gaben.«
Ernst Reinhardt, schweizerischer Publizist
und Aphoristiker

Was Sie in diesem Kapitel erfahren

- Im Mittelpunkt steht das Empowerment-Systemmodell, mit dem Sie in die Lage versetzt werden, eine verantwortbare und fundierte Entscheidung zu treffen.

- Sie lernen die Schätze Ihres Lebensweges besser kennen und sehen die darin liegende Kraft für Ihren beruflichen und persönlichen Erfolg.

- Erfolgreiche Menschen bringen ihre Lebensziele, Fähigkeiten, Ideen und Werte in Einklang. Diesen Prozess werden auch Sie erfolgreich abschließen.

- Kennen Sie Ihre Motivatoren? Worin wurzelt Ihre wahre Motivation?

- Sie lernen, wie Sie Ihre inneren Treibsätze besser erkennen und einsetzen, um Ihre Ziele zu erreichen.

Ich möchte Sie in diesem Kapitel herausfordern, richtig aktiv zu werden. Denn ich gehe davon aus, dass Sie an brauchbaren Ergebnissen interessiert sind und sich mit diesem Buch nicht einfach nur die Zeit vertreiben wollen – denn Ihre Zeit ist kostbar. Also bedeutet dieses Kapitel Arbeit für Sie. Arbeit, bei der Sie als der absolute Experte für Ihr Leben, Ihren Werdegang und Ihre Biografie im Zusammenhang mit Ihrer beruflichen Situation gefragt sind.

In Ihrem Werdegang liegt Ihre große Chance

In diesem Kapitel setzen Sie die entscheidenden Stationen, Erfahrungen und Sehnsüchte Ihres Lebens in einen Kontext zum unternehmerischen Mut. Es geht darum, die vielen »losen Enden des Lebens« zusammenzuführen und unter dem Blickwinkel des eigenen beruflichen Feuers zu betrachten. Diese Biografiearbeit unterstützt Sie vor allem dabei, Ihr Selbstbewusstsein zu entwickeln, Ihre Ziele klarer zu benennen und eine positive Identität in Ihrem Berufsleben zu finden.

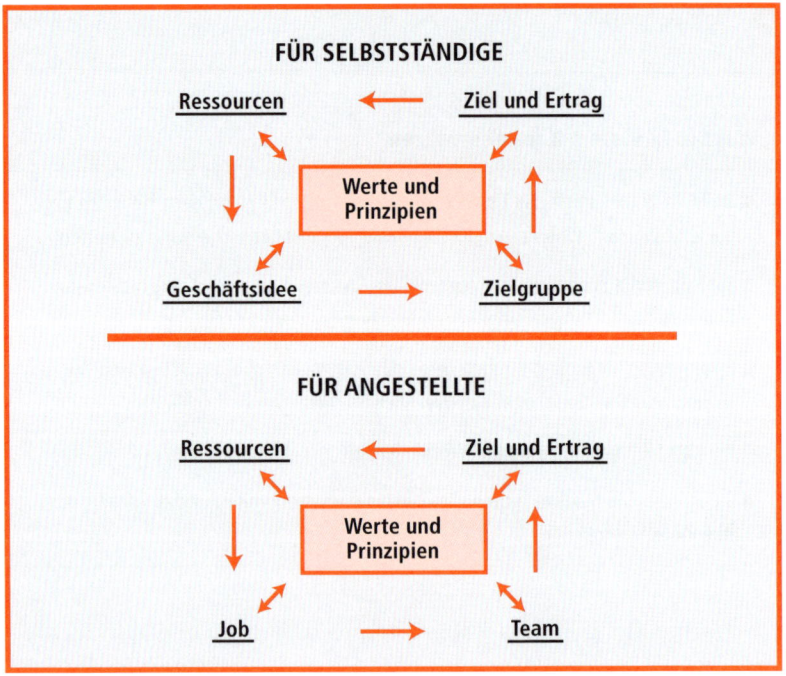

Abbildung 9

Das Empowerment-Systemmodell in Abbildung 9 wurde ursprünglich im Zusammenhang mit den in Kapitel 2 genannten Businessinkubatoren entwickelt und von Tausenden von Gründern angewendet. Was mich immer wieder erfreut, sind Berichte von Coachees und Seminarteilnehmern, die diesen Überblick über ihr berufliches Leben zu Hause für sich gut sichtbar aufgehängt haben. Das Modell gibt es in zwei Varianten: für Selbstständige und für Angestellte. Die Idee dahinter ist für beide Gruppen dieselbe: Man verschafft sich Klarheit, welcher berufliche Weg passend für einen selbst ist. Der Unterschied liegt natürlich in den verschiedenen Ausgangspositionen und Ressourcen, die Sie haben. Wählen Sie jetzt Ihre Modellvariante!

Damit Sie einen ersten Eindruck erhalten, was das Modell für Sie leisten kann, möchte ich Ihnen ein Beispiel geben.

Dieser spezifische Bogen ist als Einstieg in die eigene berufliche Biografie eines Kunstschmieds in der zweiten Coachingstunde entstanden und wurde danach deutlich umfangreicher ausgearbeitet; was wir – Sie und ich – hier auch gemeinsam so machen werden. Sie sehen in Abbildung 10, dass unser Kunstschmied die für ihn wichtigen Aspekte eingetragen hat: seine Informationen zu seinen Ressourcen, zu seinem Ertrag, den er sich erhofft und den er erzielen will, zu seinem Geschäft und zu der Zielgruppe, die er ansprechen will. Und auch die ihm wichtigen ethischen Werte haben wir notiert.

Originalflipchart auf meinem Blog unter:

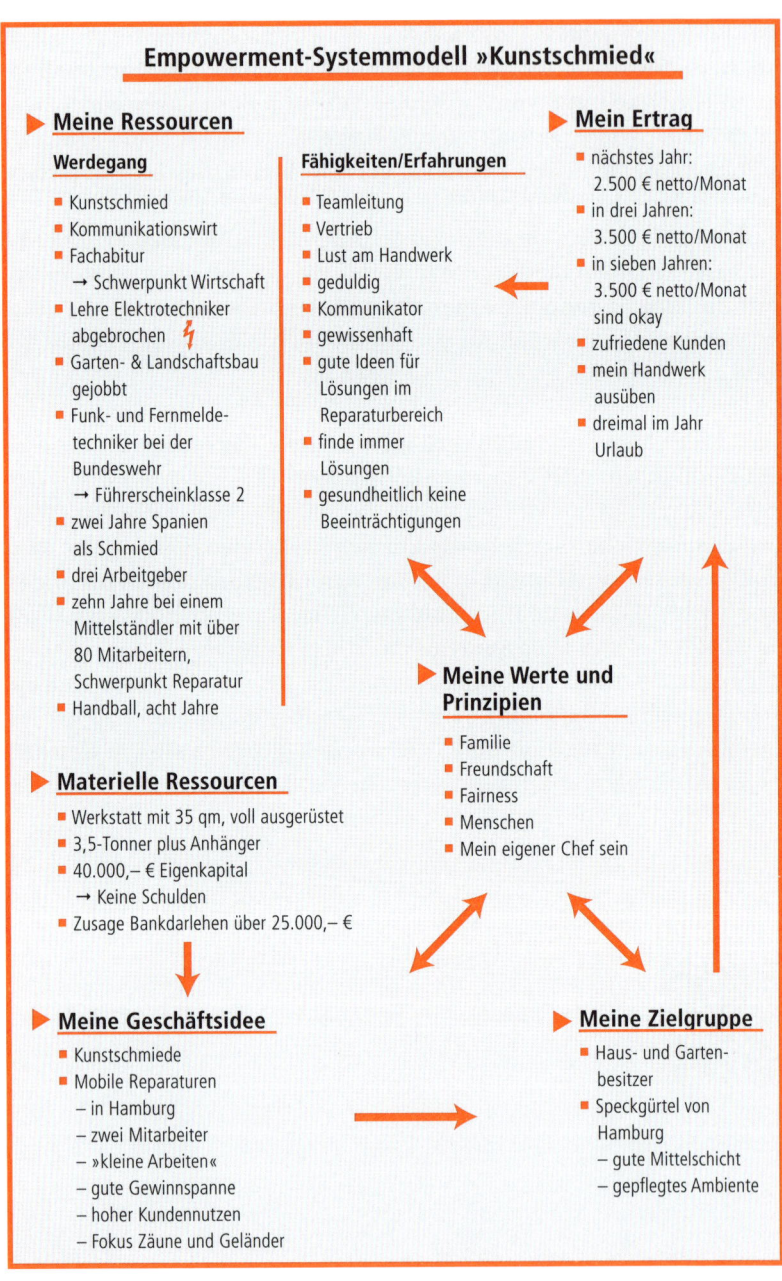

Empowerment-Systemmodell »Kunstschmied«

▶ Meine Ressourcen

Werdegang

- Kunstschmied
- Kommunikationswirt
- Fachabitur
  → Schwerpunkt Wirtschaft
- Lehre Elektrotechniker
  abgebrochen ⚡
- Garten- & Landschaftsbau
  gejobbt
- Funk- und Fernmelde-
  techniker bei der
  Bundeswehr
  → Führerscheinklasse 2
- zwei Jahre Spanien
  als Schmied
- drei Arbeitgeber
- zehn Jahre bei einem
  Mittelständler mit über
  80 Mitarbeitern,
  Schwerpunkt Reparatur
- Handball, acht Jahre

Fähigkeiten/Erfahrungen

- Teamleitung
- Vertrieb
- Lust am Handwerk
- geduldig
- Kommunikator
- gewissenhaft
- gute Ideen für
  Lösungen im
  Reparaturbereich
- finde immer
  Lösungen
- gesundheitlich keine
  Beeinträchtigungen

▶ Mein Ertrag

- nächstes Jahr:
  2.500 € netto/Monat
- in drei Jahren:
  3.500 € netto/Monat
- in sieben Jahren:
  3.500 € netto/Monat
  sind okay
- zufriedene Kunden
- mein Handwerk
  ausüben
- dreimal im Jahr
  Urlaub

▶ Meine Werte und Prinzipien

- Familie
- Freundschaft
- Fairness
- Menschen
- Mein eigener Chef sein

▶ Materielle Ressourcen

- Werkstatt mit 35 qm, voll ausgerüstet
- 3,5-Tonner plus Anhänger
- 40.000,– € Eigenkapital
  → Keine Schulden
- Zusage Bankdarlehen über 25.000,– €

▶ Meine Geschäftsidee

- Kunstschmiede
- Mobile Reparaturen
  – in Hamburg
  – zwei Mitarbeiter
  – »kleine Arbeiten«
  – gute Gewinnspanne
  – hoher Kundennutzen
  – Fokus Zäune und Geländer

▶ Meine Zielgruppe

- Haus- und Garten-
  besitzer
- Speckgürtel von
  Hamburg
  – gute Mittelschicht
  – gepflegtes Ambiente

Abbildung 10

Mit Feuereifer Lebensstrategie entwickeln

Ich bitte Sie, nun nach und nach ebenfalls Ihr persönliches Schaubild zu entwerfen. Idealerweise benutzen Sie dafür ein großes Blatt oder Plakat in der Größe DIN A1 oder DIN A2 oder auch mit mehreren quergelegten A4-Blättern. Ich erläutere Ihnen dann immer, wie die einzelnen Abschnitte auszufüllen sind. Wir starten mit Ihren Ressourcen.

Ihre Asse im Ärmel: Ihr Werdegang und Ihre Ressourcen

Sie können mehr, als Sie glauben. Ich bin mir sicher, dass Sie in Ihrem bisherigen Leben viele Erfahrungen gemacht haben, die Ihnen helfen, unternehmerischen Mut zu entwickeln. Es geht um Ihren Werdegang, Ihre Abschlüsse, Ihre Qualifikationen, Ihre Fähigkeiten, Ihre Familie, Ihre Unterstützer und Ihre Erfahrungen. Natürlich kennen Sie all diese Facetten aus Ihrem Leben besser als jeder andere Mensch. Aber ist Ihnen bewusst, wie sehr Sie schon Mut bewiesen, Großartiges geleistet und Fundamente aufgebaut haben? Erinnern Sie sich noch an die grundlegenden Kompetenzen für unternehmerisches Denken und Handeln aus Kapitel 1 von Professor Heinz Mandl? Die meisten Menschen – und Sie garantiert! – werden alle Kompetenzen, die dort genannt sind, in ihrer Biografie wiederfinden. Sie wissen es bloß noch nicht. Bitte nehmen Sie einen DIN-A4-Bogen, legen Sie ihn quer und schreiben Sie oben mit einem dicken Malstift »Ressourcen« und in zwei Spalten darunter die Begriffe »Werdegang« und »Fähigkeiten + Erfahrungen«.

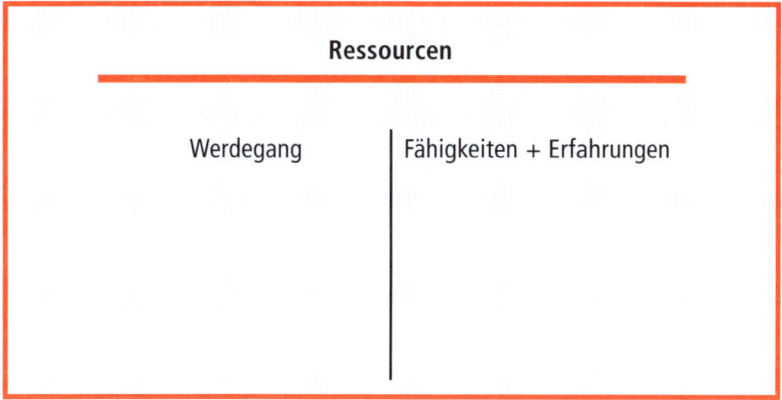

Abbildung 11

Ich stelle Ihnen jetzt Fragen zu diesen beiden Begriffsfeldern. Ein nachhaltiges Erlebnis entsteht erst im eigenständigen Beantworten dieser Fragen. Deswegen lautete mein erster Satz in diesem Kapitel auch: »Ich möchte Sie herausfordern, richtig aktiv zu werden.« Diese Antworten sind allein IHRE Antworten. Ganz individuell. Sie müssen keine Romane schreiben, das erhöht nur unnötig die Hemmschwelle, anzufangen. Fokussieren Sie sich. Es reicht aus, wenn Sie Schlagwörter in den einzelnen Spalten notieren. Denn als der Regisseur Ihres Lebens wissen Sie ja genau, was damit gemeint ist.

Ihr Werdegang: Schätze in Ihrem Leben

Welche Schulabschlüsse haben Sie? Was waren Ihre Lieblingsfächer, die Ihnen richtig Spaß gemacht haben? Welche Ausbildungen haben Sie angefangen, welche haben Sie zu Ende geführt? Gibt es besondere Stationen auf Ihrem Lebensweg, wie Zivildienst, Auslandsaufenthalte, lange Reisen oder Nebenjobs? Haben Sie ein Hobby intensiv ausgeübt? Sind Sie Sportlerin oder haben einen Trainer- oder Schiedsrichterschein? Sind Sie Jugendgruppenleiter gewesen? Welche beruflichen Positionen hatten Sie bisher? Bitte schreiben Sie jede Position einzeln auf. Wenn es dabei besondere Aufgaben gab: Benennen Sie diese bitte auch mit einem Stichwort. Am Ende sollten in dieser Spalte 10 bis 20 Begriffe stehen – die Stationen in Ihrem Leben. Es gibt Menschen, die dabei auf über 50 Begriffe kommen, was aber die Ausnahme und nicht nötig ist. Alle Stationen sind Ressourcen, die Sie in der Zukunft weiter nutzen können! Sollten darunter Stationen sein, die Sie nie wieder erleben wollen: Machen Sie dahinter einen roten Blitz, wie im Beispiel unseres Kunstschmieds. Sie sollten den Begriff aber nicht streichen, denn die dabei erworbenen Ressourcen haben Sie in Ihrem Leben verankert. Sie gehören ebenso zu Ihrem Leben wie die Ressourcen, die Sie in den »guten Momenten« Ihres Lebens angesammelt haben.

Im Coaching hatte ich eine Tanzlehrerin, die eine Tanzschule für Modern Dance aufmachen wollte. Ursprünglich wollte sie Lehrerin werden. Im Schulpraktikum merkte sie indes schnell, dass der Schulalltag für sie eine ständige Überforderung darstellte. Sie wollte lieber mit erwachsenen Menschen arbeiten, die zudem freiwillig zu ihr kommen, um etwas zu lernen. So hat sich aus ihrem intensiven Hobby eine gut laufende Tanzschule entwickelt. Was dabei wichtig ist: Die vorher im Studium und sogar die im Schulpraktikum gelernten Fähigkeiten sind bei ihr positiv belegt. Obwohl ihr die Arbeit während des Schulpraktikums keinen richtigen Spaß gemacht hat, sie diesen Lebensabschnitt im schlimmsten Fall also als »verloren« bezeichnen könnte, hat sie dort durchaus Ressourcen aufgebaut, die ihr auf ihrem weiteren Werdegang von größtem Nutzen waren und sind.

Wenn Sie also Dinge und Erlebnisse notieren, die Sie am liebsten vergessen würden (und darum mit einem roten Blitz kennzeichnen), sollten Sie trotzdem – gerade deswegen! – die Fähigkeiten notieren, die Ihnen dabei erwachsen sind. Je nach Alter und Erfahrungen fallen die aufgezählten Stationen natürlich sehr unterschiedlich aus. Bei einer vierzigjährigen Managerin eines Dax-Konzerns dürften deutlich mehr Begriffe stehen als bei einem zwanzigjährigen Friseur. Aber: Die einzelnen Begriffe müssen nicht immer »weltbewegend« sein – wie Sie übrigens im Kontext mit Ihren Zielen und Ihren Werten auch später sehen werden. Es geht darum, ganz deutlich zu erkennen, dass Sie über unternehmerische Ressourcen verfügen, die Sie auf Ihrem weiteren Lebensweg nutzen können. Sie packen sich quasi Ihren Kompetenzkoffer voll.

Schreiben Sie bitte auch alle Tätigkeiten wie Kellnern, Taxifahren oder Promotionjobs auf. Sollte es in Ihrer nahen Verwandtschaft Unternehmer geben: Nennen Sie sie in dieser Spalte – denn Sie haben automatisch von deren Vorbild gelernt. Haben Sie gute Beziehungen zu Menschen in Schlüsselpositionen aufgebaut, die für Sie von Bedeutung sind: Tragen Sie sie ein. Natürlich gehören auf dieses Blatt auch wichtige Tätigkeiten wie die Erziehung von Kindern oder die Pflege von Senioren. Es gibt vielleicht keine elementarere Erfahrung, bei der Sie positive Fähigkeiten aufbauen, als die, sich um andere Menschen zu kümmern. Ich bin immer wieder begeistert, wie selbstverständlich Mütter und in der Erziehung engagierte Väter den Alltag bewältigen. Vorausschauendes Planen, Notfallintervention, Nervenstärke in Krisen und ein Dutzend weiterer Fähigkeiten zeigen sich hier in schneller handlungssicherer Reihenfolge. Natürlich: Auch »Störungen« sollten Sie aufschreiben. Falls Sie Stationen wie eine ungerechtfertigte Kündigung, eine Insolvenz oder einen Burnout erlebt haben, gehören diese Erfahrungsschätze auf Ihr Blatt. Denn Sie haben aus diesen Erfahrungen gelernt, Sie haben in der Verarbeitung und Überwindung dieser Phasen neue Kompetenzen entwickelt. Und genau diese Fähigkeiten gehören direkt daneben in die gleichnamige Spalte. Jeder Mensch, der einen Burnout hinter sich hat, weiß, wie er sich stärker von den Forderungen anderer Menschen abgrenzen und Energieraub entgegenwirken kann. Jeder Mensch, der eine ungerechtfertigte Kündigung, eine Insolvenz oder eine andere derart disruptive Entwicklung im Berufsleben überstanden hat, weiß, wie er mit deprimierenden Erlebnissen konstruktiv umgehen und Kraft, sogar Überwindermut, aus ihnen ziehen kann.

»Wohlbehagen ermattet den Geist, Schwierigkeiten erziehen und kräftigen ihn.«
Francesco Petrarca, italienischer Dichter
und Geschichtsschreiber

Ich habe es immer wieder im Coaching erlebt, wie Menschen im Nachhinein solche Erfahrungen positiv für ihr Leben nutzen. Das gibt Kraft und führt zum Aufbau wunderbarer und oft notwendiger Fähigkeiten, die bei der Realisierung großartiger Projekte helfen.

Ihre Fähigkeiten und Erfahrungen als Fundament

Kommen wir nochmals zur rechten Spalte unserer großen Arbeitsgrafik: Hier tragen Sie Ihre Fähigkeiten und Erfahrungen ein. Schreiben Sie auf: Welche Fähigkeiten beherrschen Sie besonders gut? Notieren Sie die ersten zehn Dinge, in denen Sie richtig fit sind. Welche Probleme können Sie gut lösen? Wo sind Sie besonders kreativ? Welche Tätigkeit bringt Ihnen Spaß? Wo liegt Ihre große Fachkompetenz? Wenn Sie die ersten Gedanken zu Papier gebracht haben, nehmen Sie sich bitte die linke Spalte vor und schauen sich die Stationen in Ihrem Leben an. Bei jeder Station Ihres Werdegangs beantworten Sie die kurze Frage: »Habe ich schon die damit verknüpfte Fähigkeit oder Erfahrung aufgeschrieben?« Schreiben Sie sie wirklich auf. Kein Mensch hat alle seine Fähigkeiten immer präsent und überblickt die Zusammenhänge. Manchmal kommt es dabei zu überraschenden Momenten. Die Gründerin der eben genannten Modern-Dance-Tanzschule hatte neben ihrem Studium einige Jahre als Türsteherin gearbeitet. Was sie dort lernte, fasste sie für ihre Geschäftsidee in folgende Worte: »Da lernte ich, dass ich selbst in den schwierigsten Situationen in jedem Job immer relaxed reagieren sollte und das auch kann.« Wenn Sie nun die linke Spalte mit den Stationen durchgegangen sind und alles aufgeschrieben haben, dann dürften auch in der rechten Spalte 10 bis 20 Begriffe stehen. Was haben Sie nicht alles erlebt und wie viele unterschiedliche Fähigkeiten haben Sie dabei aufgebaut? Respekt! Und vielleicht sind Sie selbst überrascht darüber, was Sie bisher alles geleistet und erreicht haben. Und ich bin sicher: Es tut Ihnen richtig gut, all dies während dieser Bestandsaufnahme endlich einmal aufgeschrieben und sich vor Augen geführt zu haben.

Materielle Ressourcen – ohne sie geht es nicht

Ziehen Sie jetzt bitte unter den beiden Spalten »Werdegang« und »Fähigkeiten + Erfahrungen« einen Strich. Darunter listen Sie nun die materiellen Ressourcen auf. Das sind die Dinge, die Sie für Ihren Job oder Ihr Start-up oder Ihr Projekt zur Verfügung haben. Es geht also um die »Kriegskasse« (also auch das Eigenkapital), Gebäude, Autos, Werkzeuge, Büroeinrichtung, Materialien oder was immer Sie brauchen und besitzen oder zur Verfügung gestellt bekommen. Bei Angestellten beschränkt sich das eher auf das Auto oder eine Dauerkarte für den ÖPNV und etwas technologische Infrastruktur wie Computer oder Tablet und Smartphone. Die meisten notwendigen Arbeitsutensilien stellt hier der Arbeitgeber. Bei Gründern kann die Liste recht lang werden. Schreiben Sie bitte auch hin, wie viel Zeit Sie zur Verfügung haben.

> **⚡ Weitergedacht: Können Sie »Ja« zu sich selbst sagen?**
>
> Was passiert mit Ihnen, wenn Sie alle diese Stationen, Fähigkeiten und Eigenschaften betrachten? Für mich erfolgt diese Betrachtung unter dem Motto: »Das Ja zu mir.« Es fällt nicht allen Menschen leicht, ihren eigenen Werdegang zu bejahen und ihre Fähigkeiten und Erlebnisse positiv zu sehen. Manchmal braucht dieser Prozess Zeit, Aufarbeitung, Vergebung, Annahme – und führt zu
>
> →

einer Menge Tränen. Aber es lohnt sich. Wenn Sie ein großes Ja zu sich selbst sagen, wird es Ihre Ausstrahlung, Authentizität, innere Kraft und Begeisterung unter Feuer setzen. Sie bringen damit sehr deutlich zum Ausdruck, wer der Chef in Ihrem Leben ist.

Also:

- Sind es alte Erfahrungen, Verletzungen und Entscheidungen der Eltern, Lehrer oder von wem auch immer, die Ihr Leben steuern?
- Oder sind Sie der Chef im Ring und finden Sie Ihr Ja zu Ihrem Werdegang?

Leidenschaft wofür eigentlich? – Ihre berufliche Situation

Kommen wir zum nächsten Punkt in unserem Systemmodell: zu Ihrem Start-up und Ihrer Geschäftsidee, Ihrem großen Projekt oder Ihrem nächsten festen Job, der jetzt noch Ihr Traumjob ist. Nehmen Sie hierfür wieder ein A4-Blatt, legen es quer und schreiben oben hin: »Job«, »Geschäftsidee« oder eben »Projekt / Unternehmung«. Diese und die nächste Station sind recht einfach und sollten nur wenige Minuten beanspruchen. Beschreiben Sie in kurzen Sätzen oder einer Stichwortkette das Geschäftsmodell oder Ihren Arbeitsplatz bzw. das, was Sie dort vorhaben – dies kann zum Beispiel der nächste Karriereschritt sein, den Sie gehen wollen, oder das großangelegte Projekt, das Sie verwirklichen möchten. Zum Geschäftsmodell gehören auf jeden Fall die Darstellung des Nutzenversprechens und Angaben zur Wertschöpfung. Beschreiben Sie den Inhalt so detailliert wie möglich. Beispielhaft:

Yachtvermietung

- tage- oder wochenweise Vermietung von einfachen oder mittelpreisigen Yachten auf der Ostsee über das Internet
- für zwei bis 20 Personen pro Yacht, im Regelfall acht
- mit eigenen oder überlassenen Yachten gegen Provision
- plus zusätzlicher Service für Crew, Ausrüstung und Proviant

Sie können das Gleiche für Ihren derzeitigen oder angedachten Job durchführen – eine einfache und kurze Beschreibung etwa des Arbeitsplatzes, wie er in Zukunft aussehen soll, oder die Beschreibung des größeren Projekts, das Sie verwirklichen wollen. Ziehen Sie darunter einen Strich und beschreiben Sie wieder in wenigen Stichwörtern die benötigten Ressourcen für die Ausführung dieses Jobs oder der Geschäftsidee. Bei dem genannten Yacht-Beispiel wären dies natürlich Zugang zu Yachten (Chartern), Segel- und Cruising-Erfahrung, Zugang zu unterschiedlichen Kundengruppen, Internetaffinität (Online-Plattform), Netzwerkkompetenz, Führungsstärke, Fähigkeit zum Prozessmanagement, Durchsetzungsbereitschaft. Das sind die Begriffe, die mir ein Gründer bei dieser Idee nannte. Ihnen fallen vielleicht noch einige andere ein.

Mit wem kann ich? Ihr Team und Ihre Zielgruppe

Die dritte Station beschreibt bei Angestellten das Team, mit dem sie täglich arbeiten. Schreiben Sie oben auf einen quer gelegten A4-Bogen »Team« und listen Sie darunter ganz simpel die fünf bis zehn wichtigsten Bezugspersonen aus Ihrem Berufsalltag auf. Nennen Sie deren Namen und deren Funktion. Sie können dahinter auch noch Ihre Arbeitsbeziehung zu ihnen gewichten. Ich nutze dafür gerne Smileys in drei Stufen: glücklich, neutral oder mies gelaunt. Es ist auch sinnvoll, dies bei einem angehenden Job unter der Fragestellung, wen Sie auf jeden Fall in Ihrem Team vorfinden wollen, zu beantworten. Gemeint sind keine namentlichen Personen, sondern Positions- und Funktionsträger, die über Kompetenzen verfügen, die Sie unbedingt benötigen, um Ihr Wunschprojekt zu realisieren oder Ihren Arbeitsplatz nach Ihren Vorstellungen zu gestalten. Bei Start-ups gehören hierhin zudem Ihre Überlegungen zu Ihrer Zielgruppe. Bitte beschreiben Sie diese in wenigen Stichwörtern wie Alter, Bildung, Einkommensschicht, Konsumverhalten und so weiter: das klare Wunschkundenprofil mit den wichtigsten Kriterien. Natürlich können Wunschkunden auch Unternehmen, Firmen definierter Größe und / oder spezifischer Branchen, Verbände oder Ähnliches sein. (Wenn Sie Gründer sind, haben Sie diese Auswahl ja sicher bereits bei der Marktanalyse und dem Businessplan getroffen – hier geht es jetzt nicht um die quantitative, sondern um die qualitative Beschreibung der Wunschkunden.) Die Auswahl dieser Kriterien wird je nach Geschäftsidee unterschiedlich ausfallen. Wir erarbeiten so Schritt für Schritt die Gesamtschau Ihres persönlichen Modells; später greifen Sie dann wieder auf das Aufgeschriebene zurück.

Der Lohn Ihrer Arbeit – Ihre Ziele und Ihr Ertrag

Jetzt wird es für Ihre nahe Zukunft konkret: Was wünschen Sie sich als Ertrag Ihrer Arbeit? Welche Ziele wollen Sie mit Ihrer Arbeit erreichen? Nutzen Sie ruhig die erste Zeile unter der Überschrift »Ziel und Ertrag« und notieren Sie hier Ihr realistisch zu erwartendes oder erwünschtes Monatseinkommen. Ganz gleich, ob Sie als Angestellter tätig sind oder als Selbstständiger. Notieren Sie als Erstes den monatlichen Bruttobetrag im nächsten Jahr, dann in der Zeile darunter den Betrag in drei Jahren und dann in sieben Jahren. Ich habe in meinen Coachings bezüglich der ersten Zeile eine Spanne von 500 Euro bis 15 000 Euro erlebt. Künstler verwundern mich immer wieder, wenn sie sagen »Ich will nur überleben!« und nicht einmal wissen, welche Summe dafür nötig ist. Andererseits äußerte ein ehemaliger Siemensmanager, der ein Hotel eröffnete: »Ich habe zwei Kinder, die im Ausland studieren, ein großes Haus und eine Ex-Frau. Unter 15 000 Euro im Monat gehe ich pleite. Das muss erst mal dabei rauskommen.« Das tat es dann übrigens auch. Manchmal muss man groß denken, um groß handeln zu können. Beachten Sie: Es ist für den Gesamtüberblick wichtig, dass Sie hier wirklich konkret werden. Schreiben Sie für die genannten Zeitabstände realistische Zahlen auf.

Sinn ist Teil der Motivation und Lohn des Erfolgs: die Überwindungsprämie für den Sprung.

Sie wollen aber sicherlich mehr erreichen, als nur Geld zu verdienen. Da bin ich mir ganz sicher. In mehreren Hundert Coachings hatte ich bisher nur eine Person, die einfach nur »Geld« als Ziel nannte. Wir wollen mit unserer Tätigkeit (fast) alle etwas Sinnvolles schaffen und etwas erreichen, was über das bloß Materielle und unsere Existenz an sich hinausreicht. Ich nenne hier in loser Reihenfolge oft genannte Begriffe: Zufriedenheit über Ergebnisse, viele Menschen kennenlernen, Anerkennung, Kunstwerke schaffen, die verändern, gesunde Nahrung, starke Kinder, ein gute Wohnung oder ein schönes Haus, ständige Weiterentwicklung und innerliches Wachstum, glückliche Kunden, erstklassiger Urlaub, cooler Lebensstil usw. Vielleicht können und wollen Sie die Liste ergänzen? Wichtig ist, dass Sie einen Eindruck davon erhalten, welche Ziele Menschen mit ihrer Arbeit verfolgen. Manchmal sind Menschen auch grundehrlich und fügen den oben genannten Begriffen solche wie Macht oder Sex hinzu. Auch das gehört zu den Zielen, die nicht wenige mit ihrer Arbeit erreichen wollen.

Mir ist bewusst, dass Sie, dass jeder Leser höchst unterschiedliche Vorstellungen davon hat, was er im Leben oder mit seinem Leben erreichen will. Wichtig aber ist immer, daraus konkrete Ziele abzuleiten. Wenn Sie sich nicht sicher sind: Schreiben Sie bitte dennoch Ihre Ziele auf und lassen das Blatt einige Tage unberührt. Reden Sie mit einem guten, feedbackfähigen Freund darüber, mit einem Sparringspartner. Dann nehmen Sie sich die Liste nochmals vor. Ich bin mir sicher, dass sich bei Ihnen durch die aktive Auseinandersetzung mit den eigenen Lebenszielen diese immer mehr herauskristallisieren werden. Und falls Sie einmal eine alte Liste finden: Wundern Sie sich nicht über Ihre Einträge, denn Ziele können sich wandeln. Freuen Sie sich über die Entwicklung.

Die inneren Treibsätze und Motivatoren: Ihre Werte und Prinzipien

 Geistige Prinzipien beschreiben Werte, die für einen Menschen Antriebscharakter haben (Treibsätze, Motivatoren). Ich habe sie nicht nur, sondern möchte sie auch (aus-)leben bzw. dass sie gelebt und umgesetzt werden.

Im Kern unseres Empowerment-Systemmodells, das Sie aus den Abbildungen 9 und 10 kennen, geht es auch um Ihren »Kern«: nämlich Ihre inneren Werte und Prinzipien. Sie sind für die Gesamtschau der Passung von Arbeitsplatz bzw. Geschäftsidee und Ihrer Person von entscheidender Bedeutung, geben mithin Antworten auf die Frage, ob und inwiefern Ihr Lebensweg und Ihr Beruf zu- und aufeinander passen.

Wertearbeit machen – es lohnt!

Wie bei den Lebenszielen ist es auch hier so, dass sich einige Menschen sehr klar darüber sind, welche Werte für sie relevant sind, was sie ausleben wollen. Andere Menschen wiederum sind nicht in der Lage, sich zu ihren eigenen ethischen Werten, dem, was ihnen zuinnerst am allerwichtigsten ist, konkreter zu äußern. Sie haben sich bisher nicht richtig mit ihnen beschäftigt. Dabei gehört die Frage nach den eigenen Werten aus meiner Sicht zu den positiven Seiten des derzeitigen Zeitgeistes, der die Bedeutung der »Authentizität« betont. Es wird (zu Recht) erwartet, dass man der ist, der man zu sein vorgibt. Wenn ich »echt« sein will und von anderen Menschen in meinem So-Sein auch wahrgenommen werden möchte, sollte ich meine inneren Motivatoren kennen. Aufgrund der Signifikanz für Ihr Berufsleben möchte ich dieses Thema nun gemeinsam mit Ihnen etwas intensiver beleuchten.

Nach den Werten fischen

Im Coaching sprechen wir davon, dass wir »nach den Werten fischen.« Denn das ist es oft: ein Eintauchen der Angel in einen See, in den wir nicht tiefer als wenige Zentimeter schauen können. Dieses klare Sehen ist quasi unser Wissen über unsere Werte, der bewusste Teil. Bei der Suche nach den Werten, die uns im Innersten aber wirklich antreiben, fischen wir auch im Halbbewussten oder Unbewussten. Es ist nicht immer einfach, den Werten auf die Spur zu kommen. Hilfreich ist das Wissen, welche Werte es überhaupt gibt. Ich habe in meinem Blog »Un-ternehmerisches Denken und Handeln« (www.uduh.de) über 100 Werte aufgelistet – nutzen Sie den QR-Code, um direkt zu diesen Werten zu gelangen. Lassen Sie diese Werte einfach einmal auf sich wirken.

Beachten Sie: Es geht nicht darum, was Sie nett und beachtenswert finden oder allgemein bejahen. Wäre dies so, könnten Sie wohl alle aufgeführten Werte in Ihre persönliche Werte-Liste aufnehmen. Nein – bei Ihren Werten geht es um die drei bis sieben Begriffe, für deren Erfüllung Sie alles tun würden. Im wahrsten Sinne des Wortes alles.

Meistens zeigen sich unsere inneren Werte in unserem Verhalten. Das Äußere spiegelt mithin das Innere und bringt es zum Ausdruck. Ganz augenscheinlich fällt dies bei Teenagern auf, bei denen der Wert »Unabhängigkeit« alles andere dominiert. Die meisten ihrer Verhaltensweisen stellen einen unmittelbaren Reflex ihres Drangs nach Unabhängigkeit dar, der dazu dient, sich von ihrem Umfeld zu differenzieren.

Oder nehmen Sie als Beispiel den Profi-Radfahrer, der seinem höchsten Wert »Erfolg« alles andere unterordnet – auch seine Gesundheit. Und vielleicht kennen Sie den einen oder anderen Freiberufler, für den die Werte »Freiheit« und »Unabhängigkeit« alles andere dominieren. Oder Angestellte, die stets »auf Nummer sicher« gehen und ihren Wert »Sicherheit« nicht durch den Sprung ins Unbekannte aufs Spiel setzen wollen – was ja auch völlig in Ordnung ist, sofern sie sich bewusst dafür entscheiden. Ich selbst begegne in meinen Coachings häufig Gründern oder Initiatoren ambitionierter Projekte, für die »Gerechtigkeit« das höchste Gut ist. Und dann gibt es auch noch den Manager, der eine schlechter bezahlte Stelle annimmt, um in der Nähe seiner Familie bleiben und Zeit mit den Kindern verbringen zu können. All diese Beispiele zeigen, wie stark Werte einen Menschen prägen und unser aller Leben durchziehen.

Nach der Shell-Jugendstudie von 2010 gehören die sozialen Beziehungen zu den wichtigsten Werten der Jugend von heute. Freunde und Familie nehmen im Leben der Jugendlichen einen hohen Stellenwert ein. Aber auch in meinen Coachings werden diese zentralen Werte immer wieder genannt – ein Großteil der Coachees zählt Freunde und Familie mit zu den drei bis sieben wichtigsten Werten. Ich habe zudem die Erfahrung gemacht, dass sich ganz oft der berufliche Lebensweg eines Menschen in den Werten widerspiegelt – wenn er es denn geschafft hat, sein Leben, seine Unternehmungen und seinen Job frei und bewusst nach seinem Wertesystem zu gestalten und wenn er oder sie sich schon diese Freiheit genommen hat.

Eine respekteinflößende Ausrichtung des Lebensweges nach den eigenen Werten habe ich bei einem Topmanager kennengelernt. Der war bei einem niederländischen Elektronikkonzern hier in Deutschland Geschäftsführer und wurde mit Mitte 50 vor die Tür gesetzt. Dann hat er sich die einfachen Fragen gestellt, die dieses Kapitel durchziehen: Wer bin ich? Was kann ich? Was will ich? Was sind meine Lebensziele und Werte? Daraufhin ist er zum Entschluss gekommen, dass er kein großes Geld mehr verdienen, sondern sich um Jugendliche in prekären Situationen kümmern will. Er hat sich bei der ARGE Hamburg beworben und wurde dort im U25-Team (unter 25 Jahre) für Selbstständige, die Hartz IV beziehen, eingesetzt. Ich habe mit ihm mehrmals zusammengearbeitet und selten einen so fokussierten, professionellen und zufriedenen Menschen erlebt. Er liebt diese Arbeit! Er hat den Sinn in seiner Arbeit gefunden.

Legen Sie Ihre Werte fest

Jetzt sind Sie wieder dran: Legen Sie wieder ein DIN-A4-Blatt quer und überschreiben Sie es mit dem Titel »Werte & Prinzipien«. Darunter notieren Sie Ihre persönlichen drei bis sieben wichtigsten Werte. Es kann auch sein, dass Sie jetzt ein oder zwei Begriffe aufschreiben, die bei Ihren Zielen stehen. Kein Problem – beides korreliert ja miteinander. Fließen Ihre Werte einfach so aufs Papier? Das ist selten – klasse. Wenn nicht: Ja, das »nach Werten fischen« bedeutet echte Arbeit. Vielleicht helfen Ihnen ein paar Tipps weiter:

- Achten Sie bitte darauf, worüber Sie sich so richtig ärgern. Meistens liegen dort Ihre Werte. Denn ein »negatives Kreuzen der Werte« verursacht in Ihnen eine Dissonanz. Einfacher ausgedrückt: Sie ärgern sich über Dinge, die Ihnen wichtig sind, die Sie aber nicht ausleben können oder die Sie bisher übersehen oder übergangen haben. Vielleicht haben Sie das Folgende schon einmal selbst beobachtet: In einer Firma werden deutlich flexiblere Arbeitszeiten eingeführt. Trotzdem bleibt jene unterschwellige Botschaft des Abteilungsleiters bestehen, die da lautet: »Hier sind weiterhin von 9 bis 17.00 Uhr alle an Bord!« Jetzt nimmt sich ein Teammitglied die »Frechheit« heraus, wirklich regelmäßig später zu kommen (und auch später zu gehen). Wer regt sich auf? Die Personen, die sich nicht trauen, ihre Freiheit zu leben.

- Wohin gehen Ihre Gedanken beim Einschlafen? Welches Thema wiederholt sich da immer wieder? Oft korrelieren diese Tagträume mit den eigenen Werten.

- Wofür haben Sie das letzte Mal gespendet? Sie geben ja Ihr Geld dafür aus, was Ihnen wichtig ist und am Herzen liegt.

- Schreiben Sie alle Werte auf Karteikarten auf. Ich gehe davon aus, dass Sie wahrscheinlich mehr als sieben Werte aufschreiben werden. Jetzt geht es darum, alle aufgeschriebenen Werte miteinander zu vergleichen und zu priorisieren. Sollten zwei Werte dicht beieinanderliegen, sich also ähneln, kann ein Wert den anderen durchaus »überstrahlen«. Sie sollten dann einen Wert beiseitelegen. Bearbeiten Sie diese Karten so lange, bis maximal sieben übrig bleiben. Mehr sollten es nicht sein, sonst wird es beliebig. Manchmal werden Sie in Ihrer Liste Werte finden, hinter denen Sie selbst nicht stehen – Sie haben sie übernommen, zum Beispiel, weil sie in Ihrer Familie dominant waren oder sind. Sie spüren dann, dass Sie sich mittlerweile innerlich von diesen Werten verabschiedet haben – und Sie die entsprechende Karte nun beiseitelegen können. Bei mir war dies vor vielen Jahren das Thema »Finanzielle Sicherheit« – für meine Eltern ein wichtiger und dominanter Wert, den ich zunächst übernommen hatte.

Die vier Tipps sind nur Anhaltspunkte für Ihre Werte und keine garantierten Hinweisschilder. Mir sind noch drei Gedanken zum Thema Werte wichtig, bevor ich zur Analyse und Auswertung Ihres Empowerment-Systemmodells komme:

1. **Ihre Werte:** Es geht hier um Ihre Werte, nicht um gesellschaftliche Werte. Bitte verwechseln Sie diese Wertesysteme nicht. Bei gesellschaftlichen Werten geht es um Dinge, über die man sich – auf welchem Weg auch immer – auf breiter Basis geeinigt hat. »Ihre Werte« sind im Gegensatz dazu ein ganz anderes Paar Schuhe. Ein etwas provozierendes Beispiel: Sie haben doch sicherlich den Blockbuster »The Dark Knight«, den zweiten Teil der Batman-Trilogie mit Christian Bale, gesehen. Batmans Gegenspieler ist der Joker und dieser handelt – provokant ausgedrückt – ganz und gar seinen Werten gemäß, nämlich »Chaos« und »Zerstörung«. Aber diese Werte stehen nun wirklich im Kontrast zu den Werten fast aller anderen Menschen. Manchmal beschleicht mich das Gefühl, dass diese Werteverschiebung auch bei verurteilten Wirtschafts-

bossen zu beobachten ist, wenn diese behaupten, immer streng moralisch und werteorientiert gehandelt zu haben. So kann man Gier und Maßlosigkeit einen netten Mantel umhängen. Oder sie haben Gesetz und Moral verwechselt, was leider auch allzu oft absichtlich passiert.

2. Wertekonflikte: Es kann ohne Weiteres sein, dass es in Ihnen, wie bei vielen Menschen, sogenannte Wertekonflikte gibt. Ein einfaches Beispiel: Einem Unternehmer sind die auf den ersten Blick scheinbar konträren Werte »Fairness« und »Macht« von Bedeutung. Das führt zu inneren Spannungen, die er für sich klären muss. Um dies leisten zu können, muss er sich entscheiden, dass er genau an dieser Stelle wachsen will. Hat der Unternehmer die Herausforderung angenommen und ist es ihm gelungen, diese beiden Werte auszubalancieren und auf einer höheren Ebene zusammenzuführen, mithin zu einer Einheit zu verschmelzen, dann ist das gut so, denn beide Aspekte sind Kernpunkte seiner Persönlichkeit. »Harter Hund, aber fair« – so beschreiben ihn heute seine Mitarbeiter. Würde er dies hören, würde ihn dies sicherlich sehr freuen.

3. Veröffentlichung: Machen Sie Ihre Werte nicht öffentlich. Ich weiß, es ist mittlerweile »hip«, als »authentischer« Mensch seine Werte nach außen zu tragen. Aber überlegen Sie es sich gut. Sie machen sich damit angreifbar und erpressbar. Sehr gute Verhandler finden bei ihren Gesprächspartnern die Werte recht schnell heraus, und wenn Sie nicht eine außergewöhnlich starke Persönlichkeit sind, sind Sie genau an dieser Stelle beeinflussbar. Ein Beispiel: Ihr Gegenüber weiß oder hat erkannt, dass Ihnen »Fairness« wichtig ist. Es fordert Sie auf: »Lassen Sie uns fair bleiben«, und unterstellt indirekt, dass Sie nicht fair sind. Wer nicht innerlich gefestigt ist, lässt sich schnell verunsichern und spielt nach den Spielregeln des anderen. Viele Menschen wollen fair sein, und um nicht als unfair dazustehen, schließen sie unglückliche Kompromisse. Sie können natürlich nicht verhindern, dass Ihr Gegenüber erkennt, dass Ihnen der Wert »Fairness« wichtig ist, aber Sie müssen sich den Begriff nicht auf die Stirn tätowieren.

Der kreative Prozess: Modellieren Sie Ihr persönliches Empowerment-Systemmodell

»Glücklich sind diejenigen Menschen, deren Berufe mit ihrem Charakter harmonieren.«
Sir Francis Bacon, englischer Philosoph und Staatsmann

Jetzt kommen wir zu dem wichtigsten Teil unseres fünften Kapitels: Ihrem kreativen Prozess mit dem Empowerment-Systemmodell. Falls Sie bisher alle Notizen auf A4-Blätter niedergeschrieben haben: Ordnen Sie diese Blätter bitte so an, wie es die Abbildung 12 zeigt, und füllen Sie die Zwischenräume mit weißen Blättern aus. Dann drehen Sie das Ganze um und kleben alle Seiten mit Klebestreifen zusammen.

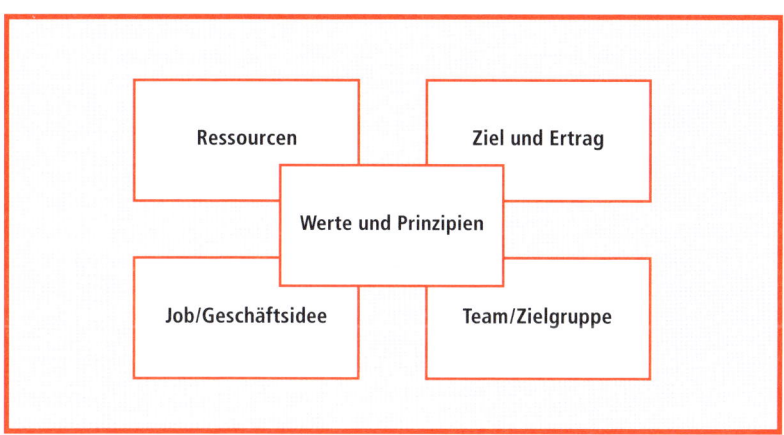

Abbildung 12

Jetzt nehmen Sie einen farbigen dicken Malstift und verknüpfen die einzelnen Bereiche mit breiten Pfeilen, wie im Beispiel des Kunstschmieds am Anfang dieses Kapitels (Abbildung 10). Ihre »Ressourcen« führen »zum Job / der Geschäftsidee«, denn sie sind darin hoffentlich verankert. »Ihr Job / Ihre Geschäftsidee« ist direkt mit »dem Team / der Zielgruppe« verknüpft. Durch »die Zielgruppe / das Team (Chef)« beziehen Sie, meistens in Form von Euros, Ihren Ertrag. Von dort geht wiederum ein Pfeil zu den »Ressourcen«. Sie können meistens mit dem

Ertrag der Arbeit Ihren Ressourcenpool vergrößern. In der Mitte stehen die »Werte und Prinzipien«, die in alle Bereiche hineinreichen. Deshalb weist ein doppelseitiger Pfeil von den »Werten und Prinzipien« zu allen Bereichen. Und nun sollten Sie Ihre ganze Kreativität nutzen, um einige einfache, aber grundsätzliche Fragen zu beantworten:

- Was fällt mir beim Betrachten auf?
- Wo gibt es Spannungen im Modell?
- Will ich mit diesen Spannungen leben, kann ich sie ertragen?
- Wo gibt es Entwicklungsmöglichkeiten?
- Passt der Beruf zu mir?
- Bin ich damit ausgelastet, schaffe ich das oder überfordert mich das alles?
- Passen Ziel und Ertrag überhaupt zum Job oder der Geschäftsidee?

Arbeiten Sie mit diesem Überblick. Wenn Sie Bereiche erkennen, in denen es Störfeuer gibt und in denen die Dinge nicht zueinander passen wollen: Malen Sie ruhig einen roten Blitz dazu. Und nun die entscheidende Frage: Wollen Sie die Spannung, den Konflikt, das Unpassende akzeptieren und tragen – oder ist das ein Killerkriterium, das Ihren Gesamtplan infrage stellt? Wenn Sie so Konflikte oder Prioritäten geklärt haben, setzen Sie einen grünen Haken dahinter – ansonsten lassen Sie den roten Blitz stehen. Arbeiten Sie konsequent Gedanken für Gedanken ab. Lassen Sie sich Zeit, knöpfen Sie sich das Modell im Abstand von drei Tagen immer wieder vor, lassen Sie einen Prozess in sich entstehen, bei dem es nicht darauf ankommt, sofort zu eindeutigen Resultaten zu gelangen.

Bei manchen Menschen, die diesen Prozess durchlaufen haben, entstehen Übersichten, die in sich vollkommen rund und stimmig sind. Andere sind dagegen voller Konflikte und Fragezeichen. Gelegentlich kommen unlösbare Widersprüche auf – etwa bei einer Frau in meinen Coachings, die einen Kindergarten aufmachen und gleichzeitig als Ertrag ab dem dritten Jahr 10 000 Euro im Monat erwirtschaften wollte. Dies scheint bei den bestehenden Fördermöglichkeiten in Deutschland aus legaler Sicht unmöglich. Jeder hat auch seine Zielgruppen, die funktionieren. Das gilt genauso für die Analyse eines Angestelltenjobs. Ein Beispiel: Eine Frau, nennen wir sie Brigitte, nannte als »Zielgruppe / Team« die zwölf Personen in ihrer Abteilung inklusive ihren Vorgesetzten und bewertete sie mit Emoticons, um ihre Arbeitsbeziehung zu ihnen zu visualisieren. Brigitte vergab nur zwei lächelnde Smileys, dagegen aber sechs neutrale und vier traurige an ihr Team und den Chef. Sie können sich lebhaft vorstellen, welch eindeutiges Bild die Brigitte-Übersicht bot – es blieb im Prinzip kein anderer Weg als eine Bewerbung in eine andere Abteilung oder Kündigung und die (vorausgehende) Suche nach einem neuen Job. So klar aufgemalt ist die Entscheidung für etwas Neues manchmal nur Sekunden entfernt. Manchmal müssen wir lediglich das ganze Bild der Situation vor Augen sehen – the big picture –, dann werden auch große Entscheidungen klarer. Und genau das haben Sie in diesem Kapitel getan.

Verschaffen Sie sich Klarheit

Was ist das große Ziel dieser Übung? Es geht um Ihre innere Gewissheit und Sicherheit gegenüber Ihrem Job oder Unternehmen oder den geplanten neuen Herausforderungen. Sie sollen sich Ihrer Pläne bewusster werden, sie klarer und eindeutiger benennen können und Aufschluss über die Mittel und Möglichkeiten erhalten, die Ihnen für die systematische und zielorientierte Realisierung zur Verfügung stehen. Wenn dem nicht so ist: Bitte prüfen Sie, welche Parameter Sie ändern sollten. Manchmal sind es nur kleine Stellschrauben, etwa das Ziel oder der Ertrag. Die Erfahrung zeigt, dass es oft das erhoffte Einkommen ist, das zumindest für eine Zeit lang reduziert werden muss – und schon ist der Plan in sich stimmig. Es gibt aber auch Beispiele dafür, dass Menschen im Laufe des Prozesses feststellen müssen, dass sie sich vollkommen auf dem falschen Gleis befinden und den Job, das Team oder Teile ihrer Lebensziele überdenken müssen. Wenn es an den Ressourcen hapert, die Geschäftsidee nicht realisierbar und der erhoffte Ertrag utopisch ist, dann ist es besser, den Prozess mit anderen Einstiegsparametern aufs Neue zu starten.

Landkarten des Lebens – Reduktion der Wirklichkeit

Vor jeder großen Entscheidung muss die Frage stehen: Spiegeln die gewählten Instrumente den Kern der Fragestellung wider?

Jedes Modell ist eine Reduktion der Wirklichkeit auf wenige Parameter. Das gilt auch für das Modell, das Sie soeben kennengelernt haben. Natürlich werden in die Verwirklichung etwa Ihrer Vision oder Ihres Ziels weitere Faktoren hineinspielen, die nicht im Vorhinein im Modell abgebildet werden können – beispielsweise geänderte Regulatorien, gesetzliche Änderungen, Marktverwerfungen, privat-emotionale Entwicklungen. Modelle bilden Ihr Projekt, Ihre Mut-Unternehmung in etwa so ab, wie die Landkarte unsere Erde abbildet. Es gibt sehr einfache Überblickskarten und sehr detaillierte mit kleinem Maßstab. Manchmal braucht man auch mehrere Landkarten vom gleichen Gebiet, um einen besseren Eindruck zu erhalten. Dafür legt man in Gedanken die Karten übereinander. Aber egal, wie umfangreich dieses

Aufeinanderlegen von Karten auch sein mag – es ist und bleibt eine Reduktion der Wirklichkeit. Eine Simulation des realen Erdballs. Bei Ihrer Entscheidungsfindung werden Sie daher zielorientiert immer mehrere Landkarten, also Modelle, Techniken und Herangehensweisen, nutzen. Bei der Frage, ob Ihr Lebensweg und Ihr Beruf zu- und aufeinanderpassen, bietet die von Ihnen erarbeitete Übersicht eine optimale Hilfestellung. Es gibt aber noch weitere Instrumente, mit denen Sie feststellen können, welche Aspekte Ihrer Persönlichkeit Ihnen helfen, unternehmerisches Feuer zu entfachen, etwa Persönlichkeitsmodelle.

Was für ein Typ sind Sie? Persönlichkeitsmodelle nutzen

Es gibt über ein Dutzend Persönlichkeitsmodelle, die jeweils ihre spezifischen Anwendungsgebiete haben. Ich mag gerne klare einfache Modelle. Diese sind praktischer und schneller anwendbar. Zudem kommt dabei keiner auf die Idee, dass diese Schablone die Realität direkt widerspiegelt. Es handelt sich um eine einfache Landkarte, deren Nutzwert trotzdem oder gerade deswegen gegeben ist. Das Prinzip, das dahintersteht: »Persönlichkeit« wird als eine Vielzahl von meist diametral entgegengesetzten Persönlichkeitsmerkmalen gesehen. Mithilfe eines Fragebogens kann die Persönlichkeit eines Menschen in dem Koordinatensystem, das sich durch die entgegengesetzten Eigenschaften ergibt, eingeordnet werden. Zum weiteren Kennenlernen der eigenen Person im Kontext der Passung mit Arbeitsplatz oder Geschäftsidee arbeite ich mit einem Modell, das auf den Erkenntnissen von Fritz Riemann[1] beruht und als Pole auf der einen Achse »individuell versus warmherzig« und auf der anderen Achse »kreativ versus verlässlich« zeigt. Dies verdeutlicht die Abbildung 13.

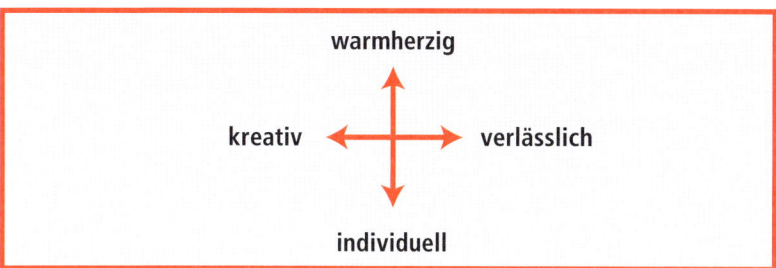

Abbildung 13

Ihre Persönlichkeit weist alle diese Eigenschaften auf, aber die Aus-prägung und die Stärke fällt von Mensch zu Mensch unterschiedlich aus. Das Modell zeigt, ob Ihre berufliche Tätigkeit und Ihr Persönlich-keitsprofil zueinanderpassen. Erinnern Sie sich an jene »Brigitte-Über-sicht«? Bei der »realen« Brigitte, der ich in meinen Coachings begegnet bin, handelte es sich um eine äußerst *verlässliche und individuelle* Per-sönlichkeit. Sie war sehr genau, aber manchmal wirkte sie pedantisch und distanziert. Im Arbeitsalltag gab es immer wieder größere Störun-gen im Arbeitsablauf, sodass oft wenig Zeit blieb, um die zahlreichen Projekte sauber zu Ende zu führen. Sie hatte von ihrer Persönlichkeit her enorme Probleme, damit gut umzugehen. Wäre sie eine kreative Persönlichkeit gewesen, hätte sie solche Herausforderungen geliebt. Aber als »verlässliche« Persönlichkeit hatte sie sich zur Bremserin im Team entwickelt. Die Arbeitssituation wurde immer angespannter – bis sie ging. Es passte einfach nicht zusammen. Ganz anders präsentiert sich die Situation des Kunstschmieds, den Sie zu Beginn dieses Kapi-tels kennengelernt haben. Er ist eher *warmherzig und verlässlich*. Sie können dies auch an seiner Geschäftsidee erkennen und ablesen: Er führt mit seinem Team größtenteils Reparaturen durch und baut über seine Person eine vertrauensvolle Beziehung zu seinen Kunden auf. Eine deutlich kreativere Person würde eher die eigene Schaffenskraft in den Vordergrund rücken wollen. Das ist ihm aber nicht so wichtig. Und darum passt seine Geschäftsidee »Reparaturbetrieb« ideal zu sei-ner Persönlichkeit.

 **Die Passung von Geschäftsidee / Job zur Persönlichkeit und den Werten ist der größte Erfolgsgarant überhaupt!**

≋ **Weitergedacht: Können Sie Ihre Persönlichkeit als Motor für die Realisierung Ihres Vorhabens nutzen?**

Analysieren Sie in Ruhe Ihr Empowerment-Systemmodell und stellen Sie sich die Frage: Bringen Sie von Ihrer Persönlichkeitsstruktur her die Voraussetzungen für die Verwirklichung Ihrer Pläne mit?

Mit Macken starten – vom Umgang mit Ihren Stärken und Schwächen

Vielleicht kennen Sie die Parole »Stärken stärken«? Das ist für den eigenen Erfolg enorm wichtig: an den eigenen Stärken arbeiten. Dort liegt die Chance, sich am Markt durchzusetzen. Aber wie sieht es mit den Schwächen aus? Ich beziehe die nächste Aussage ausdrücklich nur auf Personen, nicht auf Unternehmen. Sie kennen vielleicht das Minimumgesetz, das manchmal auch als »Engpassmodell« bezeichnet wird. Vor über 160 Jahren veröffentlichte der Chemiker Justus von Liebig die These, dass das Wachstum von Pflanzen durch die im Verhältnis knappste Ressource, wie zum Beispiel Wasser, Nährstoffe oder Licht, eingeschränkt wird. Wenn nur eines der Elemente fehlt oder nicht ausreichend vorhanden ist, wächst die Pflanze nicht weiter – ganz gleich, wie viel Überfluss bei den anderen Elementen herrscht. Daraus leiten einige ab, dass ein Mensch vor allem an seinen Schwächen arbeiten sollte. Eine aus meiner Sicht fatale Verhaltensweise vieler erfolgloser Menschen ist jedoch das ewige Herumdoktern an den Schwächen, das vor allem ein Verbiegen der eigenen Persönlichkeit zur Folge hat. Nun werden Sie vielleicht einwenden, dass es natürlich auch erfolgsentscheidende Schwächen gibt, die wenigstens zu einem nützlichen Maß entwickelt werden müssen. Wenn es Ihnen zum Beispiel schwerfällt, Entscheidungen zu treffen oder Ihre Zeit zu organisieren, ist es hilfreich und sinnvoll, die entsprechenden Kompetenzen aufzubauen.

Umgeben Sie sich mit Spezialisten

Was aber passiert mit Ihren Schwächen, wenn Sie die dazu entsprechenden Kompetenzen nicht aufbauen wollen oder können? Nun – in diesem Fall gibt es zum Beispiel die Instrumente der Delegation, des Outsourcings und der Teamarbeit: Als Unternehmer und Selbstständiger übertragen Sie die Aufgaben, die Sie selbst nicht erledigen können, an jemanden, der eben dort seine Stärken hat. Nebenbei gesprochen: Die Kunst eines Unternehmers liegt darin, sich mit Fachleuten zu umgeben, die in bestimmten Bereichen besser sind als er selbst. Und ein Angestellter sollte zu seiner Führungskraft gehen und sie darum bitten, ein anderes Teammitglied mit der Bearbeitung derjenigen Aufgabe zu beauftragen, zu der ihm selbst die Kompetenzen fehlen.

**Sie verdienen Ihr Geld mit Ihren Stärken,
nicht mit Ihren Engpässen.**

Also: Sie müssen nicht Superman sein und nicht Wonderwoman. Ihre Stärken reichen aus. Aber: Es gibt Bereiche, die Sie nicht auslagern oder delegieren dürfen. Dazu gehören etwa die unternehmerische Verantwortung oder die Verantwortung für das Projekt, das Sie verfolgen.

Behalten Sie in wichtigen Bereichen den Überblick

Wichtig ist ebenfalls: Behalten Sie den finanziellen Überblick. Auch wenn andere Personen Arbeiten ausführen und zum Beispiel die Buchhaltung ausgelagert ist, müssen Sie die Übersicht haben. Fragen Sie einmal einen Banker, warum viele Mittelständler und kleinere Unternehmen scheitern. Die meisten nennen als eine der Hauptursachen den fehlenden finanziellen Überblick. Wenn eine Krise kommt, können Sie die Instrumente zur Krisenbewältigung nicht im Vorübergehen aufbauen. Dies kostet Geld und Zeit – und beides ist in einer Dürreperiode nicht vorhanden. Zurück zu Ihrem erarbeiteten Empowerment-Systemmodell. Es gibt keine generellen Listen, aus denen zu entnehmen wäre, wie Sie als Unternehmer oder auch als Angestellter vorgehen müssen. Dies variiert einfach zu sehr und entwickelt sich auch mit der Zeit. Aber: Zu jedem Job und jeder Geschäftsidee lässt sich eine individuelle und spezielle Anforderungsliste erstellen, die Sie konsequent abarbeiten müssen. Als Basis dazu dient die zweite Station in Ihrem erarbeiteten Modell: Ihr Job / Ihre Geschäftsidee. Bevor Sie zur konkreten Entscheidungsfindung gelangen, sollten Sie die entsprechende Anforderungsliste nochmals komplett durcharbeiten. Definieren Sie jede Kerntätigkeit und prüfen Sie, was davon Sie selbst erledigen können und was Sie delegieren müssen.

Empowerment-Systemmodell für einen Angestellten

Lassen Sie uns das Systemmodell nun auch für eine oder einen angestellten Mitarbeiter(in) im Unternehmen entwickeln. Schauen wir uns ein Beispiel an: Ein leitender Angestellter im Management eines Großkonzerns, hier Dieter Spangenberg genannt, fragt sich, ob seine jetzige Stelle zu ihm passt oder ob er einen weiteren Karriereschritt wagen soll. Er ist sich unsicher, da eine in Aussicht gestellte Stelle zwar einen enormen finanziellen Sprung nach vorne bedeuten würde – er andererseits aber die jetzige Stelle, die er vor über vier Jahren angetreten hat und in der er sich eigentlich recht wohl fühlt und die viele Herausforderungen bietet, aufgeben müsste. Darum beschäftigt er sich zunächst mit den folgenden Fragen:

- »Sind meine Stärken in der jetzigen Position richtig aufgehoben, kann ich meine Stärken angemessen einsetzen?«
- »Funktioniert die Zusammenarbeit mit meinem Team?«
- »Bin ich hier längerfristig richtig?«
- »Kann ich mich in der jetzigen Situation noch weiterentwickeln oder stagniere ich hier?«
- »Soll ich den Karrieresprung angehen?«

Daraus entsteht das folgende Empowerment-Systemmodell:

Abbildung 14

Originalflipchart auf meinem Blog unter:

Dieter Spangenberg und ich haben mithilfe des Empowerment-Systemmodells in einem ersten Schritt eine Ist-Analyse des derzeitigen Arbeitsplatzes erarbeitet. Und daraufhin hatte sich die Frage des Stellenwechsels für ihn bereits erledigt. Er wollte die neue Stelle noch nicht einmal genauer analysieren. Er wusste unmittelbar nach der Ist-Analyse: »Da, wo ich zurzeit bin, bin ich genau richtig!« Wie kam es zu der schnellen Entscheidung? Dieter Spangenberg hat während der 90 Minuten des Erarbeitens des Modells gesehen, wie sehr ihm sein derzeitiger Job trotz des verlockenden Angebots zusagt. So deutlich hatte er das vorher nie gesehen. Ihm wurde nun auch klar, dass er seine Werte und Prinzipien verwirklichen und ausleben kann. Und ob das nach einem Stellenwechsel ebenso möglich gewesen wäre, erschien ihn nun zweifelhaft.

FAZIT: Ja, Sie können die losen Enden Ihres Lebens verbinden!

- Das wichtigste Kriterium für Ihren Erfolg ist die Passung Ihres Jobs / Ihrer Geschäftsidee / Ihres Vorhabens mit Ihrer Person. Es ist wie bei einem Puzzle: Die einzelnen Elemente müssen passen – dann harmoniert das Bild.

- Berufliche Biografiearbeit kostet Zeit und Arbeit, aber Sie führt zu verantwortbaren Entscheidungen.

- Fokussieren Sie Ihre Stärken und Talente. Dort liegt Ihr Erfolg.

- Ihren möglichen Erfolg bestimmen Sie durch Ihre Ziele und Werte selbst.

- Für eine konkrete Entscheidung zu einem Job / einer Geschäftsidee sollten Sie sich immer die Arbeit machen, diese vorher mit dem Empowerment-Systemmodell zu durchleuchten. Nachdem Sie dann eine Entscheidung getroffen haben, werden Sie sicherer und tatkräftiger handeln können.

- Sie wissen nun, wie Sie sich zum Chef in Ihrem Leben entwickeln, wie Sie Ihren bisherigen Lebensweg (Passung von Lebenslauf, Werten und Zielen) sinnvoll einsetzen – und wie Sie die Angst vor dem Scheitern überwinden und konstruktiv nutzen, um Ihre Ziele zu erreichen.

- Jetzt können Sie entschlossen daran arbeiten, wie Sie starten und in die Umsetzung gelangen.

TEIL III

JA, ICH SPRINGE –
MEIN ENTWICKLUNGSPROZESS

7 Die Kunst des Feuermachens – viele Funken müssen sprühen, bis die Flamme brennt

»Wandel ist kein Ereignis, er ist ein Prozess.«
Dan und Chip Heath, Buchautoren,
über Veränderungsprozesse

Was Sie in diesem Kapitel erfahren

- Sie können. Und Sie wollen. Jetzt müssen Sie den Sprung in die Umsetzung wagen und Ihren persönlichen Entwicklungsprozess anstoßen.

- Sie erhalten einen Überblick über die prozessuale Entwicklung, an deren Ende unternehmerisches Feuer steht.

- Sie sehen, wo Sie sich bezüglich Ihrer persönlichen Mut-Entwicklung zurzeit befinden und wie Sie die nächsten Schritte planen.

- Sie lesen, warum es wichtig ist, *am* Unternehmen zu arbeiten, sich vom Spezialisten zum Generalisten zu entwickeln und das Stadium der »unbewussten Kompetenz« zu erreichen.

Hören Sie den gewaltigen Tusch mit Paukenschlag? Sehen Sie das Bühnenfeuerwerk? Denn wir kommen jetzt zum wichtigsten Element für Ihr inneres Feuermachen. Sie haben es sicherlich schon geahnt. Der Vorhang wird gelüftet. Die Scheinwerfer gehen an. Die Vorstellung heißt: »Ihr Prozess«. Oder genauer: Ihr persönlicher Entwicklungs- und Umsetzungsprozess, um die Kompetenz des Feuermachens aufzubauen.

Entwicklungsprozess: Zerlegen Sie den Elefanten in appetitliche Umsetzungshäppchen

 **Persönliche Veränderung geschieht nicht ereignishaft. Sie ist eine Lebensaufgabe.**

Für die Entwicklung Ihres unternehmerischen Mutes ist das Herzstück »der Prozess« – ein Prozess, bei dem Sie sich Ihren Herausforderungen stellen, an ihnen wachsen und sie meistern. Nach außen sieht dies oft wie ein sprunghaftes Ereignis aus. Aber das ist es nie. Es sind immer innere Entwicklungen über einen längeren Zeitraum notwendig, die dann nach außen hin als eine plötzliche, oft für das Umfeld überraschende Entwicklung sichtbar werden. Dann hören Sie Sprüche wie: »Ich hätte nie gedacht, dass die sich das traut«, oder: »Ach, jetzt will der auch noch Chef/Projektleiter werden«. Prozesse dieser Art verlaufen nie linear. Sie sind oft wechselhaft, haben ihre Höhen und Tiefen, ihre Wechselpunkte – Krisen genannt – und locken mit der Aussicht auf mehr Tatkraft, Fokussierung, Mut und Weisheit im Leben.

Literarisch hat J.R.R. Tolkien diese Entwicklung zum mutigen Menschen in seinem Fantasy-Meisterwerk »Der Herr der Ringe« treffend beschrieben. In der Verfilmung kommt die beste Szene leider nicht vor, aber im Buch: Alle Schlachten sind geschlagen, der Ring vernichtet, Sauron besiegt. Es ist der Tag, an dem die vier Hobbits von ihren Abenteuern nach Hause ins Auenland zurückkehren – und ihre Heimat von Saruman beherrscht wird. Saruman war einst der mächtigste Zauberer von Mittelerde und hat nun alle anderen Hobbits unterworfen. Aber unsere vier Hauptdarsteller haben sich von feigen Hobbits, die sie alle am Anfang waren, zu echten Helden entwickelt. Frodo Beutlin und seine drei Mitstreiter widerstehen Saruman und besiegen ihn. Eine enorme Entwicklung hat dazu geführt – auf beiden Seiten. Denn

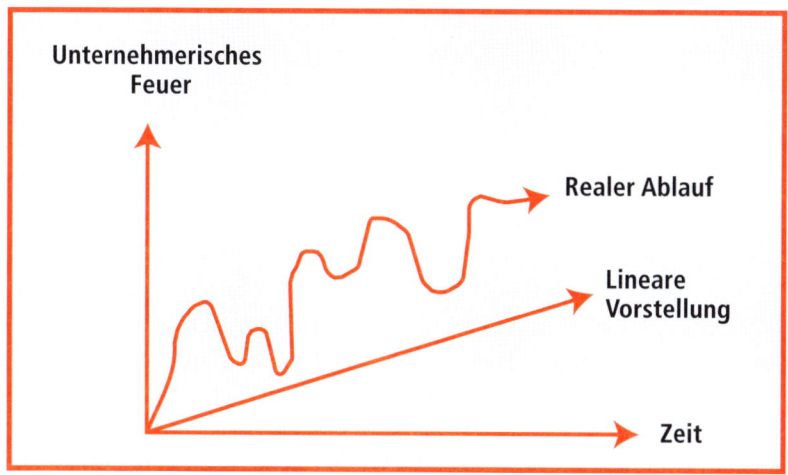

Abbildung 15

Saruman stand nicht mehr in der Blüte seiner Macht und die Hobbits hatten diese gerade erreicht. Was diese Geschichte auch zeigt: Der Entwicklungsprozess hin zum (unternehmerischen) Mut ist umkehrbar, er kann auch in die andere Richtung verlaufen. Menschen können ihr inneres Feuer verlieren.

Solche gewaltigen Sprünge in der Entwicklung sind sicherlich eine Seltenheit. Sprünge treten aber gehäuft bei Menschen auf, die ihre Schulzeit oder das Studium beendet haben; sie stehen in einem Zusammenhang mit ihrer dann geforderten Persönlichkeitsentwicklung. In dieser Lebensphase stellen wir uns den Herausforderungen des Lebens, und nicht selten entwickeln wir uns innerhalb von drei bis fünf Jahren zu deutlich stärkeren Persönlichkeiten. Vielleicht haben Sie in Ihrem Umfeld schon einmal Sprüche gehört wie: »Also, das hätte ich wirklich nie gedacht, dass aus dem noch mal was wird.«

Interessant wird es, wenn solche Entwicklungssprünge im »mittleren Alter« wieder auftauchen. Ein Beispiel: Angestellte müssen sich nach 20 Jahren plötzlich als Selbstständige oder Unternehmer versuchen. Ich habe Hunderte von ihnen bis zu zwei Jahre lang begleitet und fast alle sagen rückblickend: »Das war einer der wichtigsten Schritte meines Lebens. Ich möchte diese Phase keinesfalls missen.« Und das sagen auch die Personen, die nach einiger Zeit wieder eine Anstellung finden, nachdem sie ihre Selbstständigkeit aufgegeben haben.

Der Otto-Konzern hat Anfang des Jahrtausends mit den Ihnen mittlerweile bekannten Businessinkubatoren gearbeitet. Bei einer Entlassungswelle durften Mitarbeiter wählen, ob sie etwas weniger Abfindung bekommen, dafür aber eine sechsmonatige Begleitung in die Selbstständigkeit. Das positive Ergebnis hat der Inhaber der Businessinkubatoren, Hajo Winkler, 2007 auf einer Start-up-Konferenz in Hamburg wie folgt zusammengefasst: »Stellen Sie sich mal vor, da hat der Vorstand Blumensträuße als Dankeschön von Menschen bekommen, die er entlassen hat und die das eigentlich auch nicht wollten.« Denn diese ehemaligen Mitarbeiter haben eine schwierige Situation als notwendigen Entwicklungsschritt begriffen und die Kündigung als Chance genutzt und in etwas Positives verwandelt.

»Jeder Mensch befindet sich ständig in einem Wachstumsprozess, daher darf niemand je aufgegeben werden.«
Leo Tolstoi, russischer Schriftsteller

Ziel definieren und täglich leben

Doch natürlich können Sie sich nicht darauf verlassen, eine erstklassige Unterstützung durch einen Businessinkubator zu haben. Wobei Angestellte oder Beamte, vor allem in großen Konzernen oder Behörden, mit sehr guten Fördermöglichkeiten rechnen dürfen. Sie müssen sie nur nutzen! Aber egal, wie die Möglichkeiten auf den ersten Blick aussehen mögen: Sie müssen wissen, welche Schritte Sie unternehmen wollen, um Ihr Ziel zu erreichen. Wie sollten Sie den Entwicklungs- und Umsetzungsprozess sonst angehen? Nehmen wir als Beispiel eine Zeitspanne von einem Jahr an und als Ihr Ziel, eine neue Stelle zu bekommen. Jetzt müssen Sie die konkreten Fragen stellen: »Was brauche ich, um die neue Position ausfüllen zu können?« Und: »Welche Schritte muss ich gehen, um die notwendigen Qualifikationen zu erwerben?«

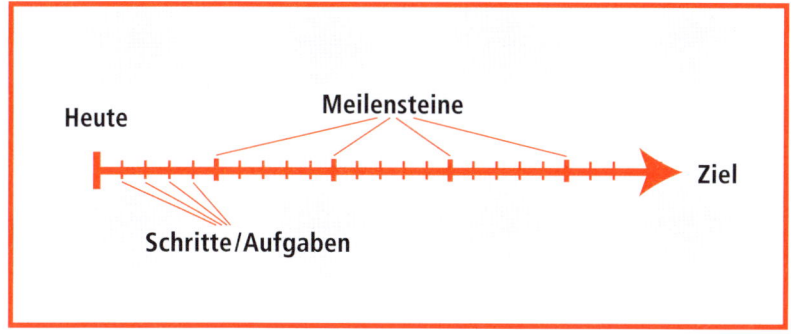

Abbildung 16

Das ist eine der banalsten, doch zugleich wichtigsten Fähigkeiten: Sie sollten in der Lage sein, Ihre Ziele in viele kleine Schritte und Aufgaben oder Aktivitäten zu zerlegen, und dann Ihre Energie darauf verwenden, Stufe für Stufe zurückzulegen. Es bringt nicht viel, immer sein großes Ziel vor Augen zu haben, wenn nicht im Alltag die vielen kleinen Schritte gegangen werden. Kennen Sie den alten Kinderwitz? »Wie isst man einen Elefanten?« Die simple Antwort: »Stück für Stück!« Geben Sie also jedem Stück zum Ziel, geben Sie jedem Schritt auf dem Weg zum Ziel einen Namen.

Aufgaben im Hier und Jetzt bearbeiten – und SMART

Persönliche Veränderungsprozesse gehen Sie am besten an, indem Sie konsequent auf die Bearbeitung der täglichen Aufgaben fokussiert sind, die zur Zielerreichung führen. Mit anderen Worten: Sie sind voll und ganz auf das Hier und Jetzt, den Augenblick und die Gegenwart konzentriert, die Sie nutzen wollen, um nach und nach die Aufgaben zu erledigen und die Aktivitäten anzugehen, die notwendig sind, um das große Ziel zu erreichen – und zwar immer wieder. Es soll Menschen geben, die einen Marathon nach der Devise laufen: 100 Meter sprinten, dann hecheln, keuchen und winseln, dann wieder 100 Meter sprinten, und das Ganze noch mal von vorne, wieder und immer wieder. Erfolgreiche Marathonläufer aber bezeichnen meistens die hartnäckige kontinuierliche Konstanz und Ausdauer als den Schlüssel zum Erfolg, jenes chronische »Dranbleiben«, das davon ausgeht, dass ein Marathon noch nie auf den ersten 100 Metern gewonnen wurde. Vielleicht kennen Sie den Klassiker zum Thema »Ziele setzen«: die SMART-Regel. Weil sie wichtig ist, hier ganz kurz zusammengefasst für diejenigen, die sie noch nicht kennen. SMART heißt aus dem Englischen übersetzt »schlau« und steht für:

S = Spezifisch
M = Messbar
A = Attraktiv
R = Realistisch
T = Terminierbar

Bei jeder Zielsetzung sollten diese Indikatoren erfüllt sein. Denn wenn Ziele nicht diesen Anforderungen genügen, ist der Frust programmiert.

In 90 Tagen ... bis zum Meilenstein

Für die eigene Motivation ist es zudem ideal, einen oder mehrere Meilensteine auf dem Weg zum Ziel zu definieren. Jeder Meilenstein sollte in spätestens 90 Tagen erreichbar sein. Das ist die Zeitspanne, die wir maximal gut überblicken und in der wir den Meilenstein fokussiert angehen können. Die schnellste Gründung, die ich persönlich je erlebte, kam von einem Vertriebler aus einem Chemiegroßhandel, den ich hier Walter nenne. Walter hatte aus heiterem Himmel am 14. Dezember die Kündigung bekommen und wurde drei Monate lang freigestellt. Nach drei Tagen Frust(saufen) tauchte er bei mir in der Beratung auf und wollte wissen, was zu einer Unternehmensgründung gehört. Sein simpler Plan: Alle alten Kontakte nutzen, Ware günstiger anbieten und reich werden. Da er kein Büro hatte, nistete er sich zwei Wochen lang bei uns im Großraumbüro ein. Es hat nicht einmal drei Stunden gedauert – und schon hing über seinem Arbeitsplatz sein persönlicher Entwicklungs- und Umsetzungsplan zum Erfolg. Er hatte alle Meilensteine bis zur Gründung definiert. Dann wurden diese Meilensteine konsequent abgearbeitet, auch zwischen den Weihnachtsfeiertagen. Am 1. Januar ging es los. In zwei Wochen hatte er den Businessplan geschrieben, eine mündliche Zusage der Bank über ein Darlehen erhalten, den Außenauftritt mit einem Designer fertiggestellt und die Kontakte zu Lieferanten aufgefrischt. Ohne seine überragend geschulte Fähigkeit zum strukturierten Arbeiten wäre es nie so weit gekommen. Ich habe es selten miterlebt, dass das Herunterbrechen eines ehrgeizigen Vorhabens auf einzelne Meilensteine so effektiv gelingt wie bei Walter. Jeden Schritt ist er fokussiert und mit großem Elan angegangen.

⇒ Weitergedacht: Wie sieht Ihr nächstes Ziel aus?

- Gehen Sie von Ihrer nächsten möglichen Führungsposition oder einer Gründung aus: Das ist das Ziel.

- Dann definieren Sie alle Schritte, die bis zu diesem Ziel noch erledigt werden müssen, vor allem die Bereiche, in denen Sie sich persönlich weiterentwickeln wollen.

- Jetzt bringen Sie diese in eine Reihenfolge und schauen, wie Sie sie umsetzen können. Übrigens: In Konzernen und Behörden gibt es meistens gute Weiterbildungsmöglichkeiten – auch bezüglich der Persönlichkeitsentwicklung. Aber selbst wenn Sie diese Ressourcen nicht haben: Handelskammern, Volkshochschulen und Start-up-Center bieten oft kostengünstige Weiterbildungskurse.

An dieser Stelle muss ich nochmals betonen: Der größte Veränderungsprozess findet erst dann statt, wenn Sie in der neuen Position sind. Die gute Nachricht dazu lautet mit Friedrich Schiller: »Der Mensch wächst mit seinen größern Zwecken.«

Es ist noch kein Meister vom Himmel gefallen

Die Entwicklung zum unternehmerischen Mut umfasst mehrere Phasen, die nur schwer zu verallgemeinern sind. Grundlage ist der im zweiten Kapitel vorgestellte Dreischritt, den Sie aus dem Handwerk kennen: Lehrjahre, Wanderschaft und Meisterzeit. Das ist eingängig. Und das Praktische ist: Die meisten Menschen spüren intuitiv, in welcher der drei Phasen sie sich gerade befinden. Es müssen erst einmal die Grundlagen gelegt und die Voraussetzungen für ein inneres Wachstum geschaffen werden, bevor die Meisterzeit beginnen kann. Es braucht Zeit und ist nicht immer einfach. Denn es gilt der bekannte Spruch vom Meister und seinen Fähigkeiten: Der Meister fällt nicht vom Himmel.

Im achten und im neunten Kapitel werden wir uns mit Ihren Lehrjahren und Ihren Wanderjahren noch intensiver beschäftigen. Sie sollten aber bereits jetzt im Hinterkopf behalten, dass die Phasen sich oft überschneiden und zirkulär geprägt sind. Das heißt, Sie stehen immer wieder an einem Punkt, an dem Sie Lehrling sind: in einem neuen Fach. Auch wenn Sie schon über 50 Jahre alt und längst ein Meister Ihres Faches sind. Selbst wenn Ihre Ausbildung und Qualifikationen zu 100 Prozent zu Ihren neuen Aufgaben passen: In dem Moment, in dem Sie etwas Neues beginnen, sind Sie – wieder einmal – »nur« Lehrling. Passend hat dies Hans-Günther Mack, geschäftsführender Gesellschafter der Handwerksbäckerei Mack GmbH & Co. KG, beschrieben:

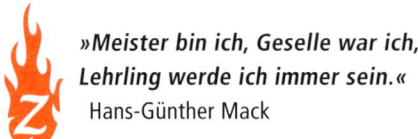

»Meister bin ich, Geselle war ich,
Lehrling werde ich immer sein.«
Hans-Günther Mack

Ihre Ausgangssituation: Stellen Sie fest, welcher (Unternehmer-)Typ Sie sind

Professor Alexander Kritikos, Forschungsdirektor für Entrepreneurship am Deutschen Institut für Wirtschaftsforschung, hat zu den unterschiedlichen Ausgangstypen für unternehmerisches Denken und Handeln ein Modell entwickelt, das er mir einst in einer persönlichen Diskussion vorgestellt hat. In diesem Modell geht es darum, welche Zeit der Vorbereitung Menschen brauchen, bis sie das erste Mal mit einer Gründung loslegen sollten oder können. Dafür benutzt er Begriffe wie Stay-short-Typ und Stay-long-Typ für kurze und lange Verweildauer in dieser Vorbereitungszeit. Ich möchte das Modell dahingehend ausweiten, dass es nicht nur die Themen »Gründung« und »Selbstständigkeit« umfasst, sondern die Vorbereitungszeit, die ein Mensch benötigt, um sein ehrgeiziges Ziel mit unternehmerischem Feuer zu realisieren. Das Modell bezieht sich auf die unternehmerischen Kompetenzen und nicht auf die nötigen Qualifikationen der Berufsausübung in der Selbstständigkeit. Es geht mithin nicht um die Fähigkeit etwa des Steuerberaters, die Steuererklärung machen zu können und zu dürfen. Das Modell setzt voraus, dass Menschen qua Berufsausbildung ihren Job beherrschen, in dem sie sich selbstständig machen oder Großartiges leisten wollen. Ob sie die unternehmerische Dimension (oder Führung) beherrschen, ist eine andere Frage. Dieses Modell beschreibt vier Typen: den Unternehmertyp oder Start-Typ, den Stay-short- und den Stay-long-Typ sowie den Stop-Typ.

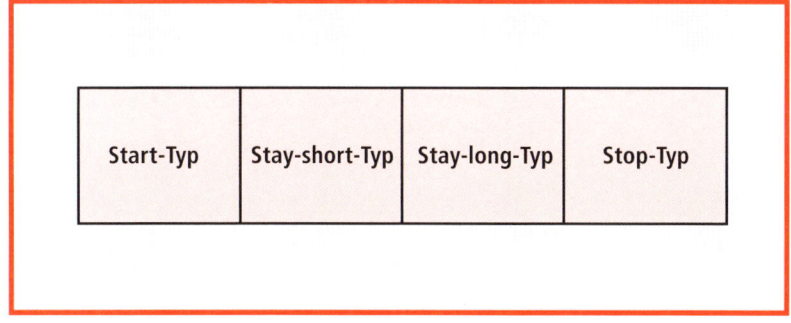

Abbildung 17

Sind Sie ein Unternehmertyp oder ein Stop-Typ?

Starten wir mit dem Unternehmertyp (Start-Typ): Ein solcher Mensch legt einfach los und baut etwas auf. Wie gesagt: Das muss kein Unternehmen sein. Das kann auch eine soziale Initiative sein oder ein größeres kollegiales Projekt in der Firma. Der Unternehmertyp zeichnet sich nicht allein dadurch aus, dass er gründet, sondern dass er »sein Ding durchzieht«! Er setzt das, was er sich vorgenommen hat, konsequent um. Die Anzahl der Unternehmertypen variiert in unterschiedlichen Gesellschaften. In Deutschland dürften es um die 3 bis 5 Prozent der Gesamtbevölkerung sein. Der Stay-short-Typ ähnelt dem Unternehmertyp. Er braucht etwa drei Monate intensives Coaching und Training zum Thema unternehmerisches Denken und Handeln und ist dann oft nicht mehr vom Unternehmertyp zu unterscheiden. Dieser Stay-short-Typ macht ungefähr 30 Prozent unserer Bevölkerung aus. Das heißt: Ein Drittel der Bevölkerung kann recht zügig gründen, Führungspositionen übernehmen oder als »Unternehmer im Unternehmen« lernen, Großprojekte am Arbeitsplatz zu stemmen. Beim Stay-long-Typ wird es schon etwas schwieriger. Dieser braucht rund sechs bis neun Monate intensive Begleitung, Coaching und Training, um in die Nähe des

Unternehmertypen zu kommen. Aber auch dieser Typus kann es mit einer längeren prozessorientierten Unterstützung schaffen.[1] Es ist nur eine lange Reise für ihn, auf der er immer wieder den inneren Schweinehund besiegen muss. Denn viele aus dieser Gruppe sagen vorschnell: »Das kann ich nicht!« Auch diese Gruppe umfasst ungefähr 30 Prozent unserer Mitmenschen.

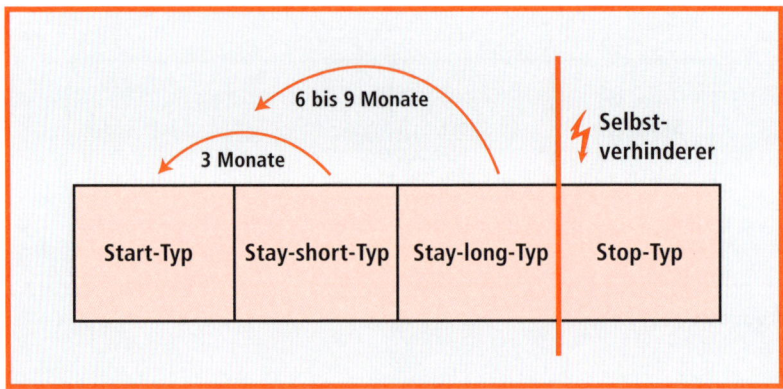

Abbildung 18

Den Menschen, die sich in der Stop-Typ-Gruppe befinden, gelingt es dagegen so gut wie nie, richtig für ein Projekt zu brennen und einen »Flächenbrand auszulösen«. Dies liegt meistens nicht am mangelnden Intellekt oder den unzureichenden Fähigkeiten. Es sind größtenteils innere Sperren, massive Ängste, enorme charakterliche Defizite oder schlichtweg pure Disziplinlosigkeit, die diese Menschen daran hindern, unternehmerisches Feuer zu entwickeln. Die Zahl dieser Personen liegt bei etwa 35 bis 37 Prozent in unserer Gesellschaft, also bei ungefähr einem Drittel. Was bei dieser Gruppe auffällt: Das für das unternehmerische Denken und Handeln notwendige Potenzial bringen viele Personen theoretisch mit. Allerdings: Sie können es schlichtweg nicht ausreichend abrufen. Mein Rat: Menschen dieser Gruppe sollten vielleicht keine Führungspositionen übernehmen und sollten ganz sicher nicht in ein Gründungsabenteuer springen. Aber: Auch diese Menschen können in ihren Fähigkeiten wachsen und zumindest ein wenig mehr Feuer entwickeln. Wenn eine Minimaldefinition des unternehmerischen Mutes in Organisationen lauten würde, »langfristig im Sinne der

Organisation zu handeln«, so könnten die Stop-Typen in einem kleinen Rahmen wachsen, indem sie ihre Energien und Fähigkeiten dafür einsetzen, sich im Sinne der Unternehmens-, Abteilungs- oder auch Teamziele zu engagieren. Auch dies ist eine ehrenvolle und notwendige Aufgabe. Ich habe die Stop-Typen bewusst erst hier erwähnt. Denn es gibt zu viele sensible Menschen, die zu den beiden mittleren Gruppen gehören, sich aber aufgrund ihres Problembewusstseins über die großen Herausforderungen fälschlicherweise der letzten Gruppe zuordnen würden. Und das wäre eine fatale Fehleinschätzung und äußerst schade. Dass »fast jeder« grundlegend und intensiv unternehmerisches Denken und Handeln entwickeln kann, bezieht sich also auf knapp zwei Drittel der Gesellschaft. Wenn Sie sich mithin dem letzten Typus zuordnen würden, überprüfen Sie Ihre Einschätzung bitte in Ruhe. Aus dem ersten Kapitel wissen Sie: Wenn Sie selbstständig eine Reise in ein fremdes Land organisieren können, gehören Sie wahrscheinlich nicht in die Gruppe der Stop-Typen. Sie zeigen beim Organisieren alle entscheidenden Kompetenzen, die Sie zur Bewältigung größerer Herausforderungen benötigen. Und darauf sollten Sie aufbauen.

Die große Herausforderung: am Unternehmen arbeiten

Wenn Sie sich nun zum Unternehmertyp entwickeln wollen, beachten Sie: Es ist ein riesiger Unterschied, *in* einem Unternehmen zu arbeiten oder *an* einem Unternehmen. Das gilt für Angestellte, die Großes planen, für Führungskräfte und für Unternehmer gleichermaßen. Unternehmerisch denkende und handelnde Menschen arbeiten nicht nur im Unternehmen, sondern am Unternehmen. »Im Unternehmen« – das bezieht sich meist auf definierte Prozesse und deren Erfüllung, vom Einkauf, über Produktion zu Vertrieb, Buchhaltung oder was auch immer. »Am Unternehmen« – damit ist der Aufbau der Organisation gemeint, der Beitrag zum Wachstum der Firma, der Abteilung, des Teams, ja der Beitrag zum Wachstum eines Arbeitsplatzes. Das ist ein ganz anderes Paar Schuhe. Denn an der Spitze – egal auf welcher Höhe – geht es anders zu. Sie müssen sich also neue Fähigkeiten aneignen. Lassen Sie mich ein Beispiel aus dem Gründungsbereich nennen: Wenn Sie ein genialer Schuhmacher sind, heißt das noch lange nicht, dass Sie auch ein Schuhmachergeschäft aufbauen können. Ich gehe sogar so weit, dass Sie dafür im Prinzip nur einfache Kenntnisse als Schuhmacher brauchen. Denn die guten Schuhmacher können Sie doch einstellen. Sie selbst jedoch müssen verstehen, wie das Geschäft funktioniert. Sie müssen wissen, wie Sie erfolgreiche Geschäftsmodelle aufbauen und umsetzen. Sie müssen also einen Transformationsprozesse durchlaufen – und zwar vom Spezialisten zum Generalisten. Bevor Sie die neue Führungsstelle antreten oder gründen, sind Sie eher ein Spezialist in dem, was Sie tun. Nun müssen Sie zum Generalisten werden.

 **Zwischen dem Spezialisten und dem Generalisten liegt ein enormer Wachstumsprozess.**

Phoenix aus der Asche: vom Spezialisten zum Generalisten

Diese Veränderung findet auf mehreren Ebenen statt. In verantwortungsvoller Position müssen Sie auch lernen, strategischer zu denken, also vom Taktiker mit dem direkten Ziel vor Augen zum Strategen werden, der mittel- und langfristige Ziele im Blick behält und diese zudem in kleine Schritte zerlegen kann. Hinzu kommt: Sie werden plötzlich zum Hauptdarsteller mit großer Verantwortung. Eine Rolle, in die sich viele auch erst einmal hineinfinden müssen. Denn Sie können sich nicht mehr so leicht verstecken. Die Augen der Mitarbeiter und Mitstreiter – manchmal auch von Kunden und Öffentlichkeit – sind halt oft auf die Chefin, den Abteilungsleiter, den Vereinsvorstand, die Freiberuflerin gerichtet. Sie müssen diplomatischer vorgehen und die Kraft zur Integration und Ausbalancierung verschiedener Interessenlagen haben. Jedoch: Seinen Laden im Griff zu haben – das hat nicht immer nur mit diplomatischem Geschick zu tun. Zuweilen müssen Sie mit klaren Ansagen arbeiten, Kante zeigen, unbequeme Wahrheiten aussprechen und unangenehme Anordnungen und Entscheidungen treffen.

Eine unbequeme Wahrheit, die ich Ihnen sagen muss: Sie müssen auch mehr einstecken können. Das klingt paradox, ist aber so. Je weiter oben Sie sich in der Hierarchie bewegen, je mehr Angriffsfläche bieten Sie. Vielleicht können auch mehr Menschen Sie weniger leiden. Glauben Sie mir: Die Fähigkeit, mit Kritik und Angriffen umzugehen, muss proportional zur Karrierestufe oder der Größe Ihres Start-ups wachsen. Und öfters geht es »da oben« in verantwortlicher Position – sei es als Selbstständiger oder als Angestellter – fast nur noch um eines: um Macht, um Machtkämpfe. Um das Durchsetzen der eigenen Vision – oder um das Verhindern anderer. Und das ist sehr anstrengend – sofern Sie es nicht gelernt haben, damit umzugehen. Dies sind alles Herausforderungen, die erst einmal angenommen und angegangen werden müssen. Das Problem: Die dafür notwendigen Kompetenzen wurden bei Ihnen ja leider bisher kaum geschult. Ich gehe davon ganz frech aus, denn dies trifft auf über drei Viertel aller Gründer und angehenden Führungskräfte und sicher auch vieler Aktivisten und Impulsgeber zu. Wenn also Gegenwind kommt, ist die Frage, wie damit umgehen. Wie groß ist Ihr inneres Ja zu Ihren Zielen und Werten? Letztlich bringt Gegenwind Energie – die Sie für Ihr Projekt brauchen können.

»Habe keine Angst vor Widerstand – denke daran,
dass es der Gegenwind und nicht der Rückenwind ist,
der einen Drachen steigen lässt.«
Schwedisches Sprichwort

Weitergedacht: Sind Sie bereit, sich großen Herausforderungen im Entwicklungsprozess zu stellen?

Nicht wenige Menschen stehen vor den genannten Herausforderungen und knicken innerlich ein. Die Vielzahl der notwendigen Veränderungen schreckt ab. Wenn Sie aber die innere Überzeugung hätten, »es« wirklich schaffen zu können, dann wäre der Wille dazu leichter aufrechtzuerhalten. Auch hier fängt der Prozess damit an, dass Sie ein großes Ja dazu entwickeln.

Das Feuer auf mehreren Ebenen in Gang setzen

Veränderungen oder Transformationsprozesse zielen auf unterschiedliche Ebenen unseres Seins. Am einfachsten ist es, das Wissen zu erweitern, also auf der Wissensebene produktive Veränderungsprozesse in Gang zu setzen. Je nach Wissensstand und zu erreichendem Ziel reicht da manchmal eine einfache Schulung aus, um den Kenntnisstand deutlich nach vorne zu bringen. Ob diese Wissenserweiterung zur Weiterentwicklung der persönlichen Kompetenzen beiträgt, ist eine andere Frage. Ironischerweise denken die meisten Menschen, wenn sie ein Start-up oder eine Führungsposition anstreben, dass die Wissenserweiterung die wichtigste Ebene der Weiterentwicklung sei. »Wissen aufbauen, Kenntnisse aneignen, dann die irgendwo schön zusammengefassten Regeln einer erfolgreichen Führungskraft auswendig lernen – und schon kann ich Chef spielen.« Die Wissenserweiterung ist aber der leichteste Part – auch wenn dazu viele Dutzend Aktenordner, langwierige Weiterbildungsmaßnahmen oder gar ein Studium gehören sollten. Wenn Menschen in meine Start-up-Beratung kommen, frage ich sie zunächst, was ihnen aus ihrer Sicht fehlt, um ihr Ziel zu realisieren. »Buchhaltungskenntnisse« werden am meisten genannt. Dabei müssen die großen Änderungen auf ganz anderen Ebenen stattfinden – das zeigt die folgende Abbildung:

Abbildung 19

 **Dein Mut zeigt sich darin, was du bereit bist zu lernen – auch wenn es die Tiefe deines Charakters betrifft.**

Im Fokus: Ihre Werte und Prinzipien

In diesem Transformationsmodell erkennen Sie fünf verschiedene Ebenen – von den nur schwer zu verändernden Prinzipien und Werten bis hin zum leicht erlernbaren Wissen. Im Mittelpunkt stehen Ihre *Prinzipien und Werte*, Ihre inneren Motive und Antriebsfedern. Diese sind recht stabil, ändern sich lediglich langfristig über die Jahrzehnte hinweg, prägen unsere Verhaltensmuster und sind den Menschen selten bewusst. Sie haben ja beim Empowerment-Systemmodell nach diesen Prinzipien und Werten gefischt und gesehen, wie oft Sie diese bewusst im Alltag wahrnehmen – nämlich äußerst selten. Dennoch liegt in der Erfüllung unserer Prinzipien und Werte eine der wichtigsten Quellen für unsere Zufriedenheit. Sie bestimmen auch, in welcher Dimension Sie Ihren unternehmerischen Mut ausleben wollen. Im nächsten Ring liegen *die Eigenschaften und Haltung(en)* von Personen. Auf dieser Ebene finden sich viele der Faktoren, die wir bei mutigen Menschen bewundern: ihre Motivationsfähigkeit, ihre Neugier, ihre Hingabe, ihre Disziplin, ihr Selbstvertrauen und ihr Biss. Das ist die Ebene, auf der die Entscheidungen für den eigenen unternehmerischen Mut greifen müssen. Dort muss Ihr »Ich will!« wachsen.

Brennvorgang: Identifizieren Sie sich mit Ihrer Rolle

Auf der Ebene von *Zugehörigkeit und Identität* geht es darum, welcher Gruppe Sie sich verpflichtet fühlen und wie Sie sich selbst sehen. Meine Erfahrung ist: Es dauert oft sechs bis neun Monate, bis es gelingt, sich mit der neuen Rolle – etwa: »Ich bin jetzt Führungskraft oder Unternehmer«– zu identifizieren. Wenn Sie nicht bereits in jungen Jahren darauf fokussiert waren, eine Führungsposition oder das Unternehmerdasein konsequent anzustreben, sich also mental nie darauf vorbereitet haben, diese Verantwortung zu übernehmen, brauchen Sie einfach eine gewisse Zeit, bis Sie voller Überzeugung sagen können: »Ich bin Chef, ich nehme meine neue Rolle an!« Dann erst senden Sie diejenigen Signale aus, dass auch andere Sie so sehen können. Dafür gibt es den »Party-Check«. Wenn Sie auf einer Feier sind, wo Sie kaum jemanden kennen: Bei welcher Gruppe stehen Sie? Welche Gruppe nimmt Sie quasi automatisch auf? Oft gilt: Gleich und Gleich gesellt sich gern. Als ich vor etlichen Jahren den Sprung vom Künstler zum Unternehmensberater gemacht habe, konnte ich das wunderbar auf einem Kunstevent in Brüssel beobachten. Ich bin dort jedes Jahr hingefahren. Die meisten Künstler reisen für die drei Tage mit ihren Partnern an, von denen viele »normale« Berufe ausüben. Auf einmal stand ich abends in einer Gruppe von Männern, die alle Unternehmer oder Berater waren. Früher sind wir uns unbewusst aus dem Weg gegangen. Jetzt zogen wir uns automatisch an und redeten bis tief in die Nacht über »Business«. – Und diesen oft unbewusst verlaufenden Prozess meine ich, wenn ich von »Zugehörigkeit und Identität« spreche. *Fähigkeiten und Kompetenzen* sowie *Wissen und Kenntnisse* sind dagegen recht einfach aufzubauen. Aber die wichtigen Prozesse finden in der Tiefe statt. Wenn Sie sich nicht der Entwicklung Ihrer Identität und Zugehörigkeit, Ihrer Eigenschaften und Haltungen annehmen, dann wird Ihr inneres Feuer nie wachsen.

Paninisammelbild-Tauscher oder neuer Steve Jobs: Bestimmen Sie Ihre Flughöhe

Wie hoch wollen Sie eigentlich mit Ihrem unternehmerischen Mut hinaus? Sie bestimmen ja selbst das Ziel und die Flughöhe. Von diesem Ziel hängt es ab, welche Investitionen Sie in Ihre Zukunft tätigen und welche Risiken Sie eingehen werden. Wollen Sie die nächste Killer-App programmieren, daraus ein Imperium schmieden und mit Mark Zuckerberg in einem Atemzug genannt werden? Oder reicht Ihnen eine eigene Dönerbude oder ein Teamleiterposten? Ich meine das ganz neutral und nicht wertend. Zwischen diesen Extremen dürfte irgendwo Ihr Ziel liegen. Und von diesem Zielpunkt aus definieren Sie Ihre Schritte und Maßnahmen. Ich bin mir übrigens sicher, dass sich diese Flughöhe am stärksten aus Ihren Werten und Prinzipien speist. Zudem bin ich kein Anhänger davon, immer nur ein einziges Lebensziel auszurufen. Das stärkt nur die Fallhöhe: Es ist oft erdrückend und wirkt kontraproduktiv und lähmend, sich an gigantischen Lebenszielen zu orientieren, die in weiter Ferne liegen. Sie sollten eher einen Zeithorizont von drei bis fünf Jahren angehen.

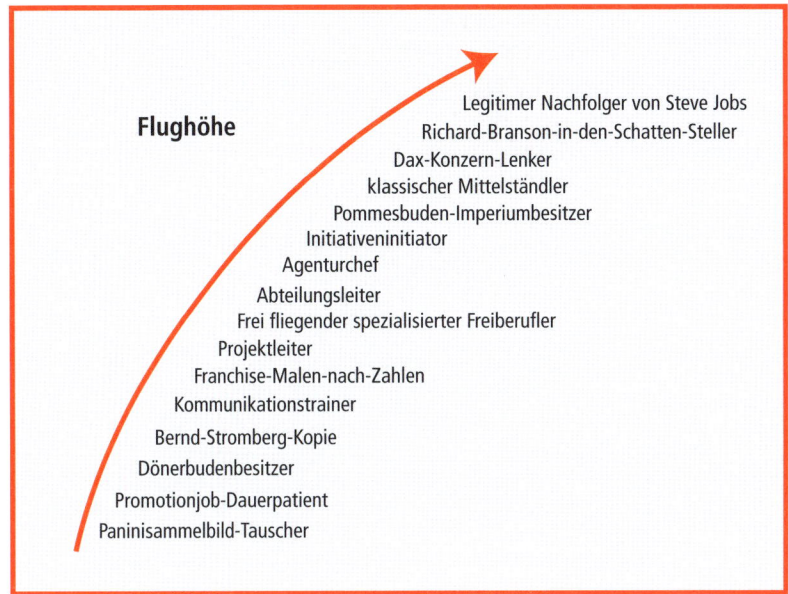

Flughöhe

Legitimer Nachfolger von Steve Jobs
Richard-Branson-in-den-Schatten-Steller
Dax-Konzern-Lenker
klassischer Mittelständler
Pommesbuden-Imperiumbesitzer
Initiativeninitiator
Agenturchef
Abteilungsleiter
Frei fliegender spezialisierter Freiberufler
Projektleiter
Franchise-Malen-nach-Zahlen
Kommunikationstrainer
Bernd-Stromberg-Kopie
Dönerbudenbesitzer
Promotionjob-Dauerpatient
Paninisammelbild-Tauscher

Abbildung 20

Die natürlich nicht ganz ernst gemeinte Aufstellung – Sie können gerne Stufen umstellen oder einfügen – folgt mit lustigen Begriffen einer Unwahrscheinlichkeitsachse. Je höher Sie kommen, desto dünner wird die Luft und umso unwahrscheinlicher wird es, dass das gesetzte Ziel auch tatsächlich erreichbar ist. Viele Faktoren müssen sich dann glücklich zusammenfügen, damit es gelingen kann. Daher: Kein Druck! Ein allgemein akzeptierter Steve-Jobs-Nachfolger wird von den Medien halt nur alle Jubeljahre gekürt.

Wann wollen Sie Ihre Flughöhe erreichen?

Sind Sie nun bereit, sich über Ihre tatsächliche Flughöhe Gedanken zu machen? Bis wohin wollen Sie hinaus? Und bis wann? Dann beginnen Sie mit der Überlegung: Wie hängt der Faktor Zeit mit Ihrem Erfolg und Ihrer tatsächlich vorhandenen Flughöhe zusammen? Ganz gleich, wie ausgeprägt Ihr unternehmerischer Feuereifer und Mut ist: Bei der Umsetzung Ihrer Idee stellt sich der Erfolg stets zeitversetzt ein: Erst legen Sie die Saat (Ihren gelebten Mut) aus, dann erfolgt die

Ernte (Ihr Erfolg). Beschäftigen Sie sich mit der Frage, bis wann Sie Ihr Vorhaben verwirklicht haben wollen. Schauen Sie sich dazu vier ganz unterschiedliche Kurven über Erfolg und Zeit an:

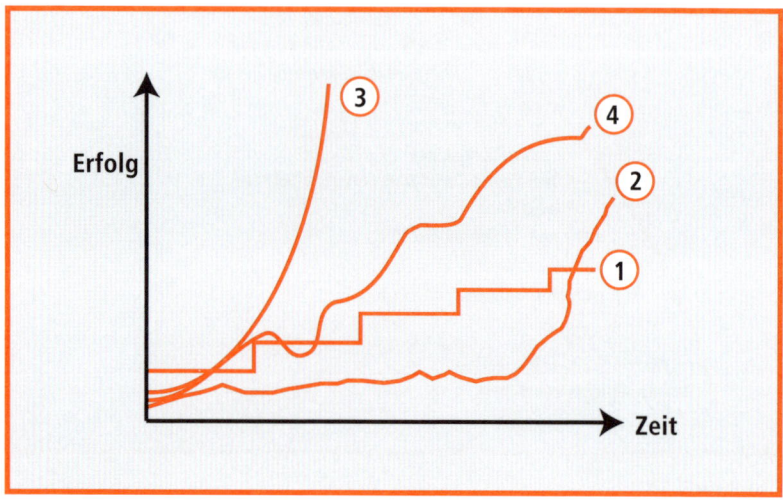

Abbildung 21

- **Kurve 1** ist der Klassiker der Karriere in Unternehmen und Behörden. Es geht immer ein kleines bisschen bergauf – und irgendwann ist Schluss; man ist am Ende der Fahnenstange angelangt. Selbst steile Karrieren folgen diesem Muster, nur schneller und mit größeren Sprüngen. Heutzutage gibt es in diesem Bereich zwar zuweilen eher untypische Lebensläufe, aber trotzdem ist die Kurve 1 immer noch häufig vertreten.

- **Kurve 2** zeigt einen gar nicht so selten erlebten realen Verlauf eines Start-ups. Lange Zeit sieht es so aus, als ob der Durchbruch zum Erfolg ewig auf sich warten ließe. Ein befreundeter IT-Experte hat Ende der 1990er-Jahre eine Software für eine sehr spezielle Zielgruppe entwickelt und dümpelte über elf Jahre vor sich hin. Die Einnahmen reichten immer gerade so aus, um das Team zu bezahlen, für ihn selbst blieben gerade zwei Tausender im Monat hängen. Gelebt hat er hauptsächlich von dem Gehalt seiner Frau. Er dachte immer, der Erfolg würde sich gewiss im nächsten Jahr einstellen. Aber vergebens. Die meisten bezeichneten ihn als »sturen Hund«. Aus der Ferne und in der Fremdwahrnehmung sind Durchhaltevermögen und Sturheit ja oft schwer auseinanderzuhalten. Heute zeigt sich, dass er über ein enormes Durchhaltevermögen verfügte – und verfügt. Seine Software hat sich schließlich in der Nische durchgesetzt, seine Erfolgskurve ging steil nach oben. Leider brechen nicht wenige Menschen ihren Versuch, ihren Entwicklungsprozess voranzutreiben, zu früh ab. Manchmal ist es zwar auch richtig, das sinkende Boot zu verlassen oder sich von einer Idee zu verabschieden – aber nicht immer.

- **Kurve 3** zeigt den Internetwunschtraum. Jemand hat die Geschäftsidee des Jahrzehnts, kann sie schnell umsetzen, den Markt durchdringen, zuweilen auch Umsätze und Gewinne einfahren – und dann so richtig Kasse beim Verkauf der Firma machen. Die Samwer-Brüder, die nach sechs Monaten ihr Start-up alando.de, ein Internet-Aktionshaus, für 43 Millionen Dollar an Ebay verkauften, sind für Kurve 3 ein schönes Beispiel. Realistisch und statistisch gesehen sind solche Verläufe aber selten, wenn nicht sogar extrem selten.

- **Kurve 4** schließlich zeigt den eher durchschnittlichen Verlauf mit allen Höhen und Tiefen. Die erste Phase ist mit Absicht sehr niedrig angesetzt. Dies entspricht nämlich der Realität: Es dauert eben, bis man den Markt aufgebaut hat, der die gewinnträchtige Umsetzung einer Idee erlaubt.

Auf dem Weg zur unbewussten Kompetenz

Nun ist es an der Zeit, Ihre verschiedenen Überlegungen zu bündeln. Sie wissen jetzt, wie viele Prozessebenen in Ihren persönlichen Prozess hineinspielen: Flughöhe, Tiefe der Transformationsprozesse, Ausgangssituationen, Phasen des unternehmerischen Mutes.

Riecht dieses »Weitergedacht« nach Arbeit? Ja, nach richtig intensiver, schweißtreibender, ehrlicher Arbeit. Wunderbar! Nutzen Sie dabei auf jeden Fall die sechs Brandbeschleuniger aus dem ersten Kapitel. Solche Prozesse brauchen gute Katalysatoren, wie Sie sicher wissen. Ein grundlegender Katalysator: das tägliche Dranbleiben! Auf dem Weg zur Meisterschaft durchlaufen wir alle in allen Bereichen immer vier Phasen, und zwar vom unschuldigen Nichtwissen bis hin zum puren und wahrhaftigen Können. Die »unbewusste Inkompetenz« ist die Phase, in der wir noch nicht einmal wissen, dass uns etwas fehlt. Ich nenne das: unschuldig ignorant sein. In der Phase der »unbewussten Kompetenz« ist uns dagegen die gelernte Fähigkeit, Haltung oder Eigenschaft in Fleisch und Blut übergegangen. Wir leben die Fähigkeit einfach – ohne darüber groß nachzudenken. Das gilt übrigens für alle Bereiche – ich nenne als Beispiele nur das Schuhebinden oder das Rad- und Autofahren, die Verhandlungsführung, das Schreiben von Businessplänen, die Fähigkeit, Chancen zu erkennen und Mut zu haben, die Entwicklung zur Führungskraft.

Bei dem Übergang der Fähigkeiten, Haltungen oder Eigenschaften in das Stadium der »unbewussten Kompetenz« sind zwei wichtige Problembereiche zu beachten:

■ Das erste Problem taucht auf, wenn Menschen erkennen, dass ihnen etwas fehlt. Doch statt genau diese Diagnose zu stellen und etwas daran zu ändern – eine mangelnde Fähigkeit zum Beispiel aufzubauen –, reden viele sich ein, dass sie »es nicht schaffen

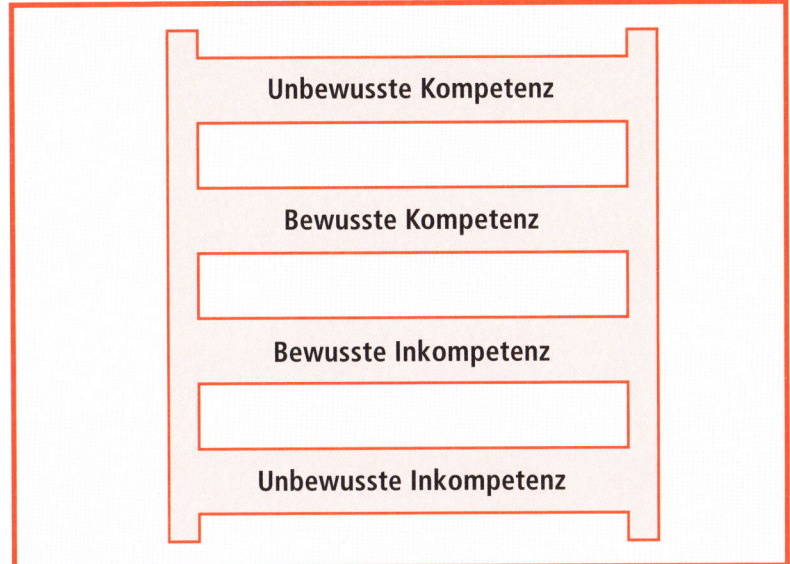

Abbildung 22

werden«. Die Folge: Sie gehen – wie wir täglich beobachten können – eine Herausforderung gar nicht erst an.

- Das zweite Problem taucht beim Übergang vom ersten Lernen, bewusste Kompetenz genannt, zum virtuosen – und damit unbewussten – Ausleben dieser neuen Fähigkeit, Haltung oder Eigenschaft auf. Denn dieser Übergang gelingt meistens nur, wenn Sie Disziplin, Durchhaltevermögen und Frustrationstoleranz an den Tag legen. Jedoch: Dazu sind die meisten Menschen nicht in der Lage oder willens, sie fallen »von der Leiter« und geben auf halbem Weg auf.

Die besondere Herausforderung für Sie als Gründer, neue Führungskraft oder als jemand, der »sein Ding« verwirklichen will, besteht ja gerade darin, dass es Dutzende dieser Herausforderungen gibt. Alles, was noch nicht in Fleisch und Blut übergegangen ist, kostet Kraft. Eine Menge Willenskraft sogar, denn es ist ja noch kein Teil von Ihnen, Sie haben es noch nicht in Ihre Persönlichkeit integrieren können. Entscheidend ist aber, wie Sie damit umgehen, wenn Sie einen Rückschlag erleiden und es Ihnen nicht gelingen will, das Stadium der unbewussten Kompetenz zu erreichen.

Jede Krise ist ein Wendepunkt

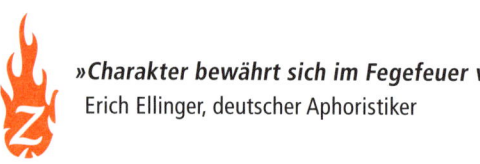

»Charakter bewährt sich im Fegefeuer von Prüfungen.«
Erich Ellinger, deutscher Aphoristiker

Natürlich: Das eigene unternehmerische Feuer zu entwickeln macht Spaß. Es gibt so viele begeisternde Momente, Durchbrüche und wertvolle Erlebnisse. I love it. Aber: Wenn ich nur diese emotionalen Höhepunkte suche, übersehe ich eines der wichtigsten Elemente meines Wachstums: die Krise. Sie ahnen es: Ohne Krisen kein Wachstum. Ohne schmerzhafte Wendepunkte im Leben gibt es keine Entwicklung. Es gibt nicht wenige Menschen, und zwar sehr erfolgreiche, die den Entwicklungsprozess zum unternehmerischen Feuer und Mut als eine immerwährende Krisensituation definieren. Und darum ist nun vor allem Ihr Durchhaltevermögen gefragt. Welche Biografie eines Unternehmers, einer Führungskraft oder großartigen Person der Geschichte Sie auch lesen, Sie werden erfahren: Alle haben Krisen durchlebt. Ausnahmslos! Alle beschreiben die harten Anfangsjahre aber zugleich als die wertvollsten in ihrem Leben, weil sie in, an und mit den Krisen gewachsen sind: ob nun Dietrich Bonhoeffer, Mahatma Gandhi, Desmond Tutu, Nelson Mandela, Martin Luther King, Lech Walesa oder eben ein Unternehmer. Wobei diese Menschen sogar mit ihrem Leben für eine gerechte Sache einstehen mussten. Umso bewunderungswürdiger ist es, dass sie sich von ihrem Weg nicht haben abbringen lassen.

In meinen Zwanzigern haben zwei Vordenker meine Gedankenwelt stark geprägt. Der eine, Peter F. Drucker, ist eine Managementlegende und vielleicht der effektivste Wirtschaftsdenker im letzten Jahrhundert gewesen. Der andere, John M. Perkins, ist ein farbiger Bürgerrechtler und hat an der Seite von Martin Luther King gearbeitet. Neulich las ich im Buch »Komm mit mir in die Freiheit« ein Interview mit John M. Perkins, dass beide sich vor dem Tod von Mr. Drucker öfter zum Gespräch getroffen und die Frage diskutiert hatten: »Wie entstehen große Führungspersönlichkeiten?« Drucker und Perkins stehen für mich symbolisch für die Bereiche Wirtschaft und Gerechtigkeit. Und beide sind sich einig: »Wir rangen damit, ob diese Persönlichkeiten einfach so großartig geboren oder ob sie ausgebildet wurden und dadurch ihre Größe gewannen. Weißt du, was ich sage: Große Führungskräfte erstehen. Sie erscheinen aus den Qualen und Schmerzen und Kämpfen ihrer Zeit.«[2]

Und das, was für die »ganz Großen« gilt, gilt auch für uns alle im Kleinen. Sich täglich den Herausforderungen stellen und Ja zu den Krisen sagen – das zeigt einen Charakter, der Mut praktisch werden lässt. Ich persönlich habe sogar ein wenig Angst vor Menschen, die immer »nur« ihre großen Visionen vortragen, ohne die »dunklen« Aspekte des Weges zur Verwirklichung zu benennen. Ohne das tägliche Dranbleiben und Umsetzen ist das nur heiße Luft. Mit viel Mundgeruch und Schweißausdünstungen. Das brennt nicht lange, das gibt nur eine Verpuffung.

⤳ Weitergedacht: Sagen Sie Ja zu Ihren Krisen?

- Freunden Sie sich damit an, dass Wachstum ohne Krise nicht existiert.
- Selbstvertrauen wächst genau in diesen Krisen. Wenn Sie Krisen meistern, zahlen Sie auf Ihr eigenes Integritätskonto ein.
- Dies ist auch im Nachhinein noch möglich, wenn Sie sich also Ihren Niederlagen oder negativ erlebten Krisen stellen. Sie müssen sie dann »nur« annehmen, loslassen können und die damit verbundenen mutigen Schritte nach vorne gehen.
- Jeder Mensch, der sich entschließt, mutig zu werden, muss sich diesen alten Wunden stellen. Und da kommt Brandbeschleuniger Nummer fünf zum Einsatz, nämlich der konstruktive Umgang mit Rückschlägen.

There ain't no Happy Pill

 Es gibt keine »Happy Pill« im Leben. Egal in welchem Gewand sie daherkommt – sei es als Abkürzung, Garantie oder Doping.

»Happy Pill« ist meine Definition für die versuchte Abkürzung zum unternehmerischen Mut, zum Erfolg. Es gibt Menschen, die sich dem manchmal schwierigen, langen und anstrengenden Prozess, unternehmerischen Mut zu entwickeln, nicht stellen wollen oder können. Ihre Vorstellung: Einfach die Erfolgspille oben einwerfen – und schon kommt unten der Erfolg raus. Ich sag es ganz offen. Mich nervt in diesem Zusammenhang vor allem ein Ausspruch, der perfekt zur Verschiebung der eigenen Verantwortung passt und den ich als Berater schon recht oft gehört habe: »Jetzt haben wir (ich) ja in der Anfangsphase einen tollen Berater an der Seite, dann kann ja nichts mehr schiefgehen.« Als wäre ein Dritter, ein Berater, eine Garantie für den Erfolg. Als müsste man sich selbst nicht mehr anstrengen. Niemand kann den Hund zum Jagen tragen!

Eine Erfolgsgarantie gibt es nicht

Während ich diese Zeilen schreibe, bin ich auf einer Rednerkonferenz in den Staaten. Fünf Tage Input zum Thema »erfolgreiche Vorträge halten«. Diesen Kongress besuche ich jedes Jahr. Er bringt mich jedes Mal wieder richtig nach vorne. Die Amerikaner haben das Thema einfach gut drauf. Und doch fällt mir eines oft auf – und zwar besonders kritisch: Viele dort auftretende »Motivationsgurus« garantieren einem quasi den Erfolg – wenn man sich nur an ihre Regeln, ihre Systematik hält. Wenn ich nur authentisch bleibe, einige Erfolgsregeln einhalte und vor allem nie aufgebe, wird der Erfolg garantiert eintreten. »Vom Tellerwäscher zum Millionär« – das ist dort immer noch als Gesetz in Stein gemeißelt und wird von vielen Menschen geglaubt. Ist die Welt so mechanistisch, die Geschichte eine Maschine? Das wissen wir heute besser. Ich bin immer wieder geschockt, wenn Menschen sagen: »Wenn ich das alles einhalte, muss der Erfolg automatisch kommen!« Oder: »Erfolg ist die Summe richtiger Entscheidungen.« Getoppt wird dies noch von esoterischen Gurus, die Erfolg als das »Eins-Sein« mit dem Universum oder den Sternen definieren. Dem halte ich entgegen: Es gibt keine Garantie. Never. Niemals. Punkt. Das macht doch gerade Mut aus, dass der Ausgang nicht gewiss ist – und man es trotzdem wagt!

Der Weg ins Nichts: hohe Einkommen mit einem einfachen System für jeden

»Das Glashaus beschleunigt das Wachstum, verzögert aber gleichzeitig das Reifen.«
Pavel Kosorin, tschechischer Schriftsteller und Aphoristiker

Alle paar Tage lächelt mich ein Internetbanner mit großen Versprechungen an. »Von zu Hause ohne Anstrengung – Sie verdoppeln Ihr Monatsgehalt garantiert!« Das gibt es in 1000 Varianten. Mal sind es versprochene 5000 Euro, mal 1500 Euro für einen Minijob. Immer ohne Vorkenntnisse, einfach für jeden zu handhaben und zu 100 Prozent sicher. Immer wieder laufen mir Menschen über den Weg, die es ausprobiert haben. Alle sagen einmütig: »Das war nur Verarsche und hat Geld gekostet.« Diese Anbieter wollen erst einmal Ihr Geld, bevor »richtig« verdient wird. Ich jedenfalls kenne keine Jobs, die garantiert sehr schnell sehr viel Geld bringen – außer vielleicht bei Medikamententests, durch Prostitution oder durch Drogendealen. Darum noch einmal: Finger weg. Es gibt keine »Happy Pill«.

Neuro-Enhancer: Hilft Gehirndoping?

»Man kann nur erlangen, wozu man reif geworden ist, und es kann in der geistigen und Charakter-Entwicklung keinen Sprung geben.«
Friedrich Wilhelm Christian Karl Ferdinand Freiherr von Humboldt

Eine recht junge wissenschaftliche Debatte gibt es zum Thema Gehirndoping mit Medikamenten. Seien es Antidepressiva, Betablocker, Stimulanzien oder Antidementiva: Vielen Mitteln wird eine Steigerung der mentalen Leistungsfähigkeit nachgesagt. Der Philosoph Roland Kipke sagt dazu: »Neuro-Enhancer stören die gesunde Selbstentwicklung.«[3] Trotzdem: Wäre es nicht klasse, mit einer Pille seinen Mut anzufachen? Ich lehne diese Art des Gehirndopings mit aller Entschiedenheit ab. Wer auf diesem Weg innerlich stärker werden will, wird abhängig und schwächer. Denn letztendlich verhält es sich wie beim Alkoholiker oder Kokser, der sich den Mut antrinkt oder reinschnieft – dieser Weg führt in die Passivität. Und überdies bleibt all das auf der Strecke, was notwendig ist, um unternehmerisches Feuer zu entfachen: der Wille zur Anstrengung, Aktivität, Selbstbeobachtung, Selbstreflexion, Selbststeuerung.

FAZIT: Der Weg zum unternehmerischen Feuer ist ein Prozess, den fast jeder gehen kann!

- Sie entscheiden über Ihre Flughöhe, Ihre Ziele, Ihre Geschwindigkeit und über die Ebenen, auf denen Ihr Entwicklungsprozess abläuft.

- Wesentliche Situationen auf dem Entwicklungsweg zur unbewussten Kompetenz sind: Sie erweitern kontinuierlich Ihre Fähigkeiten, setzen sich SMARTe Ziele, arbeiten *am* Unternehmen und entwickeln sich zum Generalisten.

- Krisen und Rückschläge gehören dazu. Jeder Mensch muss auf dem Weg zum unternehmerischen Feuer anstrengende Durststrecken überstehen.

- Es gibt keine »Happy Pill« – Abkürzungen zum Erfolg sind nicht vorhanden.

Interview mit Eva Osterholz[4]: »Zu kündigen, ohne zu wissen, was folgt, hat sehr viel Mut erfordert«

Eigenen Senf zu produzieren und zu vermarkten, haben in der Öko- oder Feinkostszene schon viele versucht – und fast alle sind gescheitert. Im Sommer 2008 kam eine Frau in meine Beratung und wollte aus ihrem Hobby ein Start-up machen. Von ihrem Auftreten, ihren Ideen und ihrem Humor war ich sofort begeistert und war mir sicher: Das klappt. Mit dabei hatte sie drei Proben. Ich besorgte auf dem Nachhauseweg noch schnell Grillgut, um den Senf zu testen. Seitdem bin ich bekennender Fan von Senf Pauli. Mein Tipp: Den »1024 Pixel« müssen Sie probieren!

■ *Frau Osterholz, wie sind Sie zum Senfmachen gekommen?*

Eva Osterholz: Für Senf habe ich seit meiner Kindheit eine Leidenschaft und schätze ihn als Brotaufstrich und beim Kochen. Mit der Herstellung von Senf habe ich während meiner früheren Bürotätigkeit begonnen, da mich die Arbeit mit den Händen, das Experimentieren mit den unterschiedlich scharfen Senfsaaten und die duftenden Gewürze geerdet haben. Das ist übrigens bis heute so: Wenn ich einige Stunden in der Produktion gearbeitet habe, bin ich glücklich. Bei produktiven Hobbys überschreitet man irgendwann die eigenen Lagerkapazitäten und ich begann, meine Senfe im Freundes- und später im Bekanntenkreis zu verschenken. Die Rückmeldungen waren positiv, aber dabei habe ich mir damals noch nichts weiter gedacht.

■ *Wie ist Ihre Entscheidung, daraus einen »richtigen« Beruf zu machen, gefallen?*

Eva Osterholz: Um das zu erklären, hole ich etwas weiter aus. In meinem ersten Leben war ich als Soziologin in der Weiterbildungsbranche tätig. Mit Anfang 30, nach einigen Jahren zwischen PC, Telefon und

Meetings, habe ich mir die Frage gestellt, ob diese berufliche Richtung die richtige ist – und nach einem »innerlichen Nein« auf diese Frage meinen Job gekündigt. Dann gab ich mir ein Jahr für die Neuorientierung und hospitierte bei verschiedenen Firmen, unter anderem in einer NGO, einer Kanzlei und einer Ziegenkäsemanufaktur. Finanziert habe ich mich in dieser Zeit mit Teilzeitjobs.

Eine Freundin, die Fan meines Freizeit-Senfs war, gab mir in dieser Orientierungsphase den Tipp, auf eine Messe zu gehen. Dort habe ich meine damals vier Senf-Sorten verkosten lassen und war nach wenigen Stunden ausverkauft. Nach diesem Erfolg dachte ich mir, »offenbar kannst du guten Senf machen«, und habe meine Produkte noch auf ein paar Märkten angeboten, mit dem gleichen Ergebnis. Daraufhin habe ich den Entschluss gefasst, mich mit einer Senfproduktion selbstständig zu machen, und habe Senf Pauli gegründet. Von da an hat sich alles Weitere ganz natürlich ergeben. Heute beliefern wir deutschlandweit den Feinkosthandel und die gehobene Gastronomie. Zu kündigen, ohne zu wissen, was folgt, war einschneidend und hat sehr viel Mut erfordert. Aber ich profitiere bis heute von den Erfahrungen aus diesem Jahr. Denn das Senfmachen, das bis dahin ein Hobby war, hat dadurch erst eine echte Chance bekommen.

■ *Wie sah Ihre größte Herausforderung aus?*

Eva Osterholz: Da ich als Autodidaktin zur Senfproduktion kam und auch die erste Unternehmerin in der Familie bin, gab es zu Beginn meiner Gründung keine Leitlinien oder Vorbilder, an denen ich mich orientieren konnte. Ich war häufig Goldgräberin und Pfadfinderin zugleich, was sehr mühsam sein kann. Auf der Suche nach dem richtigen Weg gab es einige Umwege und Sackgassen, aber auch das waren wertvolle Erfahrungen. Mittlerweile habe ich ein Netzwerk aus Gleichgesinnten, mit denen ich mich austauschen kann. Heute gilt es, ein gutes wirtschaftliches Gleichgewicht zu finden, nachdem die Firma in größere Räume gezogen ist und ich mehrere Mitarbeiter eingestellt habe.

■ *Welchen Tipp geben Sie Menschen, die selbst etwas starten wollen?*

Eva Osterholz: Verlassen Sie sich auf Ihr Bauchgefühl, dann sind Sie authentisch und überzeugend. Sprechen Sie vor Ihrem großen Schritt mit Menschen, die bereits etwas Vergleichbares erfolgreich machen, und suchen Sie sich gleich zu Anfang einen guten Mentor, der Sie begleitet.

8 Lehrjahre – ab zum Feuerholzsammeln!

»Es ist ein großer Vorteil im Leben, die Fehler,
aus denen man lernen kann, möglichst früh zu begehen.«
Winston Churchill, britischer Politiker

Was Sie in diesem Kapitel erfahren

- Sie sind gesprungen, haben Ihren Entwicklungsprozess angestoßen – jetzt geht es um Ihre »Lehrjahre«.

- Sie lesen, welche Aspekte in den Lehrjahren für Sie von besonderer Relevanz sind.

- Dazu zählen Ihre Branchenkenntnisse, der gezielte Regelbruch, die konventionelle Befolgung von Regeln und vor allem Ihre Menschenkenntnis.

Meine Hoffnung ist, dass Ihr persönlicher Entwicklungsprozess nun in vollem Gange ist. Sie haben sich für etwas entschieden, Sie wollen eine Firma gründen, einen Karrieresprung wagen, etwas Neues aufbauen. Machen Sie sich darauf gefasst, dass die bereits zitierte Floskel zutrifft, dass noch kein Meister vom Himmel gefallen ist. Es erwarten Sie harte und vielleicht stellenweise entbehrungsreiche Lehr- und Wanderjahre.

Im zweiten Kapitel habe ich die flammende These aufgestellt: »Unternehmerischer Mut ist ein Handwerk mit Lehrjahren, Wanderschaft und Meisterzeit.« So verhält es sich mit Ihrem persönlichen Entwicklungsprozess: Bevor Sie sich zur wahren Meisterschaft entwickelt haben, stehen in den Lehrjahren Lernprozesse an, zu denen sich in den Wanderjahren Erfahrungsprozesse gesellen. Und nur wenn sich alles gut zusammenfügt, werden Sie eines Tages sagen: »Jetzt bin am Ziel, jetzt bin ich in einem positiven Sinn am Ende angelangt, jetzt habe ich das erreicht, was ich erreichen wollte.«

Die Frage ist, ob dies tatsächlich wünschenswert ist. Denn wer sein Ziel erreicht hat, ist oft auch satt und genügsam. Das innere Feuer, das ihn vorantreibt, ist vielleicht erloschen. So ähnlich ergeht es der literarischen Figur »Wilhelm Meister«, die Johann Wolfgang von Goethe erschaffen hat. Zwei Romane sind so entstanden: »Wilhelm Meisters Lehrjahre« und »Wilhelm Meisters Wanderjahre«. Wilhelm Meister ist ein ewig Suchender, der in dem Bildungsroman nach schmerzhaften »Lehrjahren« und entsagungsreichen »Wanderjahren« in der Tätigkeit als Arzt seine berufliche Bestimmung und seine Stellung in der Gesellschaft gefunden hat. Aber er fühlt sich seltsam leer und ausgebrannt. Wir würden heute wohl von einer Sinnkrise reden, denn die innere Spannung auf dem Weg zum Ziel ist verloren gegangen.

 **Viel spannender als die Meisterjahre sind die Lehr- und Wanderjahre. Sie bestehen Sie, indem Sie Feuer und Flamme sind für das, was Sie erreichen wollen.**

In den Lehrjahren Grundlagen aufbauen

In den Lehrjahren steht der Erwerb der Grundlagen im Fokus, die Sie benötigen, um Ihre Ziele zu erreichen, ob dies nun das neu gegründete Unternehmen, Ihr beruflicher Fortschritt oder jedes andere neue Vorhaben ist. Im übertragenen Sinne: Sie hacken viel Holz, das Ihr Feuer nähren wird. Ohne Brennholz wird irgendwann die Flamme der schönsten Idee einfach verlöschen. Ausgebrannt. Projekt nix geworden.

Einige der Grundlagen haben Sie bereits kennengelernt: Die Entwicklung zum Chef in Ihrem eigenen Leben. Das Wissen um den Prozesscharakter im Aufbau unternehmerischen Mutes. Die Passung von Lebenslauf und Tätigkeit als Fundament der Zielerreichung. Aber natürlich kommen noch weitere elementare Aspekte hinzu – die folgende Auswahl ist freilich eine sehr subjektive, die mit meinem persönlichen Werdegang und meinen Erfahrungen zu tun hat.

Ohne Branchenkenntnisse geht es nicht

Ihre Branchenkenntnis ist ohne Zweifel ein wichtiger Erfolgsfaktor. In der EU-Untersuchung »Ursachen für das Scheitern junger Unternehmen in den ersten fünf Jahren ihres Bestehens« wird als eine der Ursachen die fehlende Branchenkenntnis angegeben. Sie finden die Forderung nach Branchenkenntnissen daher überall:

- Banken fordern bei der Geldvergabe als eine Toppriorität von allen Gründern: Branchenkenntnisse.
- Konzerne fordern als eine Toppriorität von ihren Führungskräften: Branchenkenntnisse.
- Wissenschaftlich gesehen ist es eine der Topprioritäten für Erfolg: Branchenkenntnisse.

»Wissen, wie der Hase läuft« – »den Stallgeruch annehmen« – »die Materie aus dem Effeff kennen«: All diesen Formulierungen liegt die Erkenntnis zugrunde, dass es geradezu einem Himmelfahrtskommando gleicht, unternehmerischen Mut in einem Bereich zu zeigen, den man gar nicht kennt. Es ist dumm, fahrlässig und leichtsinnig, sich auf ein Vorhaben einzulassen, bei dem es einem an den notwendigen Kenntnissen gebricht. Natürlich mag es Gegenbeispiele von Menschen geben, die erfolgreich waren, ohne auch nur im Mindesten eine Ahnung von dem zu haben, auf was sie sich da eingelassen haben. Meistens enden solche Geschichten aber wie die folgende, die ich vor einigen Jahren erlebt habe. Ein Student jobbte für einen Monat bei einem Nüssegroßhändler im Hamburger Freihafen. Irgendwie gewann er das Vertrauen eines Mitarbeiters in der Buchhaltung und erfuhr von den Gewinnspannen. »Da wird man ja rasch Millionär – das kann ich auch«, war sein Gedanke. Aber statt tiefer in die Materie einzusteigen, überall einmal reinzuschnuppern und das Geschäft zu verstehen, studierte er nur munter weiter. Ein halbes Jahr später gründete er gleich nach dem Studium einen Pistazienhandel, denn von allen Nüssen garantierten Pistazien zu der Zeit die größten Gewinnspannen. Um die begehrte Ware, die damals eine echte Knappheit erlebte, überhaupt einkaufen zu können, verging ein halbes Jahr. Denn die Erzeuger in den Anbaugebieten waren nicht so leicht zu fassen. Dann fehlten auch noch geeignete Lagerräume, die Nüsse wurden nicht fachmännisch gelagert. Sie verloren dadurch an Qualität – und das verzieh der Kunde nicht. Hinzu kam: Um nebenbei den Vertrieb aufzubauen, fehlten unserem Gründer Kraft, Zeit und Geld. Auf gut Deutsch: Er eierte ewig herum. Als dann die Ware stellenweise Schimmelbildung zeigte, gab er auf. Er hatte also kräftig Lehrgeld bezahlen müssen.

Ich bin mir sicher, dass alles ganz anders gelaufen wäre, wenn er erst einmal ein paar Jahre Luft in der Branche geschnuppert, sie intensiv kennengelernt und vor allem ein gutes Netzwerk aufgebaut hätte.

Brechen Sie die Regeln – und befolgen Sie sie

 **Lernen Sie die Regeln. Alle! Um sie dann zu brechen. Oder umgekehrt.**

Regeln zugleich beachten und nicht beachten. Passt das zusammen? Ich bin Ihnen eine Erklärung schuldig. Kommen wir zunächst zum Regel-Bruch, ja, zur Tabuverletzung. »Ich breche Regeln« – so Virgin-Gründer Richard Branson über sein Erfolgsmodell.

Entscheidend ist demnach, sein Geschäft anders als alle anderen aufzuziehen und auf lästige Konventionen zu pfeifen. Der ungarisch-amerikanische Biochemiker Albert Szent-Györgyi, der das Vitamin C entdeckte und 1937 den Nobelpreis für Medizin erhielt, sagte einmal, kreatives Denken bestünde darin, »etwas Beliebiges wie jeder andere zu sehen, sich aber etwas ganz anderes dabei zu denken«. Der Tipp von Richard Branson, sich immer genau zu überlegen, wie man etwas deutlich besser, effektiver, umweltverträglicher oder humorvoller machen kann, ist mithin richtig. Jeder Mensch, der unternehmerisch denken und handeln will, sollte sich dies auf die Fahne schreiben. Der Erfolg ist meistens nicht auf den ausgetretenen Pfaden anzutreffen, die von allen benutzt werden, sondern auf den geheimen Seitenwegen. Darum: Gehen Sie spielerisch an Ihr Projekt heran, hinterfragen Sie das Selbstverständliche, seien Sie provokativ, bilden Sie Analogien. Ungewöhnliche Problemlösungen zum Beispiel kommen zustande, indem Sie einen anderen Blickwinkel einnehmen: Sie sind ein Mann – mit einer oft »typisch männlichen Sichtweise«? Dann wechseln Sie mit fliegenden Fahnen in das Lager des weiblichen Geschlechts über und betrachten das aktuelle Problem aus der »typisch weiblichen Perspektive«. Und umgekehrt – auch Männer haben gute Ideen. Gute Ideen entstehen, wenn man das System verlässt – so lautet der »erste Lehrsatz der Kreativität«. Dies wird durch die »Umkehrtechnik« ermöglicht. Nehmen Sie als Beispiel die Herausforderung, den nächsten Karrieresprung zu wagen. Die Fragestellung lautet dann nicht: »Was muss ich tun, um die vakante Position zu erhalten?« – sondern genau umgekehrt: »Wie *verhindere* ich, dass ich die Position erobere?«

Allein die Absurdität der Fragestellung setzt wahrscheinlich Gehirnzellen in Bewegung, die sonst brachliegen. So werden ungewöhnlich viele »Unsinns-Ideen« geboren – im zweiten Schritt dann überlegen Sie sich natürlich Gegenmaßnahmen: »Wie also erhalte ich die vakante Stellung?«

So weit – so gut: Die vielleicht überraschende Nachricht aber lautet jetzt: Manchmal ist es genauso gut und richtig, die Regeln nicht nur zu erlernen, sondern sie überdies zu beherrschen und strikt zu befolgen. Dies ist etwa am Anfang Ihrer Karriere der Fall. Es gibt im beruflichen Alltag oft nichts Nervigeres als Greenhorns, die den ganzen Laden umkrempeln wollen und nicht wissen, was sie da eigentlich machen.

Eine goldene Regel gibt es leider nicht. Sie müssen im Einzelfall entscheiden, ob es zielführender ist, die Regeln zu brechen oder sie zu befolgen. Und manchmal müssen Sie beides gleichzeitig tun.

Unterschätzen Sie die typischen Managerfähigkeiten nicht

In den enthusiastischen Lehrjahren brauchen Sie inneres Feuer, um Ihre Ziele mit heißem Blut und Leidenschaft zu verfolgen. Keine Frage. Aber bitte: Vergessen Sie darüber nicht die eher langweiligen klassischen Fähigkeiten eines Managers. Etwas polemisch werden manchmal die eher technischen Fähigkeiten eines Managers zur täglichen Aufgabenbewältigung den visionären Fähigkeiten eines Unternehmers entgegengesetzt. Meistens heißt es dann: Wir brauchen mehr unternehmerisches Denken und Handeln, also mehr Unternehmer. Auf Manager hingegen können wir getrost verzichten, wir brauchen weniger Bürokraten. Jedoch: Das ist meines Erachtens gar kein Gegensatz. Sie brauchen beides. Der Aufbau von etwas Neuem funktioniert nicht mit visionärer Ausrichtung und exaltierter Begeisterung allein. Sie brauchen dazu auch Organisationsgeschick. Und betriebswirtschaftliche Grundkenntnisse. Und ein effektives Zeitmanagement. Und eine saubere Buchhaltung. Ohne saubere Budgetplanung verreißen Sie alle Projekte. Den Mafiaboss Al Capone hat man in den 1920er-Jahren in Chicago nur wegen eines Buchhaltungsfehlers ins Gefängnis stecken können. Die Morde waren nicht nachweisbar. Darum gilt, pointiert formuliert: Jede Führungskraft und jeder Unternehmer muss Feuer und Flamme für seine Ziele sein – und zugleich die Verantwortung für den Papierkram, die Buchhaltung, die Statistik bis hin zum Dokumentenmanagement übernehmen. Ein anderer Klassiker aus dem Bereich der Managerfähigkeiten ist der Terminkalender: Dieser darf nicht Sie beherrschen, sondern Sie ihn! Goethe hat diese Herausforderung klar beschrieben:

»Gegenüber der Fähigkeit, die Arbeit eines einzigen Tages sinnvoll zu ordnen, ist alles andere im Leben ein Kinderspiel.«
Johann Wolfgang von Goethe,
deutscher Dichterfürst

Es geht immer um Menschen!

Ganz gleich, worin Ihr Vorhaben besteht: Sie werden mit Menschen zu tun haben. Selbst wenn Sie auf die glorreiche Idee kommen sollten (gehen Sie in dem Fall aber bitte nochmal die Kapitel dieses Buches durch), Klausen-Einmauerungen für Einsiedler anzubieten, müssen Sie potenzielle Klausenheilige gewinnen. Unternehmensführung ist zu einem Großteil Menschenführung. Kommunikation ist der Umgang mit Menschen, die Sie von etwas überzeugen wollen. Ob Sie ein soziales Projekt lostreten, eine Kreativschule eröffnen, eine Beförderung anstreben oder im Unternehmen etwas erreichen wollen: Sie brauchen immer Unterstützer, also andere Menschen an Ihrer Seite.

Darum: Wer etwas Neues wagen will, muss seinen gesunden Menschenverstand und seine Menschenkenntnis schärfen. Der »Mangel an Menschenkenntnis ist eine der wichtigsten Führungsvoraussetzungen in der Politik«. Dieser Satz, der dem ehemaligen hessischen Ministerpräsidenten Holger Börner zugeschrieben wird, mag auf Politiker zutreffen – bei Menschen, die unternehmerischen Mut aufbauen und mit diesem Neues wagen wollen, sieht dies anders aus. Betriebswirtschaftliche Grundkenntnisse – sofern wir darunter den Umgang mit Zahlen, die Kalkulation und die Buchhaltung verstehen – lassen sich meines Erachtens recht schnell erwerben. Wer sich eingehend damit beschäftigt, kann sich die betriebswirtschaftlichen Grundlagen leicht erarbeiten. Viel schwieriger, aber ebenso notwendig, wenn nicht noch wichtiger, ist der Umgang mit Menschen. Es ist eine enorme Herausforderung, die Menschen zu verstehen und herauszufinden, was sie wirklich bewegt.

Es gibt keine Wirtschaft, Wirtschaft sind Menschen

Darum: Wie ticken Kunden? Wie organisiert man Teams? Wie werden Strukturen und Prozesse definiert und gesteuert? Wie kommunizieren Sie am besten? Was ist Macht? Wie funktionieren Machtspiele? Wie erkenne ich Geschäftsmöglichkeiten und entwickle sie gemeinsam mit anderen Menschen? Wann ist die Zeit reif für eine neue Idee? Und vor allem: Was will ich? Das sind die Bereiche, in denen Sie stark werden sollten. Menschenkenntnis lässt sich wohl nur am »lebenden Subjekt«

erwerben und erlernen. Darum sollten Sie den Mut aufbringen, sich mit den Vorgesetzten, Kollegen, Mitarbeitern und Kunden – kurz: mit den Menschen – unvoreingenommen einzulassen, denen Sie tagtäglich begegnen. Dann winkt reicher Lohn – gute Menschenkenntnis bringt viele Vorteile:

- mehr Verständnis für sich selbst und andere Menschen – auch für Personen, die uns eigentlich nicht so recht liegen oder gegen die wir sogar eine Abneigung empfinden,
- in Konflikten erkennen und beurteilen können, mit wem man es zu tun hat und wie man mit dem Konfliktgegner besser umgehen kann,
- die Fähigkeit, auf die eigene und die individuelle Persönlichkeit seiner Gesprächspartner besser einzugehen und so zu sich selbst und anderen Menschen bessere Beziehungen zu entwickeln,
- durch bessere Einschätzung der Wirkung des eigenen Verhaltens feinfühliger mit sich und anderen umgehen können,
- sich in Gesprächen besser auf den anderen einstellen können,
- die Fähigkeit, Mitarbeiter besser zu motivieren, weil man weiß, auf welche Motivatoren ein Mitarbeiter reagiert.
- In der Summe heißt Menschenkenntnis: deutlich erfolgreicheres Arbeiten.

Wahrscheinlich kennen Sie genügend Geschichten über überforderte Führungskräfte, die zuvor als Fachleute brillierten, dann aber, nach der Beförderung, in der Führung von Menschen unsicher waren und in autoritäre Muster verfallen sind. Nicht umsonst ertönt in der Weiterbildungsbranche seit Jahrzehnten der konstante Ruf: »Führt angehende Führungskräfte fundiert an Führung heran!« Untermauert wird der Gedanke, dass es bei Leitungsfunktionen vor allem um Menschenführung geht, etwa durch eine groß angelegte interne Analyse bei Google, nämlich das Projekt »Oxygen«. Dort wurden alle internen Bewertungen über Führungskräfte in eine riesige Datenbank eingegeben – von der Zielerreichung bis zur Mitarbeiterzufriedenheit. Mit dieser Aktion wollte man herausfinden, was den »perfekten Boss« auszeichnet.

Als Ergebnis wurden Eigenschaften festgestellt, die allesamt der Kategorie »Menschenführung« zuzuordnen sind und die belegen: Ohne

Menschenkenntnis, ohne Sozialkompetenz, ohne die Unterstützung der Mitarbeiter in ihrer Entwicklung geht es nicht.

Das Wow-Buch – was mich und andere ansteckt

Lehrjahre sind Lernjahre, keine Meisterjahre. Einer der persönlichen Erfolgsfaktoren meiner Lehrjahre – die längst noch nicht abgeschlossen sind und insbesondere bei neuen Projekten immer wieder auftauchen – sind frische Ideen, die mir helfen, andere Menschen und mich selbst immer wieder aufs Neue in Feuer und Flamme zu versetzen. Diese frischen Ideen notiere ich in meinem Wow-Buch. Nun werden Sie wissen wollen, was es mit diesem Wow-Buch auf sich hat:»Lernen, was Menschen und mich selbst begeistert« – diesen Tipp habe ich vor Jahrzehnten bei Tom Peters gelesen. Seitdem führe ich immer ein Notizbuch bei mir: Vorne steht »Wow« drauf – und hinten »Non-Wow«. Auf Deutsch übersetzt: In dieses Buch schreibe ich hinein, was mich begeistert und wann bzw. wobei ich einfach nur genervt bin. Zu den Wow-Notizen gehören zum Beispiel Ideen, kopierte Zeitungsartikel, Erlebnisse, Anmerkungen zu innovativ-kreativen Produkten, Denkanstöße, Begegnungen mit Menschen. Dinge, die ich im eigenen Business definitiv nicht sehen will, schreibe ich hinten hinein – Non-Wow.

Über 90 Prozent der Notizen zählen zu den Wow-Erlebnissen, so zum Beispiel meine Erfahrungen mit einem Käsestand in Straßburg. Ich mag es kaum zugeben – aber seinerzeit ließ ich meine Frau eine ganze Viertelstunde alleine über den Markt schlendern, nur um mir einen Käsestand anzuschauen. Dort wurden sechs Sorten Käse angeboten, alle wurden vom Laib geschnitten und waren teuer. Von jeder Sorte lagen über zehn Laibe an der hinteren Wand aufgetürmt. Die Dekoration bestand aus Stroh, alles roch nach Bauernhof. Die ganze Zeit stand eine Schlange von mindestens zwölf Personen an. Direkt daneben befand sich ein anderer Käsestand. Hunderte von Sorten, günstige Preise, eine gelangweilte Verkäuferin – und keine Kunden. Ich ließ die Szene auf mich wirken und stellte mir immer wieder die Frage: »Was passiert hier genau?« Mit roter Tinte schrieb ich in mein Heft: »Konsequente Kernkompetenz und treffendes Design. Wow!« Unter Kernkompetenz verstehe ich hier vor allem zwei Dinge:

- **Erstens:** Sechs Sorten vorzüglichen Käses in Hülle und Fülle.
- **Zweitens:** Konstante Kommunikation mit der Kundschaft. Die verläuft sogar launisch, frech und manchmal grenzüberschreitend – aber die Kunden lieben es. So etwas finden Sie übrigens an vielen Orten. Der Hamburger Fischmarkt mit seinen Originalen tickt stellenweise genauso.

Der Zweck des Ganzen: Ich möchte verstehen, was Menschen motiviert, und mir selbst einen Schatz an Ideen anlegen. Jedes Mal, wenn ich mein Business überarbeite und eine Inspirationsquelle suche, lese ich vorher stundenlang in meinen Wow-Büchern. Interessanterweise finde ich fast immer einen Hinweis, der mir hilft, meine aktuelle Herausforderung zu bestehen.

Mit Selbstverständlichkeiten zu Wow-Erlebnissen

In den erwähnten Businessinkubatoren werden die Gründer von Anfang an angehalten, Wow-Bücher zu führen. Ungefähr die Hälfte macht freiwillig mit. Nach den ersten fünf Wochen werden die Einträge in einem Workshop zusammengetragen. Jeder erzählt seine drei besten Wow-Erlebnisse, egal, aus welchem Bereich und wo sie erlebt wurden. Jede Situation ist als Wow-Erlebnis gültig. Diese Erlebnisse werden zum

Schluss kategorisiert und statistisch ausgewertet. Die Ergebnisse überraschen auf den ersten Blick. Gute Produkte werden eigentlich nie genannt – selbst nicht, als Apple sein erstes iPhone auf den Markt brachte. 2007 hatten die ersten Fans ihr iPhone 1 gekauft. Im Workshop darauf angesprochen, sagten diese an sich stolzen Besitzer: »Ja, das ist schon klasse, aber wirklich begeistert hat mich etwas anderes …« Auch gute Werbung löst so gut wie nie Wow-Erkenntnisse aus, genauso selten Erlebnisse auf Konzerten, in guten Kinofilmen oder im Theater. Auf Platz eins in jedem Workshop stehen »Freundlichkeit« oder »Hilfsbereitschaft«. Dem folgen die »einfachen« Dinge wie Zuhören und Verständnis. Jedes Mal berichten Teilnehmer im Wow-Buch-Workshop, wie sie menschliches Verhalten, das ja eigentlich selbstverständlich sein sollte, begeistert. Das geht quer durch alle Teilnehmergruppen. Als wären wir alle süchtig danach, als Mensch behandelt zu werden.

So berichtete zum Beispiel ein Teilnehmer über sein großes Glück, in einer Telefonhotline zuvorkommend behandelt worden zu sein. Das scheint so selten zu sein, dass dies als außergewöhnliches Erlebnis deklariert wird. Das ist erschreckend – ist Deutschland doch noch immer eine Dienstleistungs- und Servicewüste, in der der Kunde alles andere als ein König ist? Eine Studie der AchieveGlobal Deutschland lässt dies befürchten: Im Rahmen der Studie hat das Unternehmen 2012 online weltweit über 5500 Verbraucher zu ihren Erfahrungen als Kunde befragt. In allen untersuchten Ländern betonten die Teilnehmer, dass angehört und respektiert zu werden wichtiger sei als die Lösung des eigentlichen Problems. 46 Prozent aller Teilnehmer zählten »Unhöflichkeit oder Gleichgültigkeit« und 50 Prozent »keine Anteilnahme an meinem Problem« zu den wesentlichen negativen Verhaltensweisen, die sie im direkten Kontakt mit Beratern und Verkäufern erlebt haben. Auch die Studie zeigt: Es sind die – scheinbaren – Selbstverständlichkeiten, die zu Wow-Erlebnissen führen: Respekt, Freundlichkeit, Höflichkeit, Zuvorkommenheit, unkomplizierter Service und verantwortliches Handeln. Die zwischenmenschlichen Beziehungen am Point of Sale sind das A und O positiver Kundeninteraktionen. Wenn Sie hier überzeugen, können Sie kräftig punkten – auch bei meiner Tochter. Als meine damals sechsjährige Tochter sich einmal fragte, warum die eine Dönerbude wohl voll und die andere leer sei, war für sie klar: »Die einen sind einfach nett, die anderen nicht!« Übrigens: Auch Richard

Branson verfügt, so heißt es, mittlerweile über 300 vollgekritzelte Notizbücher, die er immer wieder als Inspirationsquelle nutzt.

104 – Wo brennt es bei Ihren Kunden?

»Am Kunden vorbei – das größte Problem in deutschen Firmen.«
Harvard Business Manager 3/2008

Lassen Sie mich nochmals auf die Businessinkubatoren zurückkommen. Alle Gründer müssen dort im ersten Monat 104 potenzielle Kunden befragen. Die Zahl 104 wurde als Meilenstein gesetzt, um statistische Relevanz zu haben, ist aber auch als Pensum von einem Gründer in einer Woche erreichbar. Das Ziel: Man setzt sich intensiv mit seiner Zielgruppe auseinander und fragt möglichst unvoreingenommen, was deren Wünsche, Nöte, Hoffnungen und Realitäten im Bezug zum Produkt oder zur Dienstleistung sind. Das gleiche Prinzip gilt, wenn Sie etwa als Führungskraft herausfinden wollen, was Ihre Teammitglieder, Mitarbeiter, Kollegen und Chefs bewegt. Es geht darum, ein tiefes Verständnis dafür zu entwickeln, was den Menschen wichtig ist, denen Sie auf Ihrem Entwicklungsweg begegnen.

Bleiben wir bei den Gründern: Bei ihnen stehen selbstverständlich die Kunden im Mittelpunkt. Wir haben die Erfahrung gemacht, dass sich an der Qualität der Befragung jener 104 Kunden oft der spätere Erfolg des Start-ups ablesen lässt. In der direkten Auseinandersetzung – sofern es gelingt, dem Gegenüber wirklich zuzuhören – verändert sich vor allem die Einstellung des Gründers: Er fängt an, die Kunden zu verstehen und ihnen Lösungen anzubieten, die ihnen wirklich weiterhelfen. Zudem sind viele Kunden – ich erinnere an die AchieveGlobal-Studie – begeistert, wenn ihnen endlich einmal jemand wahrhaft zuhört und nicht bloß etwas verkaufen will. Dazu ein paar einfache Beispiele: Ein Start-up-Gründer aus der Gastronomie befragte an drei möglichen Standorten Passanten, welches Cola-Getränk sie gerne beim Essen in einem Restaurant trinken würden. Die Auswertung ergab: An zwei Standorten nannten jeweils über 45 Prozent der befragten Teilnehmer direkt Fritz-Cola. Dann folgen Coca-Cola und abgeschlagen Pepsi. Das war ein direkter Hinweis, wie die Getränkekarte gestaltet werden sollte. Oder nehmen Sie den Besitzer einer Diskothek in Hamburg-Eppendorf. Der Vermieter kündigte ihm, er benötigte neue Räume. Er wollte sein Konzept auch auf den Nachmittag ausweiten und zu der Zeit den Club in ein Café verwandeln. Bevor er anfing zu suchen, fragte er sein über 20 Jahre gewachsenes Stammpublikum, was diese Menschen bevorzugen würden. Ungefähr ein Drittel aller Befragten sagte zur Café-Idee:»Klasse, aber ich brauche dann für meine Kids am Nachmittag auch eine richtig große Spielecke.« Danach hatte er gar nicht gefragt, er hatte die Kinder als Zielgruppe einfach nicht auf dem Schirm. Die Folge: Durch die Einrichtung einer betreuten Kinder-Ecke wurde das Café am Nachmittag zum großen Erfolg, weil die Eltern einen *Latte Macchiato* genießen konnten – und zwar in Ruhe, weil sie die Sprösslinge gut versorgt wussten.

Das 104-Prinzip lässt sich auf vielerlei Weise anwenden. Ein befreundeter Geschäftsführer erzählte mir: Er fährt dann und wann in seinem Produktionsbereich eine Stunde vor Schluss die Produktion herunter. Er legt Pizzen und Getränke in die Mitte und lädt 15 Produktionsmitarbeiter ein, mit ihm zusammenzusitzen. Am Anfang wiederholte er das ein paar Mal, bis beim dritten Anlauf das Eis gebrochen war. Die Mitarbeiter bleiben sogar etwas länger und erzählen ihm ehrlich, wie sie den Betrieb und den Umgang miteinander erleben. Er hört fast nur zu. Die Folge: Die Produktivität steigt fast wie von selbst. Quizfrage: Warum bloß? Ob es daran liegt, dass hier jemand einmal das ganz Selbstverständliche getan hat und seinen Mitarbeitern intensiv zugehört hat? Und sie nicht als Angestellte, sondern als Menschen behandelt hat? Leider – so meine Erfahrung – verweigern sich Gründer und selbst Visionäre allzu oft der ehrlichen Begegnung mit ihrer Zielgruppe, den Kunden oder den Mitarbeitern. Sorgen Sie dafür, dass Ihnen dieser Fehler nicht unterläuft, insbesondere nicht in Ihren Lehrjahren. Ansonsten droht die Gefahr, dass Sie Ihre Wanderjahre gar nicht erst erleben. Also: Suchen Sie Ihre Kunden und Mitarbeiter wo immer möglich auf und tauchen Sie in ihre Vorstellungswelt ein, indem Sie ihnen einfach zuhören und Fragen stellen. Es lohnt sich immer.

FAZIT: Betrachten Sie Ihre zuweilen schmerzhaften Lehrjahre als Lernjahre!

- Sie brauchen keine Fehler zu wiederholen, die andere schon in ihren Lehrjahren gemacht haben und die immer wieder vorkommen. Sie können andere Wege für Ihre Weiterbildung gehen – und die meisten sind nicht konventionell.

- Sie wissen, dass Sie es bei der Verwirklichung Ihres Traums immer mit Menschen zu tun haben. Menschen machen Fehler, Menschen sind toll, Menschen sind anspruchsvoll – egal: Machen Sie Ihren Frieden damit und suchen Sie sich die Menschen, die Ihnen als Mentor, Unterstützer, Expertenteam, auch als Sparringspartner und Querdenker weiterhelfen.

- Fokussieren Sie sich in Ihren Lehrjahren darauf, Menschenkenntnis zu erwerben.

9 Wanderjahre: Nicht Flamme, Brandstifter werden!

 *»Individuelle Erfahrungen lassen das Gehirn wachsen. Das Gehirn wächst an seinen Aufgaben und verändert sich mit jeder Erfahrung – so entwickeln sich Persönlichkeit und Verhalten weiter.«*
Stern.de am 9.5.2013

Was Sie in diesem Kapitel erfahren

- Ihre Wanderjahre sind oft auch Wachstumsjahre. Mit dem Feuer-Radar legen Sie die Entwicklungsfelder fest, in denen Sie wachsen wollen und müssen.

- Ein wichtiger Wachstumsmotor während Ihrer Wanderschaft ist Ihre Bereitschaft, sich ständig weiterzuentwickeln.

- Sie lesen, dass Sie Ihr Wachstum besser bewältigen, wenn Sie sich von Mentoren und Expertenteams unterstützen lassen.

Sie wissen ja: Lehrjahre sind Lernjahre, mit ständigen Lernprozessen. In den Jahren der Wanderschaft sind es vor allem neue Erfahrungsprozesse, die Ihr unternehmerisches Feuer immer wieder zum Lodern bringen – und zu Ihrem Wachstum beitragen. Interessant in diesem Zusammenhang ist eine wissenschaftliche Erkenntnis, über die im Mai 2013 so gut wie alle Medien berichtet haben und die im oben stehenden Stern-Zitat aufgegriffen wird: Neue Erfahrungen lassen unseren Denkapparat wachsen. Das belegen Experimente mit Mäusen: Bei Spiegel.de heißt es: »Neue Erfahrungen formen das Denken. An genetisch identischen Mäusen konnten Forscher aus Deutschland jetzt zeigen, dass dabei sogar neue Gehirnzellen sprießen – vorausgesetzt, die Tiere sind nicht einfach nur aktiv, sondern echte Entdecker.«[1]

Für uns Menschen bleibt zu hoffen: Wer ständig neue Erfahrungen sammelt und sich auf Lernabenteuer einlässt, bildet selbst im fortgeschrittenen Alter neue Nervenzellen aus. Ohne Aktivität kein Wachstum. Ohne neue Aufgaben keine Entwicklung. Ohne neue Erfahrungen kein aufloderndes Feuer. Das sind die Zutaten, die Ihre Wanderjahre prägen sollten: Aktivität, immer wieder neue Aufgaben und Herausforderungen bewältigen, neue Erfahrungen sammeln und in Ihr Verhaltensrepertoire integrieren. Ihre Wanderjahre sind auch eine Entdeckungsreise, auf der Sie ständig neue Möglichkeiten wahrnehmen, Ihr unternehmerisches Feuer noch höher schlagen zu lassen. Also: Welche neuen Aufgaben können Sie übernehmen, um zu wachsen? Welche Herausforderungen machen Sie (noch) stärker? Welche brachliegenden Wachstumspotenziale können Sie nutzen? Das sind die entscheidenden Fragen während Ihrer Wanderjahre.

»Lebenslänglich« Erfahrungen sammeln

Die klassische Definition des Begriffs »Wanderschaft« beschreibt treffend, wie elementar die Wanderjahre für die Meisterzeit und Ihr starkes unternehmerisches Feuer sind. Bei Wikipedia heißt es: »Die Wanderjahre, auch als Wanderschaft, Walz, Tippelei oder Gesellenwanderung bezeichnet, beziehen sich auf die Wanderschaft zünftiger Gesellen. Sie umfassen die Zeit des Wanderns der Gesellen nach dem Abschluss ihrer Lehrzeit (Freisprechung). Die Wanderschaft war seit dem Spätmittelalter bis zur beginnenden Industrialisierung eine der Voraussetzungen für den Gesellen, die Prüfung zum Meister zu beginnen. Die Gesellen sollten vor allem neue Arbeitspraktiken, Lebenserfahrung und fremde Orte, Regionen und Länder kennenlernen.«

Die folgenden Aspekte stechen dabei hervor:

- neue Arbeitspraktiken,
- Lebenserfahrung,

- fremde Orte, Regionen und Länder,
- die längere Zeitspanne, in der sich die Wanderschaft vollzieht.

Bei einem Marktführer für Lebensmittelprodukte saß ich mit dem Personalchef zusammen. Sein Unternehmen gehört zu den ältesten Deutschlands und hat eine jahrhundertelange Tradition. Wir diskutierten die Frage: »Warum sind einige Standortleiter so autoritär und engstirnig, dass besonders viele Azubis die Lehre abbrechen?« Eine schwierige Frage, wir tauschten unsere Argumente aus. Ihm fiel ein Muster auf: Alle diese Standortleiter sind an dem Standort groß geworden und haben nie andere Betriebe kennengelernt. Im Gegenzug sind die erfolgreichen Standortleiter im Unternehmen öfter herumgekommen oder waren vorher in anderen Firmen beschäftigt. Als Konsequenz wurde eine Anforderung für neue Mitarbeiter mit Führungsverantwortung beschlossen: Mitarbeiter ohne »echte« Wanderschaft können keinen Chefposten besetzen.

Ein weiterer Brandbeschleuniger für Ihr unternehmerisches Feuer ist die Unterschiedlichkeit der beruflichen und persönlichen Erfahrungen, die Sie an möglichst vielen Standorten sammeln. Das ist in großen Unternehmen gängige Praxis: Nachwuchsführungskräfte werden durch Jobrotation und Auslandsaufenthalte weiterentwickelt. In kleineren Unternehmen bieten sich Hospitationen in anderen Abteilungen an: Der Verkäufer zum Beispiel riecht ins Rechnungswesen hinein und arbeitet eine Zeit lang in der Marketingabteilung. Allgemein gesprochen gilt: Wo können Sie lernen, wo sind Felder, auf denen Sie Wachstumsimpulse erhalten? Suchen Sie diese Wanderstationen aktiv auf.

Es gilt das Prinzip, dass Menschen viele Erfahrungen, die sich über einen langen Zeitraum erstrecken, machen müssen, bevor sie etwas Großes aufbauen können. Facebook-Gründer Mark Zuckerberg mag die Ausnahme sein, die die Regel lediglich bestätigt. (Wobei es Stimmen gibt, die sagen, Zuckerberg habe sein ganzes Leben lang die Erfahrung gemacht, um Aufmerksamkeit – und weibliche Zuneigung – kämpfen zu müssen. Ein starker Brandbeschleuniger!) Vielleicht geht für Sie dieser Zeitraum nie zu Ende, vielleicht ist Ihre Wanderschaft ein lebenslanger Prozess, der immer wieder neue Herausforderungen für Sie bereitstellt, die Sie bewältigen müssen. Das wäre nicht das Schlechteste!

Das Feuer-Radar: Wo wollen Sie auf Ihrer Wanderschaft wachsen?

Nehmen Sie sich jetzt eine Minute Zeit, um die Gedanken frei zirkulieren zu lassen. Malen Sie sich aus: Wo wollen Sie am stärksten wachsen? Was würden Sie gerne lernen und meistern? In Seminaren für unternehmerischen Mut benutze ich für diese Aufgabe das »Feuer-Radar«. Mit diesem Instrument ist eine Einschätzung möglich, wo Sie sich selbst verorten und wo Sie gerne wachsen wollen. Zur Verdeutlichung zeigt die Abbildung 23 ein Feuer-Radar, das von einem Seminarteilnehmer ausgefüllt worden ist.

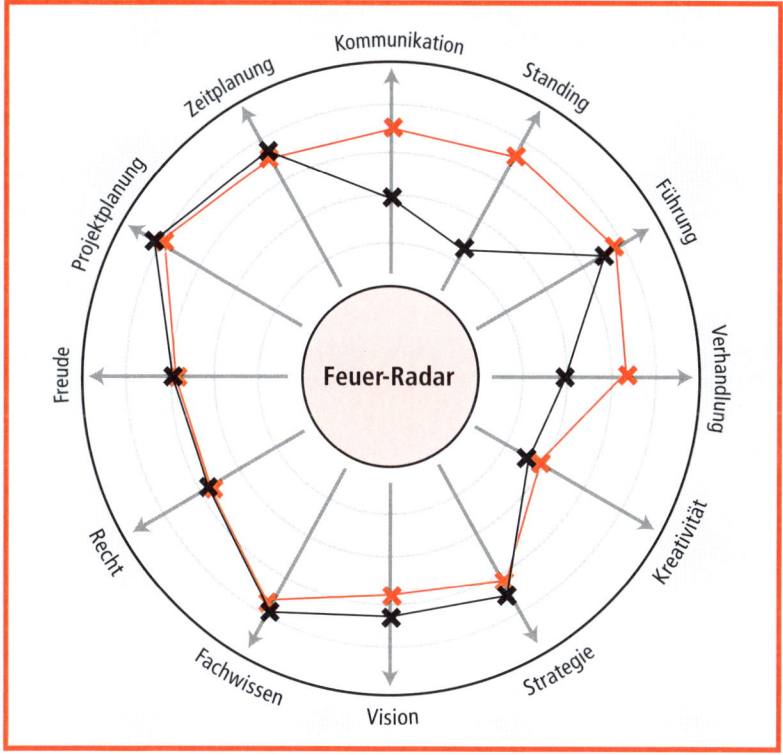

Abbildung 23

Bei dieser Übung geht es um eine eigene, subjektive Selbsteinschätzung im Hinblick auf das angestrebte Ziel. Je weiter außen jemand sich im Feuer-Radar einschätzt – mit dem schwarzen Kreuz markiert –, desto sicherer ist er aus seiner Sicht in diesem Bereich. Das hellere (orange) Kreuz zeigt das eigene angestrebte Ziel in drei Monaten.

Ingo Becker und sein Feuer-Radar

Was sagt dieses Feuer-Radar über meinen Mandanten Ingo Becker aus? Er ist Ingenieur und hat seine erste Führungsposition als Projektleiter seit einem halben Jahr inne. Nach seinen eigenen Worten hat er mittlerweile ein recht gutes Standing als Führungskraft im Team. Auch klappen alle Abläufe und Planungen sauber. Deswegen hat er sein eigenes Entwicklungsziel wie folgt definiert: »Wie stehe ich innerhalb des Unternehmens da? Wie verkaufe ich mein Team nach ›oben‹ und ›zur Seite‹ – wie also vertrete ich unsere Interessen gegenüber der Geschäftsführung, aber auch gegenüber anderen Teams und Abteilungen?« Unter dieser Zielsetzung fällt das Feuer-Radar komplett anders aus, als wenn er es unter dem Fokus »Führungskraft und Team« ausgefüllt hätte. Und im Hinblick auf sein Ziel sieht er bei sich großes Entwicklungspotenzial. Darauf will er seine freie Energie konzentrieren. Das können Sie daran ablesen, dass die orangefarbenen Kreuze bei Standing, Kommunikation und Verhandlung deutlich weiter außen platziert sind. Die anderen Aspekte interessieren ihn zurzeit weniger. Zu den weiteren Punkten: Er hält sich selbst nicht für einen besonders kreativen Menschen, will da aber auch nicht wachsen. Die rechtliche Dimension sowie die Projekt- und Zeitplanung sind für ihn auch nicht gerade ein spannendes Lernfeld, dort sitzen seine starken Grundlagen. Und darum befindet sich das orangefarbene Kreuz recht nahe am schwarzen. Fazit: Ingo Becker hat mit dem Feuer-Radar genau die Bereiche auf den Punkt gebracht, in denen er persönlich wachsen will.

Entwerfen Sie Ihr persönliches Feuer-Radar

Nun geht es darum, dass Sie *Ihr Feuer-Radar* erstellen. Vorab sei nochmals gesagt: Das Feuer-Radar hat sechs Ringe: Je weiter außen Sie sich verorten, desto stärker ist der Bereich ausgeprägt. Ihre Aufgabe: Machen Sie mit einem schwarzen Edding für jeden Begriff dort ein

Kreuz, wo Sie sich selbst sehen. Nehmen wir zum Beispiel den Begriff »Standing«, womit ich das Auftreten, den Ruf und das Rückgrat einer Person im beruflichen Kontext meine. Bezogen auf Ihren angestrebten beruflichen Erfolg bedeutet dies: Wie stark ist dieser Bereich ausgeprägt? Dorthin setzen Sie Ihr Kreuz. Die Ergebnisse sind stark abhängig von der Branche, Ihrer Flughöhe und vor allem von Ihrem Ziel. Es gibt also »nur« Ihren Maßstab. Füllen Sie das Radar nun auch für alle anderen elf Begriffe aus. Wie stark sind Sie in Ihren kommunikativen Fähigkeiten? Wie ausgeprägt ist die Fähigkeit zur Strategie- und Visionsentwicklung usw.? Danach verbinden Sie alle zwölf Punkte im Uhrzeigersinn, sodass ein eher eckiges Rad entsteht. Manchmal sieht das Ergebnis auch aus wie ein Sternzeichen oder moderne Kunst. Nutzen Sie dazu die Vorlage in Abbildung 24.

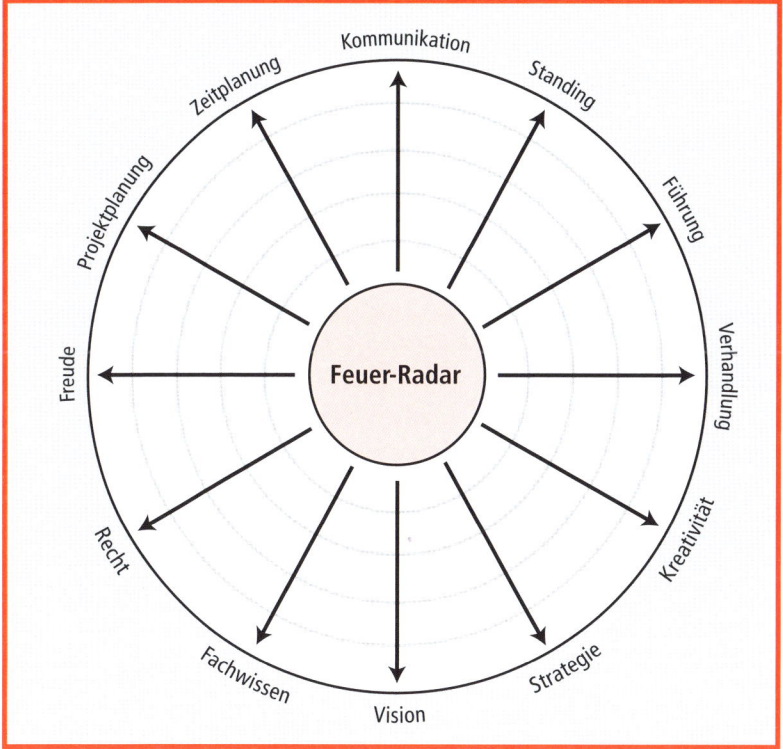

Abbildung 24

Kommen wir zur Ist-Analyse. Dabei ist es wichtig, in Gedanken drei Monate in die Zukunft zu schauen. Sie können diese Übung auch auf ein halbes, ganzes oder auf drei Jahre ausdehnen. Die besten Ergebnisse bekommen Sie meiner Erfahrung nach aber bei drei Monaten, da Sie Ihre Herausforderung zeitnah angehen. Die Frage lautet mithin: »Wo wollen Sie in drei Monaten stehen?« Sie nehmen dafür einen Edding in einer anderen Farbe und setzen – in der Abbildung 24 – ein Kreuz für alle zwölf Begriffe in der Höhe, in der Sie in drei Monaten sein wollen. Dann verbinden Sie wieder alle zwölf Punkte im Uhrzeigersinn. So sehen Sie auf einen Blick, wo Sie Ihre eigenen Entwicklungsfelder verorten. Ein paar Gedanken vorweg, bevor Sie die Kreuze setzen:

- Wählen Sie maximal drei Entwicklungsfelder, auf denen größere Entwicklungssprünge stattfinden sollen. Alles andere würde Sie wahrscheinlich überfordern. Es ist dann besser, die Übung in drei Monaten zu wiederholen. Menschen, die sich hier zu sehr unter Druck setzen, demotivieren und blockieren sich eher.
- Wenn Sie in der Entwicklung Ihres unternehmerischen Mutes bereits weit vorangeschritten sind, ist meistens nur eine kleine Entwicklung möglich. Nur bei »Anfängern« können mehrere Bereiche schnell wachsen.
- Den Bereich »Freude« sollten Sie nie direkt angehen – »Freude« ist eher ein Nebenprodukt der Zielerreichung bei anderen Parametern. Sollte Ihr Kreuz aber lediglich im ersten Ring stehen, Ihre Freude an dem, was Sie tun, also sehr schwach ausgeprägt sein, empfehle ich Ihnen, professionelle Hilfe zu suchen.
- Etliche Felder bedingen sich gegenseitig. Wer seine kommunikativen Fähigkeiten ausbaut, wird auch garantiert besser führen und ein stärkeres Standing bekommen.
- Sollte Ihnen etwas fehlen: Bauen Sie einfach einen dreizehnten Begriff ein. Sollten Sie abergläubisch sein: Nehmen Sie noch einen vierzehnten. Ich bin mir sicher, dass jedem noch Bereiche einfallen, die »unbedingt« dazugehören.

Das Feuer-Radar: Wie gelangen Sie in die Umsetzung?

Sie wissen jetzt, auf welchen der zwölf Felder Sie wachsen wollen. Die nächsten Fragen lauten: Wie sieht es mit der Umsetzung aus? Haben

Sie die Möglichkeit, das Wachstum in Ihrem Unternehmen, an Ihrem Arbeitsplatz oder in dem Projekt, an dem Sie arbeiten, herbeizuführen? Wunderbar. Was fehlt? Coaching, Training? Dann holen Sie sich die benötigte Hilfestellung. Besser allerdings ist: Legen Sie los und holen Sie sich die Hilfestellung erst dann, wenn es sein muss. Entscheidend ist, sich selbst aktiv Aufgaben zu suchen und sich den Herausforderungen zu stellen, mit und an denen Sie wachsen können. Wenn Sie ein Start-up aufbauen, ist es recht einfach, sich ein Wachstumsfeld auszusuchen – die täglichen Herausforderungen kommen geradewegs auf Sie zu. In meinem Fall ist dies besonders deutlich beim Thema Recht: Immer wenn ich hier wachsen muss oder will, buche ich zwei bis drei Stunden bei einem Juristen. Ich gehe mit dem das Thema so lange durch, bis ich handlungssicher bin. Zuweilen ist auch der ganz große Entwicklungssprung eine Option. Um meine kommunikativen Fähigkeiten auszubauen, habe ich mir mit Anfang 30 drei Monate frei genommen und bin mit meiner Frau nach London auf eine Physical Theater School (Pantomime) gegangen. Es war kein billiger Entwicklungssprung, aber es hat sich gelohnt. Drei Monate lang jeden Tag fünf Stunden am körperlichen Ausdruck zu arbeiten – das hat mir auf meiner Wanderschaft sehr geholfen und mein weiteres Leben geprägt, beruflich und privat.

Aber selbstverständlich ist es auch hilfreich, wenn Sie »nicht alles allein machen müssen«, sondern sich bei der Umsetzung der Ergebnisse Ihres Feuer-Radars Unterstützung holen.

≋ Weitergedacht: Wie wäre es mit einer ganz anderen Fortbildung?

■ Warum nicht die eigenen Entwicklungsfelder ganz anders angehen? Kostengünstig, effektiv und pragmatisch. Überlegen Sie, wo in Ihrem Alltag Sie Fertigkeiten einüben können. Ein Beispiel: Sie wollen besser im Standing und Verhandeln sein? Warum nicht bei einem Dutzend Gebrauchtwagenhändlern mal um utopisch günstige Preise feilschen? Freundlich dranbleiben, Argumente suchen und hartnäckig am Preis drehen.

■ Auch eine Möglichkeit: Am Samstag nebenbei einen Vertriebsjob annehmen und üben.

→

■ Es gibt einen Job, der wirklich fürs Leben schult und enorm viele Fähigkeiten stärkt – und das ist die Kundenbeschwerdehotline. Der Umgang mit reklamierenden Kunden trägt enorm zur Charakterbildung bei. Die entsprechenden Unternehmen vergeben auch öfter Teilzeitjobs.

Holen Sie sich Unterstützung – durch Mentoren und Expertenteams

Wer scheitern will, muss nur eines tun – nämlich seinen Weg alleine gehen.

Kurz vor der Jahrtausendwende wurde ich auf eine »Young Leaders Konferenz« für junge Leiter eingeladen, die in Führungsverantwortung stehen und 25 bis 30 Jahre alt sind. Wir waren 80 Teilnehmer und eine ganz bunte Gruppe: Manager, Künstler, Gründer, Pastoren und Beamte. Wir alle befanden uns auf unserer individuellen Wanderschaft. Mit dabei war ein halbes Dutzend erfahrener Führungskräfte und Unternehmer, die als Trainer und Coachs fungierten. Das Konferenzprogramm war recht offen gestaltet. Am ersten Abend gab es eine dreistündige Einheit mit dem Leitgedanken: »Wo drückt der Schuh so richtig?« Die meisten von uns äußerten sich wie folgt: »An uns glaubt niemand, wir hängen allein in der Luft.«

Da saßen also erfolgreiche junge Führungskräfte, die in ihren Firmen oft zu den Hoffnungsträgern gehörten. Oder die selbst ein Unternehmen aufbauen wollten. Diese Menschen waren durchweg sympathisch, eloquent und gebildet. Sie hatten gute Aussichten auf eine erfolgreiche Zukunft, ihre Fortbildung, also die Teilnahme an der Konferenz, wurde ihnen bezahlt. Und fast alle teilten einen Schmerz, den ich pointiert auf die Spitze treibe: »Ich bin allein gelassen.« Während des Abends konkretisierte sich die Aussage immer mehr. Es ging vor allem um die Herausforderungen und die damit verbundenen vielen Entscheidungen und Konsequenzen, die der neue Führungsjob mit sich brachte. Es fehlte dabei an innerer Sicherheit und Freiheit, das Richtige zu tun. Fast alle waren sich einig: Ein guter Mentor oder ein Expertenteam auf Augenhöhe wäre der wichtigste Baustein, um damit umzugehen – sie fanden nur keine oder haben nur halbherzig gesucht.

Mentoren und Expertenteams als Wegbegleiter während der Wanderjahre

Kennen Sie Aussagen wie diese: »Du bist die einzige Person, die dich dorthin bringen kann, wo du hinwillst. Es gibt keinen Guru, Lehrer, Mentor, Autor, Redner, Schamanen oder sonst was, der das für dich tun kann oder wird.« Dieser Spruch enthält einige Körnchen Wahrheit, über die wir schon gesprochen haben: Es gibt keine »Happy Pill« und wir müssen die Verantwortung für unser Leben übernehmen. Aber der Fehler liegt in der Absolutheit der Aussage. Denn Sie werden es nie zur Meisterschaft bringen, wenn Sie keine Mentoren oder ein Erfolgsteam um sich haben. Sparringspartner. Draufgucker, Querdenker und Gegenredner. Aufbauer, Unterstützer und Motivatoren. Andersseher, Perspektivwechsler, Lockermacher. Wenn Sie sich allein auf den Weg machen, werden Sie mit hoher Wahrscheinlichkeit von Ihren bisherigen Mustern und Gewohnheiten blockiert.

»Eisen schärft Eisen, ebenso schärft ein Mensch einen anderen.«
Jüdische Redensart

Wen lassen Sie so nah an sich heran, dass diese andere Person Sie »schärfen« darf? Wer könnte Ihr Mentor sein? Welches Expertenteam könnte Ihnen weiterhelfen? Lassen Sie uns zunächst die Begrifflichkeiten klären:

- Der Mentor ist eine Figur aus Homers Odyssee und Berater von Odysseus' Sohn Telemachos. Heute verstehen wir unter einem Mentor zum Beispiel eine ältere und erfahrene Führungskraft, die bereit ist, ihre Erfahrungen an Jüngere weiterzugeben.

- Ein Expertenteam ist ein Zusammenschluss von drei bis sechs gleichgesinnten Menschen, die das gemeinsame Ziel verfolgen, (beruflich) zu wachsen. Am zielführendsten ist es, wenn jeder dieser Menschen auf einem anderen Gebiet ein Experte ist. Im Regelfall gibt es alle drei bis sechs Wochen ein Teamtreffen. Jeder bringt sich mit seinem Wissen und seinen Erfahrungen ein, damit für jedes Teammitglied optimale Problemlösungen gefunden werden können. Und natürlich geht es auch darum, sich gegenseitig zu ermutigen.

Der vierte Brandbeschleuniger aus dem ersten Kapitel – unterstützende Wegbegleiter finden – ist in dieser Phase besonders grundlegend. Sie benötigen Menschen, die Sie anstoßen, motivieren, unterstützen, Ihnen Unsicherheit nehmen und Sicherheit geben. Es gibt zahlreiche Gründe, sich einem Mentor anzuvertrauen, mit einer Expertengruppe zusammenzuarbeiten und ein Beziehungsnetzwerk zu knüpfen, zum Beispiel:

- Problematische berufliche Fragen lassen sich im Verbund besser beantworten.
- Die Fokussierung auf die wirklich wichtigen Themen ist möglich.
- Sie bauen Handlungssicherheit auf.
- Neben der eigenen Sichtweise erhalten Sie eine neutrale Außenperspektive.
- Kritik ist stets wohlwollend und wertschätzend.
- Über die Beziehung entsteht wertvolle Rechenschaft sich selbst gegenüber, da man immer wieder über seine Entscheidungen und Handlungen reflektiert.
- Ein Netzwerk eröffnet die Aussicht auf neue Kontakte.
- Sie erweitern Ihren Wissenshorizont und Ihren Erfahrungsschatz.
- Sie erhalten Unterstützung und Ermutigung.
- Es macht mehr Spaß, sich im Team oder der Gruppe weiterzuentwickeln.

Für diejenigen, die gerne Einzelkämpfer bleiben: Sie berauben sich wirklich eines der besten Brandbeschleuniger im Leben. Ich bin selbst früher über ein Jahrzehnt als Entertainer und Artist beruflich ein Einzelkämpfer gewesen – und bin mir deswegen noch klarer bewusst, dass eine erfolgreiche Weiterentwicklung ohne Mentoren oder unterstützende Expertengruppe einfach nicht möglich ist. Was mir beim Lesen von Biografien auffällt: Eigentlich alle großen Persönlichkeiten der Weltgeschichte haben weise Mentoren gehabt, die sie gefördert und stark gemacht haben. Aber wir brauchen gar nicht so weit in die Vergangenheit zu gehen: Wiederum bei Spiegel.de ist unter der Überschrift »Mentor als Karriereturbo« zu lesen: »Für eine steile Karriere ist nichts so wertvoll wie ein mächtiger Mentor.« Über den amerikanischen Präsidenten Dwight D. Eisenhower wird gesagt, dass er eigentlich nur eine mittelmäßige Führungspersönlichkeit war und eher durch regelwidriges Verhalten als durch besonderen Fleiß auffiel. Schließlich aber wurde er von General Fox Conner derart gefördert, dass er danach ein ganz anderer Mensch geworden sein soll – und es bis zum Präsidenten brachte.

»Ich würde alles noch einmal so machen, wie ich es getan habe.
Bis auf eine Ausnahme: Ich würde früher bessere Berater suchen.«
Aristoteles, griechischer Philosoph

Ich bin beim Schreiben dieser Zeilen meinen Freundeskreis in Gedanken durchgegangen. Alle Menschen, die ich erfolgreich nenne, haben mit Mentoren und einem oder mehreren Expertenteams zusammengearbeitet. Sie investieren Zeit, Geld und Leidenschaft in diese Beziehungen. Und bei allen zahlt es sich aus.

Nach der oben beschriebenen Konferenz (S. 234) habe ich mir das Ziel gesetzt, gute Beziehungen im beruflichen Kontext aufzubauen – Beziehungen, die mich tragen und befruchten. Hat es immer geklappt? Nein. Aber über die Jahre waren immer wieder gute Mentoren und Expertengruppen dabei. Mit einer Mentorin habe ich mich vier Jahre lang alle vier Wochen zum fokussierten Austausch über berufliche und private Visionen, die täglichen Herausforderungen und vor allem über meine innere Haltung dazu getroffen. Ohne diese Mentor-Beziehung wäre ich heute beruflich und privat nicht da, wo ich jetzt stehe.

Substanz wird sich immer durchsetzen

»Wenn ich zehn Stunden Zeit hätte, einem Baum zu fällen,
würde ich neun Stunden davon auf das Schärfen der Axt verwenden.«
Abraham Lincoln, US-Präsident

Ihr Wille und Ihre Bereitschaft, sich lebenslang weiterzuentwickeln und zu wachsen, sowie die Hilfe durch Mentoren und Expertenteams sind meiner Erfahrung nach wichtige Aspekte, um sich Ihrem idealen Feuer-Radar anzunähern. Wenn Sie überdies an Ihrer Substanz – Ihrem Charakter, Ihren Fähigkeiten und Fertigkeiten, Ihrem Wissen und Ihren Kenntnissen – arbeiten, dürften Ihre Wanderjahre zum gewünschten Resultat führen.

Das obige Zitat, das Abraham Lincoln zugeschrieben wird, kennen Sie vielleicht. Jedes Mal, wenn ich es lese oder höre, denke ich: Wie in aller Welt soll das gehen – nur hat er recht. Wie schnell geht das »Bäumefällen« mit dem richtigen Werkzeug – womit sicherlich auch das Schärfen des eigenen Könnens, des Charakters, der Fähigkeiten und Kenntnisse gemeint ist. Denn wenn ich in etwas stark werde, laufen viele Dinge wie von selbst. So sollte eine Frage, die Sie sich immer wieder stellen, lauten: »Verfüge ich über die Substanz, mein Ziel zu erreichen?«

Es gibt in den letzten Jahrzehnten eine immer stärker werdende gesellschaftliche Strömung, die auf den Erfolgsfaktor »Image« und auf Äußerlichkeiten setzt. Ein Ausdruck davon ist der amerikanische Spruch: »Fake it, 'til you make it«, also: »Tu so, als ob du es kannst, bis du es kannst«. Das Problem ist, dass man so eine Fassade erbauen und aufrechterhalten muss – und das kostet enorm viel Kraft und Energie und bringt zum schlechten Schluss das Gebäude, das von Anfang an auf unsicherem Boden steht, zum Einsturz.

Vor einigen Jahren habe ich die folgende Situation erlebt: Eine Managerin aus dem mittleren Management sollte die Kennzahlen ihres Projekts der gesamten Geschäftsführung präsentieren. Im Vorfeld musste sie die Zahlen einem der Geschäftsführer bereitstellen, der ein nahezu identisches Schwesterprojekt zu verantworten hatte. Sie hatte »leider« viel zu gute Zahlen, die dem Geschäftsführer so gar nicht schmeckten. Er hatte gerade einmal den Break-even erreicht, sie aber eine zweistellige Umsatzrendite. Der Geschäftsführer war ein typischer Blender und Statusmensch, dem es eher um Macht und Einfluss als um Ergebnisse ging. Die Managerin bekam also drei Tage vorher zu hören: »Wenn Sie diese Ergebnisse so präsentieren, haben Sie mit sehr ernsten Konsequenzen zu rechnen. Haben Sie mich verstanden – ich meine ernste Konsequenzen.« Daraufhin schrieb die Managerin ihre Erfolge so um, dass der Geschäftsführer dabei auch glänzen konnte und nicht düpiert wurde – und zugleich hielt sie Ausschau nach einer neuen Stelle.

Meine Interpretation der Geschehnisse: Der Geschäftsführer errichtete eine Fassade um sich herum, ein Blendwerk, ohne davor zurückzuschrecken, andere Menschen zu manipulieren und unter Druck zu setzen. Da jene Managerin nicht das einzige »Opfer« war, hat es nicht lange gedauert, und aus einem engagierten mittelständischen Betrieb wurde eine »Dienst nach Vorschrift«-Organisation. Sämtliche Kennzahlen entwickelten sich massiv nach unten. Nach nur einem Jahr zog der Inhaber die Reißleine und hat sich einen neuen Geschäftsführer gesucht.

> *»Rationale Autorität fördert das Wachstum des Menschen, der sich ihr anvertraut, und beruht auf Kompetenz. Irrationale Autorität stützt sich auf Machtmittel und dient der Ausbeutung der ihr Unterworfenen.«*
> Erich Fromm, amerikanischer Psychoanalytiker deutscher Herkunft

Bauen Sie Substanz auf. Auch wenn Zyniker es anders sehen mögen: Letztendlich geht es nicht um Status, es geht um Ergebnisse. Weniger um Design als um Sein. Weniger um Verpackung als um Inhalt. Weniger um Fassade als um die Ölfässer im Keller. Es geht nicht um Macht, es geht um Ziele. Es kommt nicht darauf an, ob Sie beliebt sind, sondern darauf, dass Mitarbeiter sich entwickeln. Es geht nicht darum, dass Sie Ihre Sicherheiten zementieren, sondern Sie müssen die Organisation nach vorne bringen. Denn Ihre Sicherheit sollte Ihr Mut sein – nicht der Betriebsrat, der Posten oder das dicke Bankkonto. Und: Es geht nicht um Harmonie im Team, sondern darum, dass Sie das Richtige tun.

Es geht nicht darum, seinen Willen durchzusetzen, sondern um echte Autorität, die man sich nicht anmaßt, sondern die einem von anderen Menschen zugesprochen und verliehen wird. All dies sind Bereiche, in denen Ihr unternehmerisches Feuer und Ihr ganzer Mut gefragt sind. Also, arbeiten Sie in den Wanderjahren vor allem an Ihrer inneren Substanz. Denn Sie wissen: Irgendwann setzt sich Ihre Substanz durch.

FAZIT: Gehen Sie wirklich auf Wanderschaft!

Erinnern Sie sich an das Interview mit Frau Osterholz von Senf Pauli? »Dann gab ich mir ein Jahr für die Neuorientierung und hospitierte bei verschiedenen Firmen, unter anderem in einer NGO, einer Kanzlei und einer Ziegenkäse-manufaktur. Finanziert habe ich mich in dieser Zeit mit Teilzeitjobs.« Das Ergebnis können Sie heute sehen, oder besser schmecken! Sie ist dabei intuitiv vorgegangen und hat am Anfang noch nicht einmal ihr Ziel konkret benennen können. Sie hatte »nur« diesen flammenden Wunsch, dass in ihrem Berufsleben eine Neuausrichtung passend zu ihrer Person stattfinden musste. Also:

- Nehmen Sie sich Zeit für die Wanderschaft.

- Wer nicht wächst, stirbt langsam. Die Arbeit mit dem Feuer-Radar zeigt Ihnen, wo und wie Sie wachsen wollen.

- Öffnen Sie sich für lebenslange Lern- und Erfahrungsprozesse. Suchen Sie sich Mentoren und Expertengruppen, mit denen Sie sich austauschen können.

- Substanz schlägt durch. Arbeiten Sie vor allem an Ihrer Substanz.

Interview mit Dr. Andreas Eckstein[2]:
»Wer eine gute Idee hat, sollte sich ein Netzwerk
aufbauen, mit dem er sich austauschen kann«

Dr. Andreas Eckstein habe ich auf einem Zukunftsforum kennengelernt. Sein Vortragsthema: »Innovationen in festgefahrenen Strukturen«. Da er seit Jahren das Business-Development großer Finanzdienstleister vorantreibt, geht es in seinen Themengebieten oft um »gelebten« unternehmerischen Mut.

■ *Dr. Eckstein, wie geben Sie Ihre Rolle im Business-Development in zwei Sätzen wieder?*

Dr. Andreas Eckstein: Aufgabe ist es, innovative Ideen für große Finanzdienstleister aufzuspüren, die Erfolg versprechend sind und das Potenzial haben, einen Gewinn innerhalb von fünf Jahren zu generieren. Neben der Idee geht es dabei immer auch um die richtigen Leute, die durch die Bereitstellung von Ressourcen sowie Kontakte dazu befähigt werden, erfolgreich zu sein.

■ *Ganz einfach gefragt: Inwieweit ist unternehmerischer Mut bei Mitarbeitern – trotz aller Lippenbekenntnisse dazu – überhaupt erwünscht?*

Dr. Andreas Eckstein: Unternehmerischer Mut wird grundsätzlich und insbesondere vom Management gewünscht. Topführungskräfte suchen wirklich verantwortliche und initiative Mitarbeiter. Jedoch fällt es vielen Menschen schwer, wenn ein Kollege kreativ ist und die altbekannten Wege verlässt. Dann wird er gerne als Spinner oder jemand, der zu viel Zeit hat, tituliert. Deshalb ist es meines Erachtens schwierig, Intrapreneure in Konzernen aufzubauen, da ihre Ideen und Arbeitsweise von zu vielen Seiten torpediert werden. An wenig mutigem Handeln sind auch die starren Arbeitszeitmodelle schuld, bei denen die Leistung der Mitarbeiter noch nach Stunden und nicht in Resultaten gemessen wird.

Zudem kostet mutiges Handeln Zeit und Geld. Viele Unternehmen sind kaum bereit, die langen Wege zu gehen, die notwendig sind, damit gute Ideen auch erfolgreich im Markt umgesetzt werden können. Dieser Zeitraum umfasst häufig mindestens drei bis fünf Jahre, eine Zeit, die den meisten Unternehmenslenkern zu lang erscheint.

Auch gibt es zu wenige Manager, die durch kreative Ideen in Vorstandspositionen aufgestiegen sind. Der weite innovative Blick ist eine Haltung, die wirklich nicht alle im Management besitzen.

■ *Hat dies Ihrer Meinung nach auch etwas mit der Kultur zu tun?*

Dr. Andreas Eckstein: Meines Erachtens trägt in Deutschland die Neidkultur stark dazu bei, dass Menschen sich nicht trauen, Ideen zu verwirklichen. Während in den USA und anderen Ländern erfolgreiche Menschen bewundert werden und man ihnen für ihre Leistungen Respekt und Anerkennung zollt, wird in Deutschland teilweise so getan, als wären Erfolgreiche nur erfolgreich, weil sie unseriös arbeiten. Zudem freuen sich viele Leute, wenn jemand scheitert, weil sie es ja schon viel früher wussten, dass die Idee nicht gut war oder derjenige es nicht kann.

■ *Welche Schritte sollten Mitarbeiter gehen, die wirklich etwas ändern wollen?*

Dr. Andreas Eckstein: Um im Wettbewerb für Innovationen bestehen zu können, ist es wichtig, sich mit anderen Spezialisten auszutauschen und Wissen zu teilen. Dazu ist ein bereichsübergreifender Austausch hilfreich, aber ein unternehmensübergreifender Austausch notwendig. Genau wie man als Führungskraft Aufgaben delegieren muss, so muss man sich auch als Intrapreneur auf Experten aus anderen Fachgebieten verlassen und hierzu Netzwerke aufbauen. Wer eine gute Idee hat, sollte sich ein Netzwerk schaffen, mit dem er sich über seine Idee austauschen kann, sodass er von den Erfahrungen und Fehlern anderer lernen kann, und dann klären, wie und mit wem er die Idee umsetzt. Ein starker Partner mit Erfahrung ist für mich persönlich immer der beste Ratgeber, da er einem hilft, Fehler zu vermeiden, die Zeit, Geld und Nerven kosten.

Letztendlich muss ich festhalten: Wer etwas ändern will, muss sich klar sein, dass es Widerstand gibt. Ohne die Bereitschaft, Konflikte auszuhalten, den langen Atem zu zeigen und dicke Bretter zu bohren, geht es nicht – egal in welcher Branche.

TEIL IV

ICH WEISS, WIE –
MEIN UNTERNEHMERISCHES
FEUER

10 Meisterjahre: Ihr Mut wird zum Flächenbrand

»Das Geheimnis der Freiheit ist der Mut.«
Perikles, griechischer Staatsmann

Was Sie in diesem Kapitel erfahren

- Sie reflektieren die Zusammenhänge der sechs Mut-Flammen, die für die Entfaltung Ihres unternehmerischen Mutes wichtig sind.

- Sie erfahren, wie aus dem Zusammenspiel der Mut-Flammen eine Kraft entsteht, mit der Sie Ihre Ziele erreichen und Ihre Träume verwirklichen.

- Jetzt beginnt Ihre Meisterzeit: Ihr Feuer brennt lichterloh.

Unternehmerischer Mut, der den *Unter-Nehmer* und den *Vor-Macher* vom *Unter-Lasser* und dem *Mit-Macher* trennt, ist für mich ein Feuer, das tief in uns brennt und uns in die Zukunft führt. Ein Feuer, das anziehend ist, strahlt und wärmt. Ein Feuer, das vor allem dazu da ist, andere anzustecken und zu entfachen, ihnen Hoffnung zu geben und einen Flächenbrand auszulösen. Es ist ein Feuer, vor dem nicht wenige Angst haben und es lieber aus der Entfernung betrachten. Aber dieses Feuer entwickelt nur dann seine Stärke, wenn wir es in uns groß werden lassen. Ein bloßes Zuschauen aus der Ferne – das gibt es nicht. Dieses Feuer führt uns in die Freiheit. Ohne dieses Feuer gibt es kein erfülltes Leben. Dieses Feuer macht aus Ihren Idealen und Werten erlebbare Wirklichkeit.

Für mich bedeutet dieses Feuer weit mehr als »nur« Mut. Unternehmerischer Mut ist umfassender, er schließt den Kopf und das Herz mit ein. Nur dann kann sich mehr als nur ein Strohfeuer entwickeln, nur dann kann es zu einem Flächenbrand kommen. Langfristig können wir unseren unternehmerischen Mut nur aufrechterhalten, wenn Kopf und Herz in eine Richtung zielen. Wie Sie wissen, mache ich beim unternehmerischen Mut keinen Unterschied, ob jemand in einer Organisation als Angestellter oder als Unternehmer, als Freiberufler oder Aktivist, als Socialpreneur, als NGO-Leiter oder im Verein aktiv ist: Denn die Quellen für das unternehmerische Feuer sind jeweils die gleichen. Entscheidend ist vielmehr, wie dieser Mut ausgelebt wird. Natürlich hat der Unternehmer andere Möglichkeiten als der Mitarbeiter, der als Intrapreneur, als Unternehmer im Unternehmen, tätig ist. Der Intrapreneur ist und bleibt immer Angestellter. Aber dieser Unterschied ist für die Entfaltung des unternehmerischen Mutes nicht relevant. Wir alle verfügen über die Voraussetzungen, ihn zu entwickeln. Jetzt kommt es darauf an, die sechs Mut-Flammen zu entfachen. Was die sechs Mut-Flammen sind? Das werden Sie gleich erfahren: Ich habe einmal alle Begriffe, die mir zum unternehmerischen Mut eingefallen sind, in einen »Mutkopf« geschrieben.

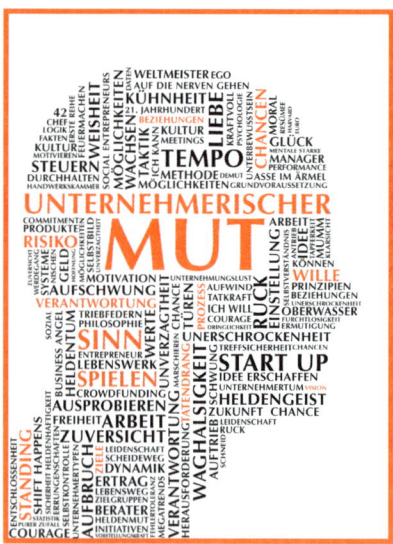

Abbildung 25

Aus all diesen Begriffen lassen sich sechs Mut-Flammen ableiten, die in ihrer Ganzheit Ihren unternehmerischen Mut, Ihr unternehmerisches Feuer abbilden – das zeigt Abbildung 26. Wenn es Ihnen gelingt, diese sechs Mut-Flammen dauerhaft zum Lodern zu bringen, kann Ihre Meisterzeit beginnen.

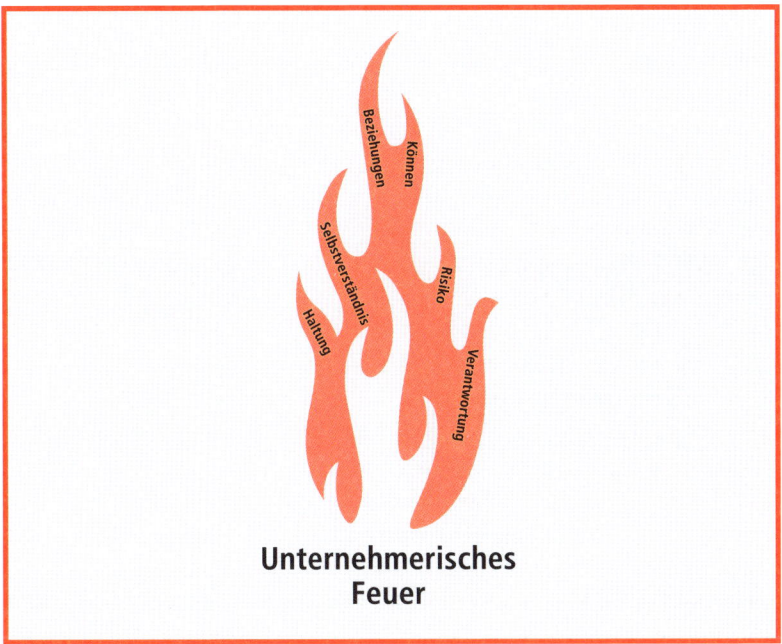

Abbildung 26

Jetzt starren wir noch einmal ins Lagerfeuer: Lassen Sie uns nun die sechs Mut-Flammen im Einzelnen betrachten.

Mut-Flamme 1: Ihre Haltung

»Menschen können sich Worten entziehen,
aber nicht einer Haltung.«
Cavett Robert, Redner und Gründer
der National Speakers Association

Jeder Mensch hat eine innere und sich äußerlich ausdrückende Haltung zum Leben, zur Arbeit, zu Freunden. Im Prinzip zu allen Dingen. Was mich über die Jahre als Führungskraft, als Berater und als Trainer oft verwundert hat: Viele Menschen wissen nicht, mit welcher Haltung sie durchs Leben gehen und wie sehr diese Haltung ihr Leben beeinflusst. Dabei entscheidet die Haltung oft über Sieg oder Niederlage, über Gelingen und Misslingen, darüber, ob Ziele erreicht werden können oder nicht.

Es fällt vielen Menschen leicht, die innere und äußere Haltung bei anderen zu erspüren, einzuschätzen und zu beurteilen. Nehmen wir als Beispiel die Aussage »Der Kunde ist König«. Sie können zwei an sich identische oder zumindest ähnliche Filialen etwa einer Einkaufskette besuchen – und trotzdem zwei sehr unterschiedliche Einkaufserlebnisse haben. Entscheidend ist die Haltung der dort arbeitenden Führungskräfte und Mitarbeiter bezüglich jener Aussage, der Kunde sei König. Entweder betreten Sie eine Dienstleistungsoase – oder eine Dienstleistungswüste. Entweder jene Aussage wird mit Leben gefüllt – oder es handelt sich um ein floskelhaftes Lippenbekenntnis. Wichtig ist mithin die Haltung zum Kunden. Und das gilt genauso für Ihr unternehmerisches Feuer. Feuerwehrleute, Pyromanen und Psychologen sind sich deswegen an dieser Stelle vollkommen einig: Ein Feuer, das wachsen soll, braucht vor allem eine solide Grundlage – Ihre Haltung.

»Business is like riding a bike.
Either you move or you fall down.«
Peter F. Drucker,
Managementvordenker

Um die Bedeutung der Haltung in meinen Vorträgen für alle Zuschauer und Zuhörer zu visualisieren und erlebbar zu machen, setze ich in meinen Bühnenshows den Ausspruch von Peter F. Drucker live um. Ich kreiere also die folgende Situation, um zu verdeutlichen, wie entscheidend die Haltung für die Lebensgestaltung ist: Ein Freiwilliger bekommt die Aufgabe, auf einem Beachcruiser – das ist ein besonderer Fahrradtyp – so langsam wie möglich durch den Saal zu radeln. Das Resultat: Der wirklich langsame Fahrradfahrer hält keine gerade Spur, eiert herum, setzt öfter ab und fängt immer wieder von vorne an. Er nimmt also eine bestimmte *Haltung* ein, die von seinem Verhalten abhängig ist. Was aber noch schlimmer ist: Da er verzweifelt darum kämpft, aufgrund fehlender Geschwindigkeit die Balance zu halten, verkrampft er, bekommt Haltungsschäden und ist nur noch mit sich beschäftigt. Das heißt: Wer langsam fährt, verliert den Blick für andere, weil er sich allzu sehr auf seine schwierige Aufgabe konzentriert. Er vermittelt einen ängstlichen Eindruck, man könnte glauben, er sei zu faul, angemessen mit dem Fahrrad umzugehen.

Was mich an diesem Live-Beispiel immer wieder fasziniert: Ich muss nicht groß erklären, worum es geht: Fast jeder versteht sofort, was das mit seinem eigenen Arbeitstempo und seinem beruflich-unternehmerischen Verhalten zu tun hat, zum Beispiel: »Dienst nach Vorschrift«, »Dienst in einem allzu langsamen Arbeitstempo« – das ist schädlich, das hilft nicht weiter.

»Wir betreiben unser Geschäft wie einen Marathon, nicht wie einen Sprint.«
Jochen Zeitz,
in seiner Zeit als CEO von Puma

Schließlich muss der Freiwillige so schnell es geht durch den Saal fahren. Ungefähr die Hälfte meiner Freiwilligen verweigert das und radelt im normalen zügigen Tempo weiter, wofür es von mir ein großes Lob gibt: »Sie verstehen sofort, dass Vollgas nicht immer geht, und haben ein gesundes Beharrungsvermögen, klasse.« Die anderen versuchen tatsächlich, mit Vollgas durch den Saal zu rasen, und dann wird es meistens sehr unterhaltsam: Fahren Sie mal im Höchsttempo durch die engen Kurven eines mit Menschen gefüllten Konferenzraums. Das Ergebnis: Mein Publikum sieht, hört, spürt und fühlt: Zu langsames Voranschreiten und zu rasches Voranpreschen – beides hat seine Nachteile.

Danach geht es mit meinem Thema »Business is like riding a bike« wie folgt weiter: Ich frage den Freiwilligen nach einer beruflich besonders erfreulichen Phase. Wir bilden daraufhin Sätze wie: »Oh wie schön war es in den Neunzigern, als die Märkte wie von allein wuchsen.« Dann muss er im normalen Tempo geradewegs durch den Mittelgang mitten durch die Zuschauerreihen fahren. Nach der Hälfte der Strecke soll er weiterfahren, sich umdrehen, mir in die Augen schauen und jenen einfachen kurzen Satz sagen – was natürlich nicht geht: Es ist nicht möglich, die Hand am Lenker zu lassen und zugleich während der Fahrt zurückzuschauen. Ich visualisiere und transportiere mit diesem Bild: Sobald man den Blick nach vorne in die Zukunft gegen eine Vergangenheitsverklärung (den Blick zurück) vertauscht, verreißt es den Lenker. Der Fahrradfahrer rauscht in die Zuschauer oder er fällt über den Lenker. Beides ist schmerzhaft (dass einer meiner Freiwilligen über den Lenker fällt, passiert live mit einem Beachcruiser bei diesem Tempo glücklicherweise garantiert nicht). Oder die dritte Haltungs-Variante: Der Freiwillige bremst, hält an und schaut dann zurück. Für alle drei Optionen gilt: Es geht nicht mehr voran. Der Blick (die Haltung) ist auf die Vergangenheit, nach hinten, fokussiert – und damit ist jeder Fortschritt, ist jede Weiterentwicklung unmöglich.

 **»Wer seine Hand an den Lenker (Pflug) legt und zurückschaut, ist nicht gemacht für …«**
Jesus, Lukas 9,62

Wir alle kennen Menschen, die mit ihrer Vergangenheitsfolklore und ihrer negativen Grundhaltung ganze Abteilungen lahmlegen können: Das Sterben beginnt, wenn wir uns mehr mit der Vergangenheit beschäftigen als mit der Zukunft. Der Hinweis auf den Zusammenhang zwischen Vergangenheitsverklärung und Problemfixierung wirkt zuweilen Wunder. Zu Beginn der 2010er-Jahre habe ich über 50 Vorträge bei einem Dutzend verschiedener Banken und Sparkassen gehalten – und dabei oft einen Banker beim Radeln den Satz sagen lassen: »Oh wie schön war mein Job, bevor es Basel III gab.« Basel III, also das Reformpaket zur Bankenregulierung, hat viele Banken gelähmt. Ein Bankvorstand kam einmal nach einem Vortrag auf mich zu und meinte, dass er heute das erste Mal kapiert habe, dass er wegen Basel III innerlich blockiert sei; er wolle nun seine innere Haltung dazu ändern, um wieder ins konstruktive Fahrwasser zu gelangen. Und das ist ihm auch gelungen, und zwar relativ rasch. Wenn wir verstehen, wo es hakt, können wir die Blockaden manchmal sehr schnell auflösen.

Eine starke innere Haltung einzuüben, ist eine große Herausforderung für Menschen, die darin wenig geschult sind. Diesen Menschen fehlen quasi die Muskeln, um eine aufrechte Haltung einzunehmen. Aber mit Training, Fleiß und Hilfestellung ist es möglich. Die innere Haltung äußert sich übrigens unbewusst in der Körperhaltung, in Gestik und Muskeltonus. Das können Sie sich zunutze machen, indem Sie in den Situationen, in denen Sie Ihre innere Haltung stärken oder beweisen wollen, bewusst Ihre Körperhaltung verändern, einen festen Standpunkt einnehmen, aufrecht stehen und gehen, die Atmung bewusst kontrollieren, die Muskelspannung aktiv halten – oder eben auch aktiv entspannen, wenn die Situation mehr Gelassenheit erfordert.

Übrigens: Wenn es mir gelungen ist, dass Sie während der Lektüre dieses Buches Ihre »Haltungs-Muskeln« trainieren und aufbauen konnten, habe ich eines meiner wichtigsten Ziele erreicht. Ich hoffe also, dass Sie jetzt über kräftige Muskeln verfügen wie:

- »Ich kann dieses unternehmerische Feuer und diesen unternehmerischen Mut entwickeln.«
- »Ich verfüge über alle Grundlagen, um meinen individuellen Entwicklungsprozess zu durchlaufen.«
- »Krisen machen mich stärker und bringen mich in meinem Prozess voran.«

»Nicht weil es schwer ist, wagen wir es nicht.
Sondern weil wir es nicht wagen, ist es schwer.«
Seneca, römischer Philosoph,
Staatsmann und Schriftsteller

Mut-Flamme 2: Ihr Selbstverständnis

»Alle meine Mittel sind vernünftig, mein Motiv und mein Ziel jedoch, sie sind verrückt.«
Kapitän Ahab in Moby Dick von Herman Melville

Sie haben die Frage nach Ihrem Selbstverständnis während der Arbeit mit Ihrem Empowerment-Systemmodell vielleicht schon geklärt. Es ist aber zielführend, wenn Sie die Wahrnehmung Ihrer selbst immer wieder reflektieren und Ihre Selbsteinschätzung überdenken. Die dazugehörigen Fragen sind so einfach wie kraftvoll:

- Was mache ich?
- Wieso mache ich das?
- Wohin will ich?
- Entspricht das mir und meinem Selbstverständnis?
- Will ich das wirklich?
- Was halte ich von mir selbst?

Sind die Fragen geklärt und zeigen sie Ihnen einen Weg zu Ihrem Ziel? Wunderbar, die nächste starke Mut-Flamme brennt in Ihrem Leben.

> **☞ Weitergedacht: Bündeln Sie Ihr Selbstverständnis zu einem Leitspruch, der Ihnen Kraft gibt!**
>
> - Schaffen Sie es, die Antworten auf die oben genannten Fragen zu einem Leitspruch zusammenzufassen, der Ihr Selbstverständnis spiegelt?
> - Es geht dabei nicht darum, ein flottes Werbesprüchlein zu kreieren. Wichtig ist vielmehr, dass Sie Ihrem Selbstverständnis einen Namen geben oder es in einen Spruch oder ein Bild fassen, frei nach den Rolling Stones: »We are Rock´n´roll.«
> - Darum: Wenn Sie Ihre Selbstwahrnehmung »malen« wollten, welches Bild entstünde dabei? Wenn Sie Ihre Selbsteinschätzung ausformulieren wollten, welcher Satz entstünde dabei?

Mut-Flamme 3: Ihre Beziehungen

»Before you become a leader success is all about growing yourself. Once you become a leader success is all about growing others."
Jack Welch, US-amerikanischer Manager
und CEO von General Electric

Mit dem Satz »Zeige mir deine Beziehungen und ich zeige dir deinen Erfolg« beginne ich häufig meine Start-up-Seminare. Und dann blicke ich oft in erstaunte Gesichter. Heute bin ich noch mehr als zu Beginn meiner Laufbahn als Berater davon überzeugt, dass die Qualität Ihrer Beziehungen mit Ihrem Erfolg stark korreliert. Vertrauensvolle Beziehungen machen alles schneller, effektiver und zuverlässiger, ob es nun um die Beziehung zu Kunden, Mitarbeitern, Chefs, Experten, Zulieferern, Behörden, Banken oder zum Hausmeister geht. Ich meine damit also nicht nur den Rückhalt und die Kraft, die durch die persönlichen Beziehungen zu Freunden und zum Partner entstehen. Ich beziehe dies vor allem auf den Job und das berufliche Umfeld.

Meine Erfahrung ist: Motivation und Erfolg entstehen über Beziehungen – und werden darüber aufrechterhalten. Darum: Kümmern Sie sich um Ihre Mitmenschen, interessieren Sie sich wahrhaftig und ehrlich für sie, investieren Sie Kraft und Energie in den Aufbau Ihrer Beziehungen, bauen Sie die Kontakte auf, die Sie für die Verwirklichung Ihrer Vorhaben brauchen – und zwar bevor Sie sie brauchen. Bertolt Brecht hat in »Fragen eines lesendes Arbeiters« geschrieben: »Der junge Alexander eroberte Indien. Er allein? Cäsar schlug die Gallier. Hatte er nicht wenigstens einen Koch bei sich?« Das ist es – es geht immer darum, dass andere mit Ihnen »die Welt erobern«. Ein alter CDUler hat mir einmal erzählt, dass die Basis von Helmut Kohls Erfolg in den Anfangsjahren in der Pfalz vor allem darin begründet war, dass er wirklich jeden Ortsvorstand zum Geburtstag persönlich anrief und bei den meisten im Laufe des Jahres einmal vorbeischaute.

Darum: Sie arbeiten in einer Firma regelmäßig mit anderen Teams zusammen oder sind zumindest auf andere Teams angewiesen? Warum nicht Kontaktpersonen auf gleicher Augenhöhe einmal im Monat zum Mittagessen einladen? Warum nicht die Mittagspause nutzen, um zweimal die Woche Kontakte strategisch zu knüpfen? Von Meg Whitman, der jetzigen CEO von HP und früheren CEO von Ebay, wird berichtet, dass sie in den ersten zehn Jahren ihrer Karriere jeden Mittag bewusst mit immer neuen Menschen essen ging. Und dabei entstand ein großes und effektives Netzwerk, das ihre Karriere beförderte.

> **Weitergedacht: Bauen Sie ein Netzwerk auf – beginnen Sie jetzt!**
>
> Fangen Sie an: Jede Woche wird eine Person zum Mittagessen eingeladen, die in Ihr Netzwerk passt. Bei 50 Terminen im Jahr bauen Sie so für die Durchführung effektiver Projekte oder Geschäftsideen schon jetzt die notwendigen Beziehungen auf. Denn so simpel es klingt: Unternehmen werden um die Idee der Zusammenarbeit herum gebaut. Im Harvard Business Manager hieß es im März 2009 dazu: »Je mehr Aufwand Sie für Ihr Netzwerk betreiben, desto größer der Erfolg.«

Mut-Flamme 4: Ihr Können

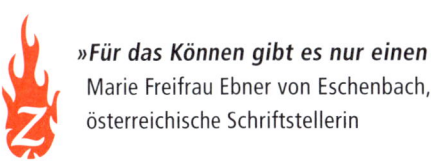

»Für das Können gibt es nur einen Beweis: das Tun.«
Marie Freifrau Ebner von Eschenbach,
österreichische Schriftstellerin

Zum Können oder zur Kompetenz gehören neben eigenen Fähigkeiten, Talenten und Kenntnissen auch die Ausrüstung und die Ressourcen, um jene Kompetenzen zur Entfaltung zu bringen. Denn was nützt das größte Wissen, wenn man es nicht umsetzen kann, wenn die richtigen Ressourcen fehlen!

Erinnern Sie sich? Bei der Arbeit mit dem Empowerment-Systemmodell hatten Sie die Aufgabe, Ihre Ressourcen, wozu auch Ihr Können gehört, zu definieren. Jetzt möchte ich Sie dazu nochmals auffordern. Denn nur, wer sauber definiert, was er kann, erkennt auch, wo seine Grenzen liegen und an welcher Stelle er vielleicht Kompetenzlücken schließen muss. Gerade das zeichnet den wahren Könner aus. Reden Sie also nicht nur über Ihre Fähigkeiten und das, was Sie (noch) nicht können: Arbeiten Sie an der Weiterentwicklung Ihrer Kompetenzen und akzeptieren Sie zugleich, dass Sie nicht alles können.

Mut-Flamme 5: Ihr Risiko

»Der größte Fehler, den man im Leben machen kann, ist,
immer Angst zu haben, einen Fehler zu machen.«
Dietrich Bonhoeffer

Aus meiner Sicht ist das in der wirtschaftlichen Fachpresse zurzeit am meisten diskutierte Thema der Umgang mit Risiken. Da geraten viele Chefs schnell ins Schwitzen. Bei Vorträgen über Intrapreneurship und unternehmerischen Mut führe ich in Firmen meistens Vorgespräche mit den Verantwortlichen. Immer wenn das Thema Risiko angesprochen wird, nimmt die Intensität der Gespräche zu. Ganz schnell liegen dann die Unternehmensrichtlinien und die Ausführungen zu den Methoden der Risikoabwägung auf dem Tisch. Die Angst davor, ein unnötiges Risiko einzugehen, steht den Verantwortlichen buchstäblich ins Gesicht geschrieben. Und gleichzeitig ist allen klar: Ohne Risiko keine Zukunft.

Mir ist vor allem wichtig, dass Sie Ihre Einstellung zu den Themen »Risiko« und »Sicherheit« reflektieren. Es geht mithin um Ihre grundsätzliche Haltung zum Risiko. Das mittlere Risiko verspricht zumeist den größten Erfolg. Finden Sie Ihr »Ja zum Risiko, Ihr Ja zum Fehler«. Die meisten Menschen möchte ich am liebsten anflehen, diese Schritte dazu zu wagen, denn ohne das Ja zum Risiko geht das Leben an Ihnen vorbei. Steve Ross, der ehemalige CEO von Time Warner, hat dazu einen wichtigen Satz gesagt: »In diesem Unternehmen werden Sie entlassen, wenn Sie keine Fehler machen.«

Mut-Flamme 6: Ihre Verantwortung

»*Mut beruht vor allem auf dem Willen, ihn zu haben.*«
Ellen Key, schwedische Schriftstellerin

Es ist nicht möglich, unternehmerisches Feuer zu entflammen, ohne Verantwortung zu übernehmen. Mit der Verantwortung fängt Ihr unternehmerisches Feuer an, es ist das Zündholz, das den entscheidenden Funken überspringen lässt. Es ist notwendig, dass Sie die volle Verantwortung für Ihr Leben übernehmen, für Ihre Projekte und Ihre Geschäftsideen. Ohne Verantwortung droht das Scheitern – Ihrer Projekte, Ihrer Gründung, Ihrer Vorhaben, im Unternehmen Karriere zu machen und etwas Neues und Großes aufzubauen.

Zur Verantwortung gehört auch, den eigenen Willen in den Dienst seines Lebens zu stellen, selbst wenn dieser rebellisch oder lustorientiert ausgerichtet ist. Sie entscheiden also, in welche Richtung Ihr Wille sich bewegt. Anders ausgedrückt: Jeder Mensch hat das Recht, die Frucht seiner Entscheidungen selbst zu genießen, ob diese Frucht nun süß oder sauer schmeckt. Oder wie ich es gerne ausdrücke: Ich hasse die Vollkaskomentalität – die wird nur von Unmündigen gewählt. Das Zusammenspiel von Verantwortung, Wille und Mut hat der ehemalige Vorstand der Deutschen Bank, Alfred Herrhausen, treffend, klar und einfach zusammengefasst: »Führung muss man wollen.«

Zurzeit redet kaum jemand in der Wirtschaft lauter über das Thema »Verantwortung« als der Trigema-Chef Wolfgang Grupp. Er gehört aus meiner Sicht zu denjenigen, die von *ihrer eigenen* Verantwortung reden und nicht nur mit erhobenem Zeigefinger von anderen Personen oder »der Gesellschaft« die Übernahme von Verantwortung einfordern. Ich stimme in vielen Punkten nicht mit ihm überein und verstehe, warum Harald Schmidt ihn einst die »Nackte Kanone der deutschen Wirtschaft« nannte. Aber: Hören Sie sich den Mann einmal live zum Thema »Verantwortung« an. Das ist entflammend!

Die Kunst des Feuermachens – Ihr Feuertornado

»*Ein Mann muss leben wie eine große, lodernde Flamme und leuchten so hell, wie er kann. Am Ende brennt er aus. Aber das ist besser, als eine armselige kleine Flamme zu sein.*«
Boris Jelzin, russischer Politiker

Was passiert, wenn Sie einzelne Mut-Flammen nicht zum Lodern bringen? Ist es richtig, sich nicht darum zu kümmern und dafür zu sorgen, die anderen Mut-Flammen umso höher schlagen zu lassen? Es müssen wirklich nicht alle Mut-Flammen »perfekt« brennen – aber weil sie sich bedingen und gegenseitig beeinflussen und verstärken, ist es schon problematisch, wenn einzelne Mut-Flammen fehlen. Die Folgen zeigt die Abbildung 27.

Abbildung 27

Das Geheimnis Ihres unternehmerischen Feuers ist das Zusammenspiel aller sechs Mut-Flammen, aller sechs Mut-Bausteine. Wenn diese sechs Flammen in Ihrem Leben anfangen zu brennen, um das Ziel Ihres Lebens kreisen, in Schwung kommen – dann wächst Ihre Flamme über Sie hinaus, und es werden Veränderungen entstehen, die Sie nicht für möglich gehalten haben. Ein Feuertornado entsteht. Dieser Tornado ist letztlich der Ausgangspunkt und das Ziel Ihres unternehmerischen Mutes zugleich.

Da für mich all das, was ich mit diesem Buch, in meinen Vorträgen, Seminaren und Coachings erreichen möchte, in dem Bild vom Feuertornado gipfelt, setze ich es live in meinen Vorträgen ein: Ich zünde ein kleines Feuer mit einem Grillanzünder an, nehme die sechs Mut-Bausteine und lasse daraus live einen riesigen Feuertornado entstehen. Gönnen Sie sich ruhig einen Blick darauf:

Setzen Sie die Welt mit Ihrem Feuer in Brand. Wir warten sehnsüchtig darauf. Es gibt ein Freudenfeuer!

Let Your Fire Burn!

Anmerkungen

1 Flamme oder Asche – Mut-Bürger oder Wut-Bürger?

1 http://epub.ub.uni-muenchen.de/362/1/FB_169.pdf
2 Kelly, Tom: *The Art of Innovation*. Currency Books 2001
3 Brand eins. Ausgabe 3/2011 sowie Business Punk Ausgabe 2/2011

2 Mut-Bürger – Is Your Fire Born or Made?

1 Caliendo, Marco; Kritikos, Alexander: *Is Entrepreneurial Success Predictable? An Ex-Ante Analysis of the Charakter Based Approach*, 2009
2 Gartner, William: *Who is an Entrepreneur?* In: American Journal of Small Business: Entrepreneurship Theory & Practice, Vol. 12, S. 47–68. Wiley-Blackwell 1988
3 Schulte, Reinhard: *Gibt es eine Theorie der Unternehmensgründung?* In: Rencontres de St-Gall 2006: Understanding the Regulatory Climate for Entrepreneurship and SMEs, St. Gallen 2006, S. 1–12
4 Euler, Mark: *Born or made – Kann Entrepreneurship gelehrt werden?* In: Retzmann. T. (Hrsg.): *Entrepreneurship und Arbeitnehmerorientierung. Leitbilder und Konzepte für die ökonomische Bildung in der Schule.* Schwalbach / Ts. 2011, S. 66–76. Siehe auch: Rauch, A.; Frese, M.: *Was wissen wir über die Psychologie erfolgreichen Unternehmertums? Ein Literaturüberblick.* In: Frese, M. (Hrsg.): *Erfolgreiche Unternehmensgründer. Psychologische Analysen und praktische Anleitungen für Unternehmer in Ost- und Westdeutschland.* Göttingen 1998, S. 5–34
5 Baader, Roland: *Kapital am Pranger.* Resch Verlag 2005, S. 159
6 ftp://ftp.zew.de/pub/zew-docs/gutachten/Scheitern_junger_Unternehmen_2010.pdf

7 Siehe: http://doku.iab.de/kurzgraf/2012/kbfolien02121.pdf;
http://doku.iab.de/kurzber/2012/kb0212.pdf; http://doku.iab.de/
kurzgraf/2012/kbfolien02123.pdf

8 http://www.akademie.de/wissen/gruendungsfoerderung-fuer-
arbeitslose-abgeschafft

3 Zukünftige Chancen nutzen

1 http://www.spiegel.de/wirtschaft/us-studie-90-000-neue-jobs-
durch-outsourcing-a-293211.html

2 Wirtschaftswoche vom 7.5.2012

4 Ihre Entscheidung bestimmt die Richtung

1 Matthäus 25,14-30. Kernaussage: »Wer hat, dem wird gegeben
werden; wer nicht hat, dem wird genommen werden.«

5 Wenn die Angst alles frisst – die Lähmung überwinden und Furcht konstruktiv nutzen

1 http://www.psychologie-heute.de/psychologie-heute-compact/
detailansicht/news/warum_es_gut_ist_angst_zu_haben-3/

2 http://mission-freedom.de

6 Erarbeiten Sie mit dem Empowerment-Systemmodell Ihre persönliche Lebensstrategie

1 Riemann, Fritz: *Grundformen der Angst.* München: Reinhardt
Verlag 2009

7 Die Kunst des Feuermachens – viele Funken müssen sprühen, bis die Flamme brennt

1 *IAB Kurzbericht. Aktuelle Analysen aus dem Institut für Arbeitsmarkt-
und Berufsforschung der Bundesanstalt für Arbeit.* Ausgabe 3/30,
2004

2 Claiborne, Shaine; Perkins, John M.: *Komm mit mir in die Freiheit.*
Cap-books 2011, S. 44

3 Kipke, Roland: *Interview* in: managerSeminare, April 2012, S. 16. Siehe dazu auch: Kipke, Roland: *Besser werden. Eine ethische Untersuchung zu Selbstformung und Neuro-Enhancement.* Mentis 2011

4 http://senfpauli.de

9 Wanderjahre: Nicht Flamme, Brandstifter werden!

1 http://www.spiegel.de/wissenschaft/natur/maus-studie-das-gehirn-waechst-mit-seinen-aufgaben-a-898927.html

2 Vorstand Verband Europäische Zukunftsforschung e.V.; http://vez-online.de

Literatur

Caliendo, Marco / Kritikos, Alexander: *Is Entrepreneurial Success Predictable? An Ex-Ante Analysis of the Charakter Based Approach.* Kyklos Volume 61, Issue 2, p. 189–214, May 2008

DIW Berlin: *Wochenbericht 11/2011*, 16. März 2011, S. 9

Dixon, Patrick: *Futurewise: Six Faces of Global Change.* London: HarperCollins Publishers 1999

Euler, Mark: *Born or made – Kann Entrepreneurship gelehrt werden?* In: Retzmann, T. (Hrsg.): *Entrepreneurship und Arbeitnehmerorientierung. Leitbilder und Konzepte für die ökonomische Bildung in der Schule.* Schwalbach / Ts., 2011, S. 66–76

Gartner, William: *Who is an Entrepreneur?* In: American Journal of Small Business: Entrepreneurship Theory & Practice, Vol. 12, Wiley-Blackwell 1988, S. 47–68

Gladwell, Malcolm: *Überflieger: Warum manche Menschen erfolgreich sind – und andere nicht.* München: Piper 2010

Grün, Anselm: *Leben und Beruf.* München: dtv 2009

Heath, Chip / Heath, Dan: *Switch.* München: Scherz 2010

Horsager, David: *Vertrauen – die Währung von morgen.* Kulmbach: books4success 2013

Kawasaki, Guy: *The Art of the Start.* New York: Portfolio Books 2004

Kelly, Tom: *The Art of Innovation.* New York: Currency Books 2001

Peters, Tom: *Re-imagine! Spitzenleistungen in chaotischen Zeiten.* Starnberg: Dorling Kindersley 2004

Rauch, A. / Frese, M.: *Was wissen wir über die Psychologie erfolgreichen Unternehmertums? – Ein Literaturüberblick.* In: Frese, M. (Hrsg.): *Erfolgreiche Unternehmensgründer. Psychologische Analysen und praktische Anleitungen für Unternehmer in Ost- und Westdeutschland.* Göttingen 1998, S. 5–34

Riemann, Fritz: *Grundformen der Angst.* München: Reinhardt Verlag 2009

Rosenzweig, Phil: *Der Halo-Effekt: Wie Manager sich täuschen lassen.* 3. Auflage, Offenbach: GABAL 2008

Rosso, Renzo: *Be stupid.* München: Rizzoli 2011

Schulte, Reinhard: *Gibt es eine Theorie der Unternehmensgründung? Überlegungen zum Theorieapparat eines jungen Forschungsfeldes.* In: Rencontres de St-Gall 2006: Understanding the Regulatory Climate for Entrepreneurship and SMEs, St. Gallen 11. – 15.09.2006

Simon, Fritz: *Persönlichkeitsmodelle und Persönlichkeitstests: 15 Persönlichkeitsmodelle für Personalauswahl, Persönlichkeitsentwicklung, Training und Coaching.* Offenbach: GABAL 2006

Winget, Larry: *Shut Up, Stop Whining, and Get a Life: A Kick-Butt Approach to a Better Life.* Hoboken: John Wiley & Sons 2005

Stichwortverzeichnis

Über den Autor

Lutz Langhoff ist mit seinen feurigen Vorträgen und Büchern im positiven Sinne ein
Brandstifter für Mut im Leben – beruflich
wie privat. Dies speist sich aus seinen drei
beruflichen Wurzeln. Denn er war in seinem »ersten Leben« Straßen- und Varieté-
künstler. Er ist zudem Diplomsoziologe mit
Schwerpunkt Personalentwicklung und Or-
ganisationssoziologie und hat als Start-up-
Berater über 800 Unternehmen und Freiberufler in den ersten zwei Jahren begleitet.
Heute zeigt Lutz Langhoff als Redner, Unternehmensberater und Coach, wie Menschen und Unternehmen im
beruflichen Alltag ihre Ziele und Visionen mit Leidenschaft erreichen.

Stimmen zu den »MUT-Vorträgen« von Lutz Langhoff

*»Lutz Langhoff hat eine hervorragende Businessshow vorgetragen und wir
sind immer noch schwer begeistert. Sein Vortrag war eine Inspirationsspritze
auf humorvolle, emotionale und menschliche Art und Weise. Vielen herzlichen Dank.«*
Günter Muth, Aichinger GmbH, Leiter Marketing und Vertrieb

*»Noch nie habe ich ein Firmenevent so beschwingt verlassen. Eine konge-
niale Mischung aus Motivation und Poesie, Inspiration und Unterhaltung,
Staunen und Begreifen. Lutz Langhoff ist gut für die Seele!«*
Heike Hoppe, Marketingleiterin DATAflor AG

»Das ist reine Führungslehre, nur ganz anders präsentiert. Genau das brauche ich für meine Führungskräfte.«
Rainhard Fallak, Polizeivizepräsident Hamburg

»You must see him live.«
Jim Mills, Creative Arts Europe

»Kurzweilig, intelligent, greifbar, überraschend, eindrucksvoll – eine tolle Performance, die den Spagat zwischen großer Nachdenklichkeit und brillanter Unterhaltung und Komik schafft.«
Hartmut Engler, CEO Otis Elevator GmbH & Co. OHG

»Eine sehr bildhafte Darstellung. Ich finde die Verbindung von Botschaften und Bildern und die aktive Einbindung des Publikums sehr zielführend. Unsere Geschäftspartner haben begeistert reagiert.«
Dimitri van den Oever, Geschäftsführer Amway GmbH

»Lutz Langhoff ist ein Erlebnis! Authentisch, humorvoll und begeisternd.«
Alexander Groth, Experte für Führung und Buchautor

»Die beste Show, die wir je hatten. Der MUT-Vortrag passte perfekt zum Thema Gewaltprävention.«
Uwe Grantien, Präsident Fußballfanclub Totale Offensive

»Lutz Langhoff ist es in kürzester Zeit gelungen, ein breit gefächertes Publikum in seinen Bann zu ziehen. Vom Azubi bis zur Führungskraft waren alle bis zur letzten Minute voll dabei. Die Einzigartigkeit des Vortrages liegt in der gelungenen Kombination aus humorvollem Varieté und echtem fachlichen Tiefgang.«
Robert Fedinger, Volksbank Raiffeisenbank Fürstenfeldbruck eG

»Einer der besten Vorträge, die ich je gesehen habe.«
Sabine Asgodom, CSP, Bestsellerautorin, Rednerin

»Lutz has an amazing ability to convey important and thought-provoking business strategies using creative techniques that will not only keep your attention but help you remember and implement his ideas.«
Ron Culberson, MSW, CSP, Author of »Do it Well. Make it Fun.«

»Bei einer Weihnachtsfeier der ARCHE für 80 benachteiligte Jugendliche aus einem sozialen Brennpunkt in Hamburg hat Lutz Langhoff ehrenamtlich die Gestaltung des inhaltlichen Programms mit seinem MUT-Vortrag übernommen. Es ist ihm auf begeisternde und eindrückliche Weise gelungen, eine Botschaft der Ermutigung zur aktiven Lebensgestaltung (Schule, Beruf, Verwirklichung der eigenen Träume) zu kommunizieren, die die Jugendlichen derart gepackt hat, dass sie über 90 Minuten an seinen Lippen hingen und ihrem Dank am Ende durch einen langen donnernden Applaus Ausdruck verliehen. Noch zwei Monate später sprechen mich Jugendliche auf den Abend an und beziehen die Inhalte auf ihr Leben. Eine außerordentliche pädagogische Meisterleistung!«
Pastor Thies Hagge, Initiator der ARCHE Hamburg

»Im Namen von Europartners und auch persönlich möchte ich mich noch einmal ganz herzlich für deinen Auftritt auf der Europartners Konferenz 2013 bedanken. Dein Vortrag ist außergewöhnlich gut und erfrischend. Es ist ja nicht selbstverständlich, diese Leistung auch in englischer Sprache genauso gut zu bringen, aber du meisterst diese Herausforderung hervorragend. Von allen Vorträgen hast du laut Evaluationsbögen das beste Feedback der Teilnehmer aus 32 Ländern erhalten. Ein schönes Beispiel ist, dass ein Teilnehmer auf die Feedback-Karte neben deinem Namen noch ein Ausrufezeichen zur Unterstreichung gemalt hat.«
Timo Plutschinski, Präsident, Europartners Leadership Development

»Lutz Langhoff führt eindrucksvoll vor Augen, wie man Veränderungen anpackt. Seine Beispiele sind gut durchdacht, nachvollziehbar und voller Emotionen. Das ist der Garant dafür, dass sie lange in Erinnerung bleiben. Mit seiner Performance hat er mitgerissen, für rege Diskussionen gesorgt und die Motivation neu entfacht.«
Cassie Kübitz-Whiteley, Deutsche Apotheker- und Ärztebank

»Lieber Lutz, noch einmal ganz herzlichen Dank für den tollen Humortag! Du hast alle mit Deinem Auftritt schwer begeistert! Die Feedbackbögen sind inzwischen ausgewertet. Der Gesamteindruck erhielt eine sensationelle 1,56 (Lutz Langhoff: 1,46)! Er war für viele, die schon öfter dabei waren, aber auch wirklich einer der besten Humortage, die wir hatten. Dankeschön!«
Claudia Haider, Geschäftsführerin GSA – German Speakers Association e.V.

Dein Business

Aktuelle Trends und innovative Antworten
auf brennende Fragen in den Bereichen
Business und Karriere.

Carsten K. Rath
**Ohne Freiheit ist
Führung nur ein
F-Wort**

ISBN
978-3-86936-749-1
€ 29,90 (D)
€ 30,80 (A)

Martin Limbeck
Limbeck Laws

ISBN
978-3-86936-721-7
€ 19,90 (D)
€ 20,50 (A)

Ingrid Gerstbach
Design Thinking im Unternehmen
ISBN 978-3-86936-726-2
€ 34,90 (D) / € 35,90 (A)

Stefan Merath
Dein Wille geschehe
ISBN 978-3-86936-751-4
€ 34,90 (D) / € 35,90 (A)

Roger Rankel
**Die Geheimnisse der
Umsatzverdoppler**
ISBN 978-3-86936-748-4
€ 24,90 (D) / € 25,60 (A)
Nicht als E-Book erhältlich

Markus Väth
Arbeit – die schönste Nebensache der Welt
ISBN 978-3-86936-720-0
€ 29,90 (D) / € 30,80 (A)

Barbara Liebermeister
Digital ist egal
ISBN 978-3-86936-750-7
€ 24,90 (D) / € 25,60 (A)

Peter Ivanov
Powerteams ohne Grenzen
ISBN 978-3-86936-752-1
€ 29,90 (D) / € 30,80 (A)

Alle Titel auch als E-Book erhältlich

gabal-verlag.de